中国建筑学会室内设计分会推荐
高等院校环境艺术设计专业指导教材

环境系统与设施·下·

（景观部分）

黄磊昌　编著

中国建筑工业出版社

图书在版编目（CIP）数据

环境系统与设施·下·（景观部分）/黄磊昌编著．—北京：中国建筑工业出版社，2006

中国建筑学会室内设计分会推荐．高等院校环境艺术设计专业指导教材

ISBN 978-7-112-08555-2

Ⅰ．环… Ⅱ．黄… Ⅲ．景观-环境设计-高等学校-教材 Ⅳ．①TU99 ②TU-856

中国版本图书馆 CIP 数据核字（2006）第 101769 号

中国建筑学会室内设计分会推荐
高等院校环境艺术设计专业指导教材

环境系统与设施·下·

（景观部分）

黄磊昌　编著

*

中国建筑工业出版社出版、发行（北京西郊百万庄）
各地新华书店、建筑书店经销
北京金海中达技术开发公司排版
北京建筑工业印刷厂印刷

*

开本：787×1092毫米　1/16　印张：15¼　字数：365千字
2007年1月第一版　2010年1月第二次印刷
定价：**35.00**元

ISBN 978-7-112-08555-2
(15219)

本社网址：http://www.cabp.com.cn
网上书店：http://www.china-building.com.cn

本书系统地论述了环境景观系统与设施的历史发展、相互关系以及环境系统中的各种景观设施的设计方法与案例分析。从内涵与外延、类型、功能作用、形态、材料、结构构成以及设计要点、图纸表达等方面讲解了环境景观设施项目的设计过程。全书共分为三大部分，即环境系统、环境系统与设施、环境景观设施设计。主要内容有环境系统内涵与发展，环境系统构成样态，环境景观设施分类与界定，环境景观系统与设施关系，景观交通设施，景观休息设施，景观娱乐设施，景观服务设施，景观无障碍设施，景观标识设施、景观照明设施，水景观设施等内容。

本书主要适用于高等学校的环境艺术设计、城市规划设计、建筑设计、风景园林设计、景观设计专业教学以及从事于相关专业的科研工作人员做参考。

* * *

责任编辑：郭洪兰
责任设计：董建平
责任校对：张树梅　张　虹

出版说明

中国的室内设计教育已经走过了四十多年的历程。1957年在中国北京中央工艺美术学院（现清华大学美术学院）第一次设立室内设计专业，当时的专业名称为“室内装饰”。1958年北京兴建十大建筑，受此影响，装饰的概念向建筑拓展，至1961年专业名称改为“建筑装饰”。实行改革开放后的1984年，顺应世界专业发展的潮流又更名为“室内设计”，之后在1988年室内设计又进而拓展为“环境艺术设计”专业。据不完全统计，到2004年，全国已有600多所高等院校设立与室内设计相关的各类专业。

一方面，以装饰为主要概念的室内装修行业在我们的国家波澜壮阔般地向前推进，成为国民经济支柱性产业。而另一方面，在我们高等教育的专业目录中却始终没有出现“室内设计”的称谓。从某种意义上来讲，也许是20世纪80年代末环境艺术设计概念的提出相对于我们的国情过于超前。虽然十数年间以环境艺术设计称谓的艺术设计专业，在全国数百所各类学校中设立，但发展却极不平衡，认识也极不相同。反映为理论研究相对滞后，专业师资与教材缺乏，各校间教学体系与教学水平存在着较大的差异，造成了目前这种多元化的局面。出现这样的情况也毫不奇怪，因为我们的艺术设计教育事业始终与国家的经济建设和社会的体制改革发展同步，尚都处于转型期的调整之中。

设计教育诞生于发达国家现代设计行业建立之后，本身具有艺术与科学的双重属性，兼具文科和理科教育的特点，属于典型的边缘学科。由于我们的国情特点，设计教育基本上是脱胎于美术教育。以中央工艺美术学院（现清华大学美术学院）为例，自1956年建校之初就力戒美术教育的单一模式，但时至今日仍然难以摆脱这种模式的束缚。而具有鲜明理工特征的我国建筑类院校，在创办艺术设计类专业时又显然缺乏艺术的支撑，可以说两者都处于过渡期的阵痛中。

艺术素质不是象牙之塔的贡品，而是人人都必须具有的基本素质。艺术教育是高等教育整个系统中不可或缺的重要环节，是完善人格培养的美育的重要内容。艺术设计虽然是以艺术教育为出发点，具有人文学科的主要特点，但它是横跨艺术与科学之间的桥梁学科，也是以教授工作方法为主要内容，兼具思维开拓与技能培养的双重训练性专业。所以，只有在国家的高等学校专业目录中：将“艺术”定位于学科门类，与“文学”等同；将“艺术设计”定位于一级学科，与“美术”等同。随之，按照现有的社会相关行业分类，在艺术设计专业下设置相应的二级学科，环境艺术设计才能够得到与之相适应的社会专业定位，惟有这样才能赶上迅猛发展的时代步伐。

由于社会发展现状的制约，高等教育的艺术设计专业尚没有国家权威的管理指导机构。“中国建筑学会室内设计分会教育工作委员会”是目前中国惟一能够担负起指导环境艺术设计教育的专业机构。教育工作委员会近年来组织了一系列全国范围的专业交流活动。在活动中，各校的代表都提出了编写相对统一的专业教材的愿望。因为目前已经出版的几套教材都是以单个学校或学校集团的教学系统为蓝本，在具体的使用中缺乏普遍的指导意义，适应性较弱。为此，教育工作委员会组织全国相关院校的环境艺术设计专业教育专家，编写了这套具有指导意义的符合目前国情现状的实用型专业教材。

中国建筑学会室内设计分会教育工作委员会

2006年12月

前 言

艺术设计专业是横跨于艺术与科学之间的综合性、边缘性学科。艺术设计产生于工业文明高速发展的20世纪。具有独立知识产权的各类设计产品，成为艺术设计成果的象征。艺术设计的每个专业方向在国民经济中都对应着一个庞大的产业，如建筑室内装饰行业、服装行业、广告与包装行业等。每个专业方向在自己的发展过程中无不形成极强的个性，并通过这种个性的创造，以产品的形式实现其自身的社会价值。从环境生态学的认识角度出发，任何一门艺术设计专业方向的发展都需要相应的时空，需要相对丰厚的资源配置和适宜的社会政治、经济、技术条件。面对信息时代和经济全球化，世界呈现时空越来越小的趋势，人工环境无限制扩张，导致自然环境日益恶化。在这样的情况下，专业学科发展如不以环境生态意识为先导，走集约型协调综合发展的道路，势必走入死胡同。

随着20世纪后期由工业文明向生态文明的转化，可持续发展思想在世界范围内得到共识并逐渐成为各国发展决策的理论基础。环境艺术设计的概念正是在这样的历史背景下从艺术设计专业中脱颖而出的，其基本理念在于设计从单纯的商业产品意识向环境生态意识的转换，在可持续发展战略总体布局中，处于协调人工环境与自然环境关系的重要位置。环境艺术设计最终要实现的目标是人类生存状态的绿色设计，其核心概念就是创造符合生态环境良性循环规律的设计系统。

环境艺术设计所遵循的绿色设计理念成为相关行业依靠科技进步实施可持续发展战略的核心环节。

国内学术界最早在艺术设计领域提出环境艺术设计的概念是在20世纪80年代初期。在世界范围内，日本学术界在艺术设计领域的环境生态意识觉醒的较早，这与其狭小的国土、匮乏的资源、相对拥挤的人口有着直接的关系。进入80年代后期国内艺术设计界的环境意识空前高涨，于是催生了环境艺术设计专业的建立。1988年当时的国家教育委员会决定在我国高等院校设立环境艺术设计专业，1998年成为艺术设计专业下属的专业方向。据不完全统计，在短短的十数年间，全国有400余所各类高等院校建立了环境艺术设计专业方向。进入21世纪，与环境艺术设计相关的行业年产值就高达人民币数千亿元。

由于发展过快，而相应的理论研究滞后，致使社会创作实践有其名而无其实。决策层对环境艺术设计专业理论缺乏基本的了解。虽然从专业设计者到行政领导都在谈论可持续发展和绿色设计，然而在立项实施的各类与环境有关的工程项目中却完全与环境生态的绿色概念背道而驰。导致我们的城市景观、建筑与室内装饰建设背离了既定的目标。毫无疑问，迄今为止我们人工环境（包括城市、建筑、室内环境）的发展是以对自然环境的损耗作为代价的。例如：光污染的城市亮丽工程；破坏生态平衡的大树进城；耗费土地资源的小城市大广场；浪费自然资源的过度装修等等。

党的十六大将“可持续性发展能力不断增强，生态环境得到改善，资源利用效率显著提高，促进人与自然的和谐，推动整个社会走上生产发展、生活富裕、生态良好的文明发展道路”作为全面建设小康社会奋斗目标的生态文明之路。环境艺术设计正是从艺术设计学科的角度，为实现宏大的战略目标而落实于具体的重要社会实践。

“环境艺术”这种人为的艺术环境创造，可以自在于自然界美的环境之外，但是它又不可能脱离自然环境本体，它必须植根于特定的环境，成为融合其中与之有机共生的艺术。可以这样说，环境艺术是人类生存环境的美的创造。

“环境设计”是建立在客观物质基础上，以现代环境科学研究成果为指导，创造理想生存空间的工作过程。人类理想的环境应该是生态系统的良性循环，社会制度的文明进步，自然资源的合理配置，生存空间的科学建设。这中间包含了自然科学和社会科学涉及的所有研究领域。

环境设计以原在的自然环境为出发点，以科学与艺术的手段协调自然、人工、社会三类环境之间的关系，使其达到一种最佳的运行状态。环境设计具有相当广的含义，它不仅包括空间实体形态的布局营造，而且更重视人在时间状态下的行为环境的调节控制。

环境设计比之环境艺术具有更为完整的意义。环境艺术应该是从属于环境设计的子系统。

环境艺术品创作有别于单纯的艺术品创作。环境艺术品的概念源于环境生态的概念，即它与环境互为依存的循环特征。几乎所有的艺术与工艺美术门类，以及它们的产品都可以列入环境艺术品的范围，但只要加上环境二字，它的创作就将受到环境的限定和制约，以达到与所处环境的和谐统一。

“环境艺术”与“环境设计”的概念体现了生态文明的原则。我们所讲的“环境艺术设计”包括了环境艺术与环境设计的全部概念。将其上升为“设计艺术的环境生态学”，才能为我们的社会发展决策奠定坚实的理论基础。

环境艺术设计立足于环境概念的艺术设计，以“环境艺术的存在，将柔化技术主宰的人间，沟通人与人、人与社会、人与自然间和谐的、欢愉的情感。这里，物（实在）的创造，以它的美的存在形式在感染人，空间（虚在）的创造，以他的亲切、柔美的气氛在慰藉人〔1〕。”显然环境艺术所营造的是一种空间的氛围，将环境艺术的理念融入环境设计所形成的环境艺术设计，其主旨在于空间功能的艺术协调。“如 Gorden Cullen 在他的名著《Townscape》一书中所说，这是一种‘关系的艺术’(art of relationship)，其目的是利用一切要素创造环境：房屋、树木、大自然、水、交通、广告以及诸如此类的东西，以戏剧的表演方式将它们编织在一起〔2〕。”诚然环境艺术设计并不一定要创造凌驾于环境之上的人工自然物，它的设计工作状态更像是乐团的指挥、电影的导演。选择是它设计的方法，减法是它技术的常项，协调是它工作的主题。可见这样一种艺术设计系统是符合于生态文明社会形态的需求。

目前，最能够体现环境艺术设计理念的文本，莫过于联合国教科文组织实施的《保护世界文化和自然遗产合约》。在这份文件中，文化遗产的界定在于：自然环境与人工环境、

---

〔1〕 潘昌侯：我对“环境艺术”的理解，《环境艺术》第1期5页，中国城市经济社会出版社1988年版。
〔2〕 程里尧：环境艺术是大众的艺术，《环境艺术》第1期4页，中国城市经济社会出版社1988年版。

美学与科学高度融汇基础上的物质与非物质独特个性体现。文化遗产必须是“自然与人类的共同作品”。人类的社会活动及其创造物有机融入自然并成为和谐的整体，是体现其环境意义的核心内容。

根据《保护世界文化和自然遗产合约》的表述：文化遗产主要体现于人工环境，以文物、建筑群和遗址为《世界遗产名录》的录入内容；自然遗产主要体现于自然环境，以美学的突出个性与科学的普遍价值所涵盖的同地质生物结构、动植物物种生态区和天然名胜为《世界遗产名录》的录入内容。两类遗产有着极为严格的收录标准。这个标准实际上成为以人为中心理想环境状态的界定。

文化遗产界定的环境意义，即：环境系统存在的多样特征；环境系统发展的动态特征；环境系统关系的协调特征；环境系统美学的个性特征。

环境系统存在的多样特征：在一个特定的环境场所，存在着物质与非物质的多样信息传递。自然与人工要素同时作用于有限的时空，实体的物象与思想的感悟在场所中交汇，从而产生物质场所的精神寄托。文化的底蕴正是通过环境场所的这种多样特征得以体现。

环境系统发展的动态特征：任何一个环境场所都不可能永远不变，变化是永恒的，不变则是暂时的，环境总是处于动态的发展之中。特定历史条件下形成的人居文化环境一旦毁坏，必定造成无法逆转的后果。如果总是追随变化的潮流，终有一天生存的空间会变成文化的沙漠。努力地维持文化遗产的本原，实质上就是为人类留下了丰富的文化源流。

环境系统关系的协调特征：环境系统的关系体现于三个层面，自然环境要素之间的关系；人工环境要素之间的关系；自然与人工的环境要素之间的关系。自然环境要素是经过优胜劣汰的天然选择而产生的，相互的关系自然是协调的；人工环境要素如果规划适度、设计得当也能够做到相互的协调；惟有自然与人工的环境要素之间要做到相互关系的协调则十分不易。所以在世界遗产名录中享有文化景观名义的双重遗产凤毛麟角。

环境系统美学的个性特征：无论是自然环境系统还是人工环境系统，如果没有个性突出的美学特征，就很难取得赏心悦目的场所感受。虽然人在视觉与情感上愉悦的美感，不能替代环境场所中行为功能的需求。然而在人为建设与环境评价的过程中，美学的因素往往处于优先考虑的位置。

在全部的世界遗产概念中，文化景观标准的理念与环境艺术设计的创作观念比较一致。如果从视觉艺术的概念出发，环境艺术设计基本上就是以文化景观的标准在进行创作。

文化景观标准所反映的观点，是在肯定了自然与文化的双重含义外，更加强调了人为有意的因素。所以说，文化景观标准与环境艺术设计的基本概念相通。

文化景观标准至少有以下三点与环境艺术设计相关的含义：

第一，环境艺术设计是人为有意的设计，完全是人类出于内在主观愿望的满足，对外在客观世界生存环境进行优化的设计。

第二，环境艺术设计的原在出发点是“艺术”，首先要满足人对环境的视觉审美，也就是说美学的标准是放在首位的，离开美的界定就不存在设计本质的内容。

第三，环境艺术设计是协调关系的设计，环境场所中的每一个单体都与其他的单体发生着关系，设计的目的就是使所有的单体都能够相互协调，并能够在任意的位置都以最佳的视觉景观示人。

以上理念基本构成了环境艺术设计理论的内涵。

鉴于中国目前的国情，要真正完成环境艺术设计从书本理论到社会实践的过渡，还是一个十分艰巨的任务。目前高等学校的环境艺术设计专业教学，基本是以“室内设计”和“景观设计”作为实施的专业方向。尽管学术界对这两个专业方向的定位和理论概念还存在着不尽统一的认识，但是迅猛发展的社会是等不及笔墨官司有了结果才前进的。高等教育的专业理念超前于社会发展也是符合逻辑的。因此，呈现在面前的这套教材，是立足于高等教育环境艺术设计专业教学的现状来编写的，基本可以满足一个阶段内专业教学的需求。

中国建筑学会室内设计分会

教育工作委员会主任：郑曙旸

2006年12月

编者的话

本书结合作者多年来在景观环境设计中教学与实践的经验与成果，系统地阐述了环境系统的内涵和构成样态，尤其是随着社会的发展与实践的需求，从最原始的社会到科技高度发达的今天，环境的外延如何为适应社会的进步而发展变化的。而环境和人类的活动密不可分，人类活动的需求又离不开设施，因此，本书对环境设施与环境景观的关系也进行了详细的分析，从环境景观的规划与设计，设施的景观意象，环境景观设施的历史渊源与发展趋势，设施的界定、分类与布局及应用等方面对环境景观设施进行了深入的论述。

本书引入了生态设计和可持续发展的理念，重点阐述了景观交通设施、景观休息设施、娱乐设施、服务设施、无障碍设施、标识设施、水环境设施、照明设施等各种环境景观设施的设计，从内涵与外延、类型、功能作用、形态、材料、结构构成以及设计要点、图纸表达等方面讲解了如何完成一个环境设施项目的设计过程，同时附有各种实践案例，理论具有实际意义。案例都来自近年来环境景观行业的优秀设计实践，从而使得本书具有理论和实践双重使用价值。书中内容阐述并不是孤立强调设施的设计，而是充分考虑设施赖以存在的环境以及使用设施的对象的行为和心理需求等设施设计的影响因子，探讨了设施设计过程中的注意事项，并始终贯穿了“设计无定式”的设计思想，避免僵化的设计。

全书共分三个部分进行，环境系统作为第一部分是设计的基础，环境景观设施与环境作为设施设计基本知识的必要条件成为本书第二部分，环境景观设施的设计作为本书的重点和难点则在第三部分详细阐述。

在本书的编著过程中得到了中国建筑工业出版社的郭洪兰编辑、清华大学美术学院的宋伟欣主任以及复旦大学环境科学与工程系的王祥荣教授、樊正球老师、张浩老师、母锐敏、王原博士、郭林硕士的大力支持和帮助，同时也得到大连轻工业学院的叶淑红博士、张长江副教授、毕善华老师，老撒园林公司的刘壮工程师及王双老师的鼎力相助，在此表示诚挚的谢意，同时对本书中的参考文献的作者也一并致谢！由于时间和编者水平有限，敬请读者和专家批评指正。

目　　录

第一章　环境系统

第一节　环境内涵及其发展

一、环境内涵

环境（Environment）是指主体（或研究对象）以外，且围绕主体占据一定的空间，构成主体生存条件的各种外界物质实体或社会因素的总和，是生命有机体及人类生产和生活活动的载体。《环境保护法》指出："本法所指的环境是指大气、水、土壤、矿藏、森林、草原、野生动植物、名胜古迹、风景游览区、温泉、疗养区、自然保护区、生活居住区等。"可以说，直接或间接影响到人类的生存与发展的一切自然形成的物质、能量和自然现象的总体均可理解为环境。

环境的概念和划分因学科而异，在关注的角度和重点上，不同学科的学者对环境的概念有着不同的理解。自然生态学家关注的环境多是指生物的栖息地以及影响生物生长和发育的各种外部条件；社会生态学家关注的环境是指人类赖以生存的各种自然与社会因素；气象学家主要关注大气圈环境；城市规划工作者与建筑师多关注物质性的建筑环境或建成环境；而现代城市生态学家所理解的环境，则既包括了自然环境（未经破坏的天然环境），也包括了人类作用于自然界、由于生产和生活活动所发生了变化的环境（半自然、半人工化的环境）以及社会环境（如聚落环境、生产环境、交通环境和文化环境等）。地理学中的环境概念，是指围绕人类的自然现象的总体。人类的环境概念随着不同的时期而有不同的含义，可分为人类环境和地理环境。人类环境是指随人类社会和技术的进步而能达到的范围，其范围和内涵不断扩大。地理环境是指人类赖以生存和发展的基本环境，相当于地球表层的范围。地理环境分自然环境和社会文化环境。自然环境是由岩石、地貌、土壤、水、气候、生物等自然要素构成的自然综合体。行为学的环境概念是指人类赖以生存的、从事生产和生活的外部客观世界。

二、环境分类

（一）按环境的主体来划分

目前主要有两种划分体系，一是以人类为主体，其他的生命物质和非生命物质都被视为环境要素，此类环境称为人类环境；二是以生物为主体，把生物体以外的所有自然条件都称为环境，亦即生物环境。

（二）按环境的性质来划分

按环境的性质来划分可分为自然环境、人工环境（或半自然环境）、社会环境三类。在自然环境中，其主要环境要素可再划分为大气环境、水环境、土壤环境、生物环境和地质环境等；半自然环境（或人工环境）可再分为城市环境、乡村环境、农业环境、工业环境等；社会环境又可再分为聚落环境、生产环境、交通环境、文化环境、政治环境、医疗休养环境等。

人们经常接触的自然和人工环境，一般也统称为物质环境。所以环境又可分为物质环境和社会文化环境。

社会文化环境是由人类社会本身所形成的一种地理环境。它包括人口、社会、国家、民族、语言、文化和民俗方面的地域分布，以及各种人群对周围事物的心理感应和相应的社会行为。

1. 自然环境

自然环境是人类出现之前就已存在，目前赖以生存、生活和生产所必需的自然条件与自然资源的总称；是直接或间接影响到人类的一切自然形成的物质、能量和自然现象的总体。通常指水、大气、生物、阳光、岩石、土壤、植被等。

(1) 纬度地带性：因地球接收太阳辐射量的不同而引起热量的差异，从赤道向两极每移动一个纬度，气温平均降低 0.5～0.7℃，根据热量的不同可以划分为若干个自然地理带，如赤道、热带、亚热带、温带……等等，每个带的气候状况、水文特征、土壤类型以及生物种类都有明显不同。

(2) 垂直地带性：因太阳辐射和水热状况随地形高度的不同而不同。生物和气候自山麓至山顶出现垂直地带分异的规律性变化，地形每升高 100m，气温下降 0.5～0.6℃。

(3) 经度地带性：主要由地球内在因素造成，如大地构造形成的地貌和海洋分异，引起经度地带性变异。

2. 人工环境

人工环境是指由于人类的活动而形成的环境要素，是人类为了不断提高自己的物质和文化生活质量而创造的环境，包括由人工形成的物质、能量和精神产品，以及人类活动所形成的人与人之间的关系等。人工环境以建筑环境为主体，由人工构筑物和建筑物构成，它是环境景观设计构成的主体。

3. 社会环境

社会环境是在自然环境的基础上，人类经过长期有意识的社会劳动、加工和改造了的自然物质、创造的物质生产体系以及积累的物质文化等所形成的环境体系。社会环境一方面是人类精神文明和物质文明发展的标志，同时又随着人类文明的演进而不断地丰富和发展，有人也把社会环境称为文化-社会环境。

社会环境由人群构成，文化是其核心要素。美国学者索尔 1925 年在其《景观的形态》一书中，将文化定义为由于人类活动添加在自然景观上的各种形式，人类按照其文化的标准，对其天然环境中的自然和生物现象施加影响，并把它们改变成为文化景观。

根据社会环境所包含的要素性质也可将其分为：

(1) 物理社会环境，包括建筑物、道路、工厂等；

(2) 生物社会环境，包括驯化、驯养的动植物等；

(3) 心理社会环境，包括人的行为、风俗习惯、法律和语言等。

在正常的情况下，人与环境之间进行的物质交换保持着动态平衡，因而人与其他生物能够正常生长发育、生活以及从事生产劳动。但如果由于人为因素的影响或自然灾害造成了环境污染，就会使环境中原有的组分或状态发生变化，影响到环境的自净能力，降低和破坏了环境的机能，甚至达到致害程度。

（三）按环境的范围大小来划分

按环境的范围大小来划分，可把环境分为宇宙环境、地球环境、区域环境、微环境和内环境。

1. 宇宙环境：指大气层以外的宇宙空间，由广阔的空间和存在于其中的各种天体以及弥漫物质组成，其对地球环境产生着深刻的影响。

2. 地球环境 Global Environment：指大气圈中的对流层、水圈、土壤圈、岩石圈和生物圈，又称为全球环境或地理环境 Geo-environment。

3. 区域环境：系指占有某一特定地域空间的自然环境，它是由地球表面的不同地区，五个自然圈相互配合而形成的。不同地区，由于其组合不同产生了很大差异，从而形成了各不相同的区域环境特点，分布着不同的生物群落。

4. 微环境 Micro-environment：系指区域环境中，由于某一个（或几个）圈层的细微变化而产生的环境差异所形成的小环境，如生物群落的镶嵌性就是微环境作用的结果。

5. 内环境 Inner Environment：系指生物体内组织或细胞间的环境对生物体的生长发育具有直接的影响，如植物叶片的内部环境等。

三、环境与环境设计发展

（一）环境设计

以原在的自然环境为出发点，以科学与艺术的手段协调自然、人工、社会三类环境之间的关系，使其达到一种最佳的运动状态的有目的人的行为。其不仅包括空间环境中诸要素形态的布局营造，而且更重视人在时间状态下的行为环境的调节控制。

（二）环境艺术范畴

环境艺术是以人的主观意识为出发点，建立在自然环境美之外，为人对美的精神需求所导引而进行的艺术环境创造。强调空间氛围的艺术感受，即对人类生存环境的美的创造。其包含城市规划、建筑学 、美学、心理学、生态学、工程学、植物学等，是一门跨学科的边缘性学科。

（三）发展历史

中国的环境设计历史久远，可按古代、现代划分列出其发展主要历程、脉络如下。

古代发展历程

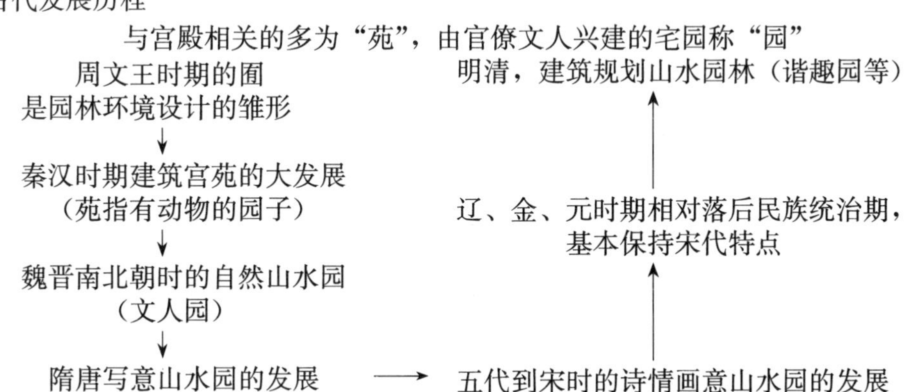

现代发展历程

20 世纪五六十年代⟶七八十年代⟶八九十年代

室内装饰与建筑装饰　　工业美术
室内设计　　环境艺术设计

装饰概念的演进

平面⟶建筑空间⟶人类生存环境

环境设计的发展是随着社会的发展而发展的，其内涵和外延在不断地满足社会的需要过程中而深化，环境设计中所说的环境到现在已经基本上囊括了整个宇宙，同时环境设计与建设是随着城市的发展与建设同步进行的，只是到了今天才有必要将其单独分离出来。

第二节　环境系统的构成样态

环境作为一个系统是由各种要素构成的，各种不同的要素根据不同的需要以不同的形式构成各种子系统，从环境设计的角度看，环境设计由内部环境设计和外部环境设计两大子系统构成，所有环境要素都可以纳入两大子系统中，因而环境系统就由内部环境系统和外部环境系统两个子系统构成。

一、内部环境系统

内部环境系统系指以室内、家具、陈设等诸要素构成的空间系统。

二、外部景观环境系统

外部景观环境系统系指以建筑、雕塑、绿化等诸要素构成的空间系统，或者说是除室内空间部分以外的环境系统，包括人工的和自然的环境系统。

第二章　景观环境系统与设施

第一节　景观环境与设施

一、景观环境与设施

（一）景观环境与设施

环境设施伴随着人类文明诞生，追逐着城市文化和机制的要求而发展变化，遍布于人类存在的环境，参与城市景观舞台的构成，满足居民的需求，提高城市功效。作为一套技术和艺术的综合系统工程，与越来越多的学科和专业相互交融，汲取着最新科技与文化的成果，撞击着人类的思维而时时更新：适者生存不适者淘汰；另一方面，曾经过时的在被赋予新的涵义后又重新焕发生机，而当代的流行久了的又面临着解体的危机。

景观环境与设施是不可分割的两个共生体，景观环境是设施赖以存在的载体，任何设施都存在于一定的环境中，没有环境也就没有设施。设施是为一定的空间环境服务的，景观环境的特征与个性及界定是通过环境设施来表达的。没有设施景观则环境的功用无法实现。景观环境空间决定了设施的性质及环境功用心理，而设施自身的特质不仅仅为景观环境空间的塑造提供保障而且具有环境空间同样的塑造功能。二者都具有时代性、区域性、开放性、文化性、民族性、动态性以及边缘性（多学科、多专业的结合与运用）。

（二）环境设施的功能

环境设施的功能，过去常简单地将其分成实用与非实用。随着社会的发展与科技文明的提高，环境设施自身的特质如材质、色彩、形式等也逐步纳入人们的视野，因此从系统的角度看，环境设施的功能由空间功用需求（使用）、环境意象（景观环境空间概念或性质、空间过渡或衔接暗示）、装饰（自身特质的体现或文化转化或升华）和附属功能构成，它们各有侧重，相辅相成。

1. 空间功用需求

环境设施的空间功用需求存在于设施自身的性质即最原始的使用功能，其直接向人们提供使用便捷、防护安全的服务以及信息等。它是环境设施外在的、首先为人感知的、原始的、最基本的功能，因此也是第一功能。如城市广场周围的护柱，其主要功能是拦阻车辆进入，以免干扰人的活动；路灯的主要用途是在夜间照明街路，以保证车辆行人安全通过；一个空间导向系统的标牌最原始的用途是进行空间流程的导引；广场雕塑的功能首先是构成一种占据性空间，不管其颜色、材质的运用如何，第一要务是构成空间，它是一个实用物体。

2. 环境意象

环境设施通过其形态（由色彩质感构成的）、数量、空间布置方式（运用了美学规律和审美心理）等对景观环境加以强调、补充、协调或暗示，塑造出一个完整的环境景观空间氛围，从环境景观体验者的角度而言是他们对环境景观空间的一种感性认知，确定了空间的性质。如空间的开敞与封闭、环境氛围的活泼与安静都可通过设施得到加强，而不同空间的连接又可通过一种过渡空间起到承前启后空间和谐的作用。如开敞空间与封闭空间的衔接可通过景观门得以自然过渡；一个雕塑塑造一种空间的视觉焦点，而一排（圈、列）雕塑设施可构成空间的封闭体验；而一个简单的坐凳就暗示出一个坐的空间环境。

总之，设施的环境景观意象是由不同的设施通过不同的布局方式来实现的。有些可以单独完成这种功能，而另一些则需要群体组合才能体现。环境设施的这些功能是自觉的——设计者的有意识运用，同时又是不自觉的——它们通过自身的形态构成加之与特定的场所环境的相互作用而体现出来（图 2-1-1、图 2-1-2）。

图 2-1-1
错落的条石与植物构成特殊意境

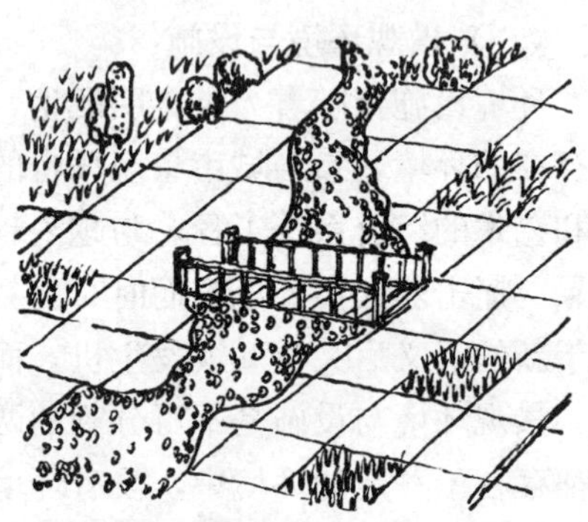

图 2-1-2
平地上：桥与铺装卵石体现出特殊意象

3. 特质的体现

环境设施在满足其原始的功能之外还可以其独特的形态和特定的文脉内涵对景观环境起到烘托和强调作用，体现出场所精神与文脉。它包括两个层面：

(1) 单纯的艺术处理，如色彩、质感、材料、尺度与比例的运用。

(2) 特定地域文脉的融入即环境特征的萃取和对环境氛围的渲染。

如在儿童活动区域设置造型色彩符合儿童心理的坐凳，尺度夸张的游戏设施、卡通化的地面铺装既创造出儿童活动空间的氛围又体现了艺术特质，从而激发儿童的兴趣，增强空间的意象。同时根据不同的环境，如居住区和公园的儿童活动空间还是有区别的，可以分别围绕居住和公共游乐的文脉以及服务对象的量的程度进行创造，从而形成特定的场所精神。

4. 附属功能

环境设施的附属功能是指同时将几种使用功能集于一身。如广场雕塑不仅仅是视觉的焦点而且还是活动的空间；道路系统不仅仅进行空间分隔，而且有导引功能，同时道路铺装本身又是一种景观；在路灯柱上悬挂指路牌、旗帜、信号灯、盆花等，或者路灯本身就含有路标，在照明之外又兼具指示引导功能。有的地方在特定的场合还把护柱做成可以休息的石凳和照明的路灯，或搬出几块美化环境的怪石用作护柱，从而使单纯的设施得到升华与环境密不可分。

环境设施上述功能的顺序常常因物因地而异，如在城市广场或公园中，城市雕塑、花坛、水池等其使用功能是第一位的，而在同一地点仅变换一种位置，或转到另外一种场合，它们的环境意象和某种附属功能则可能反次为主。

（三）环境设施功能的实现

环境设施在景观中的功能如何来实现是环境设施设计的主要问题。通常可以通过控制、中介、平衡等手段来实现。

1. 限定

即对人的行为与心理的一定程度的限定与导引，从而保证设施对环境景观空间功用的实现。具体地可从以下几方面进行。

（1）障与隔

对人的行为进行积极的或暗示性的限定。常用的设施有景墙、沟堑、柱、门、指示牌等。依据障与隔的目的，设施的布置形式可有强制性、半强制性、警示性以及暗示性等几个层次：

强制性障与隔——常用的设施有景观墙、绿篱、建筑小品、柱、廊等，材料与形式根据环境景观需要而定，常用的有硬质材料混凝土、砖石、金属、木材等，软质材料有布、绸缎、张拉膜等。这类设施通过强制、突兀地阻挠景观中人的行为，最终构成理想的环境景观空间。

半强制性障与隔——这种设施常用于半开敞半私密环境景观空间的塑造，如门既是空间转折的媒介又是一种可通过性设施，而花架本身构成一种半通透的环境空间，着重于心理空间的限制。其与强制性障与隔设施主要在尺度、比例及强度等方面的运用上有所区别。

警示性障与隔——通过信息反馈来限定人的行为与心理。这类设施本身不妨碍人的行为，主要通过文字及图像信息进行警示，同时通过信息载体的具有含义的造型或色彩吸引注意力。

当然，上述几种形式既可以单独使用又可以集中起来结合并用以起到障与隔的环境效果。

（2）导引

导引有视觉导引和信息导引。视觉导引主要通过设施的外在形象或空间符号及明确的方向指示来引导和吸引行人按设计的流程运动。信息导引主要通过说明性的图像或文字引导人的行为。导引的形式可以是立体的，如空中、地面、墙面以及各种领域边缘布置（图2-1-3、图2-1-4）。

（3）界定、暗示

在城市环境或场所中通过空间界定等手段强调出不同性质和功能的区域，它对人的通行并不形成限制，而只是一种提示和启发。主要通过色彩、材质及高差的运用，如柔软的草坪、凸凹不平的地面造景

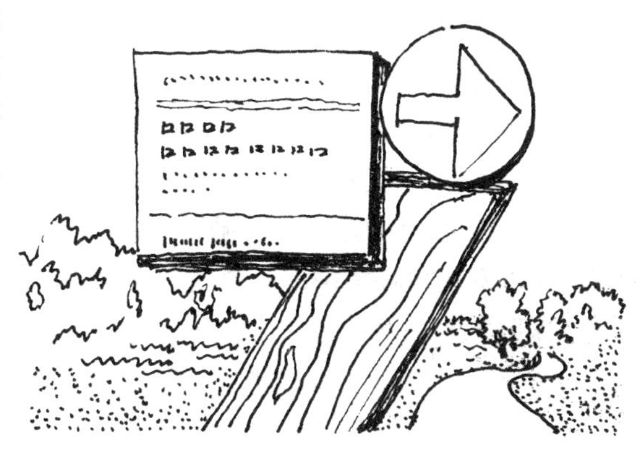

图2-1-3　视觉导引设施

图 2-1-4　信息导引设施

以及各种设施的边界或色彩使人意识到无形空间环境的存在（图 2-1-5）。

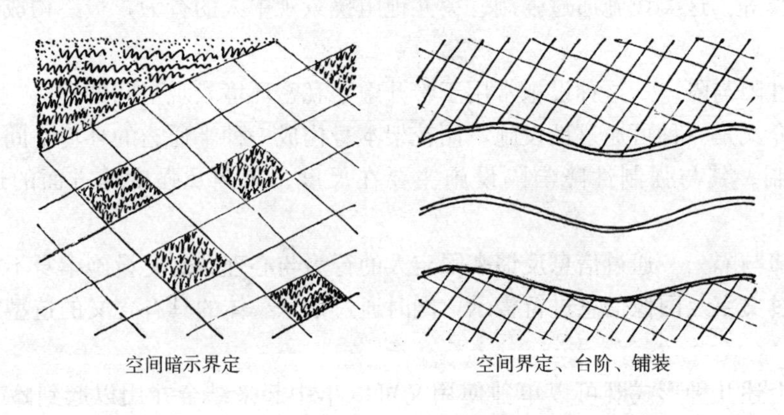

空间暗示界定　　空间界定、台阶、铺装

图 2-1-5　空间界定、暗示

（4）屏蔽

“佳则收之，俗则屏之”，屏蔽即对环境或场所空间的某一部分，通过设施的布局进行遮挡。它具有强制性。屏蔽有如下目的：

- 在公共活动空间和喧嚣的场所中获取相对安静且具私密性的环境（图 2-1-6）。
- 减弱过境交通对周围环境的干扰。
- 改善场地小气候：遮荫、降温、增加湿度、净化空气等。
- 在景观设计中遮挡某些缺憾或要暂时保留某些景象，以增加环境的整洁感和空间的层次。如对城市环境中的某些施工现场、公厕、垃圾站、某些难于补救的被破坏现场和不雅景象等做遮挡处理。

2. 异质空间的中介（过渡）

即相互对比的环境进行调和与过渡，以求人的视觉和心理的平衡，激发不同环境的活力。常用的手段有廊、地标、道路等。

图 2－1－6　屏蔽形成私密安静空间

（1）廊、架

廊架通常起连接和通过的功能，在中国古代建筑中，“廊”通常与宫寝、宅户联结，是组成院落领域内中介空间的主要设施（图 2－1－7）。“使室内外之间产生了良好的过渡”，获得深邃而连续的效果。现代的廊架不仅是不同空间的中介而且还是公民聚集停留之地和城市信息的传播场所。

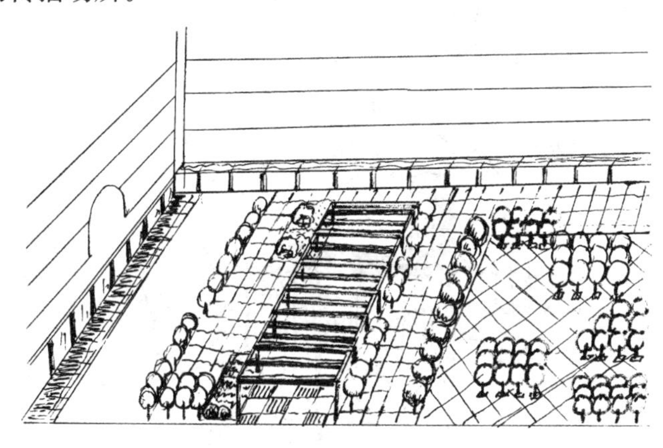

图 2－1－7　廊架连接不同空间

（2）地标

地标无疑是一个城市的地域性标识，界定了特定地域的内涵，同时又是启承转折之所在，是异质空间的中间地带或交错地带，对空间自然转换有重要意义。

（3）道路、广场

在环境景观中道路是贯穿、联结不同性质环境和领域空间的无形的线，广场是道路的扩展，是不同领域转折的中介。具体表现为：

二者在不同空间层次中形成亦内亦外的多义环境氛围；通过不同领域环境空间设施与符号的互换、移用形成中介空间。

3. 平衡

环境平衡不仅包括点固定视点的平衡，线（观览路线和眺望走廊）的平衡，面（区域）的平衡，而且还包括人的思维和感情的运动与联想的平衡。詹姆斯·菲奇指出：人体经常寻求的心理治疗，要求视觉环境的平衡应该是动态的、连续的和各种相对因素的协调。

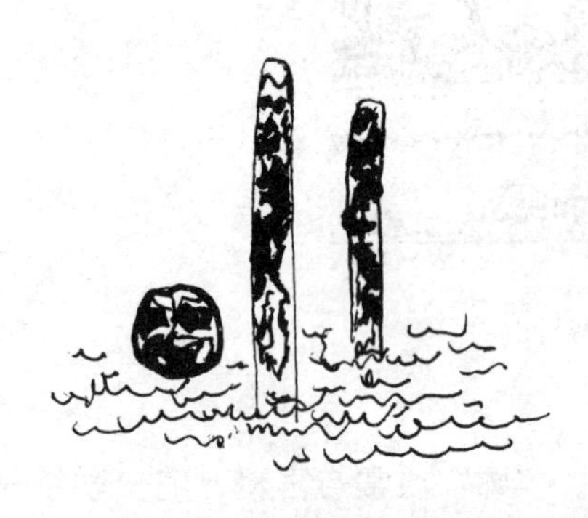

图 2-1-8　中国景观中的非洲图腾

人对环境的认识是感官体验的综合过程，它包括感知、联想、想像，以及理解、思维等心理活动。其中，视觉具有最大的感觉范围，能真实传达景观本身的特征以至性质，是人认识环境的主要通道。追求视觉环境的统一、多样、明晰、暧昧、单纯、复杂等意味，归结起来就是取得精神的平衡。这是人类生存发展之中的心理和生理需要。而提供给人们理想的视觉环境，则是我们创作的主要目的。

平衡的方法有兼容、反转和负构等等。

（1）兼容

包括异质环境的共存、内外环境文化的融渗等。如在我国南方许多现代城市环境景观中引入的非洲图腾柱，这种原始艺术与所在区域的现代化特点形成强烈的对比，在城市整体环境的文化渊源方面获得了更高层次的环境平衡，并且找到了城市历史轨迹的契合点（图2-1-8、图 2-1-9）。

图 2-1-9　中国景观中的欧洲柱

（2）逆向

逆向即“反其道而行之”，与人们的审美经验和习惯性相反。也即“逆向惯性思维”。它包括本质和意识的反转，如尺度与比例的超常运用及突兀的夸张等等。

（3）减法

主要表现在环境中进行减法构筑，对建构体块进行“镂空”或“隐形”处理，如下沉式庭院。其主要缘由是对原有场地的塑造与尊重。

二、设施的景观意象

（一）形态构成

环境设施的形态构成是设施外形与内在结构显示出来的综合特征，它分为外构（关系）、形象（表征）和内涵（性质）三个方面（图2-1-10）。人们通常把前两方面要素用"形式"一词取而代之，从理论——设计角度上看，这种概括对全面研究环境设施有着相当的局限，它难于揭示出"形式"与"内容"间的联结关系。英国哲学家卜克劳瑟指出："形式关系有两种：基础结构形式关系和上层结构形式关系。前者指现象构造物的基本单位的关系，后者指建筑物在前者之上的结构层次。"

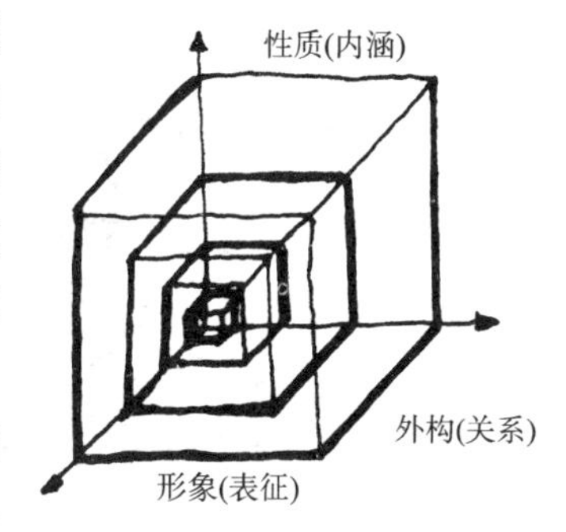

图2-1-10　环境设施的形态构成

1. 表征（形象）：环境设施给予人的第一视觉效果表面特征和外部形式，是设施的外构与内涵通过形象表露出的特征，通常是以单体为基本单位，以使用性质为第一特征。

2. 关系（外构）：环境设施造型、组群及与其他环境要素的结合方式，即相互关系。

3. 性质（内涵）：环境设施的附属功能、细部以及前两要素的结合在精神与文化价值方面的综合体现，是须经人的思考和体味才能感悟的深层内容。

环境设施的形态除了功能作用外，还是一种特定文化的体现。如古代罗马人崇尚的庄重伟大；希腊人追求的恬静严谨；印度人称道的神秘幽玄；日本人喜爱的淡泊素雅；中国人讲究的等次对称等都可以探寻到其文化的渊源。现代社会国际化的特征使得环境设施在城市景观中呈现出多元化的趋势，然而有力地反映环境以及地方或民族特点的环境设施，依然独具魅力。

（二）景观构成

城市环境设施的景观构成包括领域构成和空间构成，空间构成衍生于领域构成。

1. 空间构成——环境设施通过自身的造型在城市（或领域）空间发挥作用。环境设施作为一个实存的物质表现，除了人们看得见的外观形式——点、线、面、体、色彩和质感等六要素外，还存在着需经人的心理感知的虚拟造型要素以及环境要素的相关性。虚拟造型要素与该六要素对应存在，比如焦点、轴线、界面、体量以至城市肌理和时间等。当基本环境设施单元与数量、体量、间距、尺度、位置等发生关系，并按照人类需要最终在城市环境或某一场所空间中出现时，就体现了人和群体的创意与思考，从而表述出城市文化和精神。

实体：是一个个具体的有形的物体。可以是建筑、水体、山石、亭廊花架、植物、地面、道路桥梁等等。空间形式按形成空间角度可分为占领性空间和围合性空间；按人类行为角度又有私密空间、公共空间和半私密空间；按空间环境角度可分为商业空间、交通空间、休憩空间和街道空间等等。

2. 领域构成——在城市实体景观体系中，环境设施起到突出领域性质的作用。

（1）城市领域

包括各个层次领域（历史、文化、宗教、民俗、经济意义和特点领域）的地方特色、地方核心、地方边缘、公共空间、地方商业区等等（图 2-1-11）。

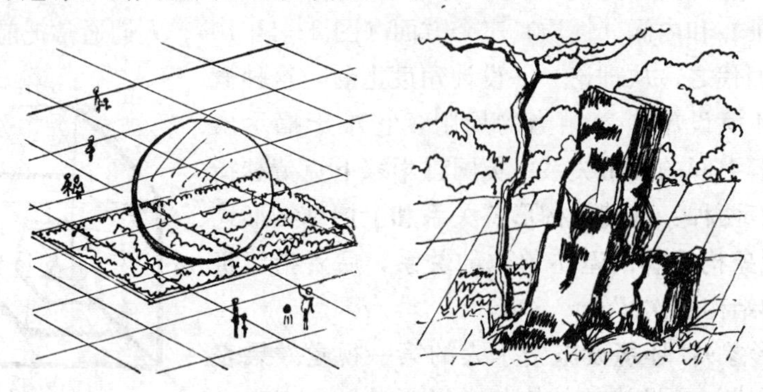

图 2-1-11　城市不同领域

环境设施不仅要满足其所在区域相应的需求——物质的和场所精神的，而且还必须遵循该地域内环境设施之间的呼应与主次，避免层次不清和繁杂错乱与重复；突出领域核心和重点地段的地位，自然而清晰地表达领域内的层次、界定和地标。如必须重复，则应对设施的规模、造型、数量、空间形态、高度等层面做相应的调整，以便主次分明。

（2）道路

城市的道路依其性质、功能和所在区域的环境，可以分成城市干道、繁华街道（商业街）、区域性干道、组团道路、胡同、巷道以及沿水通道和散步道等类型。道路的主要功能是对人们的户外活动进行连接与扩展，而环境设施又在道路景观及环境中发挥着必不可少的作用。无论是道路本体、道路附属物、道路占用物、沿道设施，还是竖向交通和服务设施，它们在完成自身职能外，还兼具突出街道个性、环境导向、渲染环境氛围、调节空间律动等功用。

（3）建筑

环境设施与建筑间的环境领域结构关系包括：

独立性：环境设施如花坛、台阶、雕塑、水池等与建筑脱离，在建筑以外的环境中以相对独立的形式表现出来，形成独具特色的环境空间；

从属关系：环境设施如栏杆、台基、围墙、通廊、灯柱等与建筑合为一体，主要突出和体现建筑装饰和附加品，从属于建筑；

系统性：环境设施与建筑所在空间领域进行统一和系统设计，设施对建筑予以诠释，突出建筑的环境意象，建筑对环境设施功能及意象予以确认，建筑与环境设施整合为一体，相辅相成，体现出完整系统的整体环境意象；

环境建筑设施化：建筑以某些环境设施的造型特征出现，强调其在城市空间中的类似于环境设施的作用和标识意象，如雕塑式建筑、仿生型建筑等都反映出建筑领域与环境的关系；

渗透与互动：室内空间设计室外化，使建筑室内空间多义和室外化，如某些建筑小品，路灯、铺地、喷泉、草棚、断壁、计时装置以及园林小品等在室内的出现；而室外设施的设计则大胆采用室内家具与陈设的特征等等。

三、景观设施的历史渊源与发展趋势

（一）景观设施的历史渊源

景观环境设施的历史渊源和未来发展是伴随城市建设和社会发展而变化的，因而对他的研究一直是比较零碎而不清晰的。首先是因为，它涉及的意识形态和文化方式，难以用一个共同的模式来统一各种观念。只是近年来才开始把环境设施从城市环境中分离出来，作为一个系统进行专题的研究，而以往景观环境设施只作为城市建设的构成要素在城市建设的演变历史中从建筑、规划、工程及园林的历史（大部分历史却又囿于一个封闭的领域内）中顺便提及，因此系统地寻求其历史渊源是困难的。其次，在以往的城市建设中，环境设施作为建筑与城市发展的产物，内容非常庞杂，功能千差万别，变化迅速，因此很难界定其范畴，再加上以往行业割据的条件下，就更难进行全面而细致的考证和比较了。

因此环境设施体系是不稳定的、开放的和发展变化的。这里所说的渊源只是以往各个相关领域的历史渊源中的大致脉络。

1. 初始阶段——基本的和简单的因果需求：生存

景观环境设施是城市建设发展的衍生物，同时景观环境设施的发展势态激发城市环境的更新，这种关系在聚落形成的初始阶段即已存在。随着人类文化的进步、生产力的发展以及聚落形式的扩大，人们不断创造新的环境设施来满足自己的物质和精神需要。在城市文化的初始阶段，从城市设施至建筑小品无论内容还是形式都体现一种基本的和简单的因果需求关系：为着防御而建筑城堡，为着炫耀权力而建造宫殿，为着栖身而建筑宅舍，为着通行而铺设道路和架设桥梁。比如英格兰索尔兹伯里（Salisbury）的怪石圈（公元前1800年），见（图2-1-12），西班牙和法国的原始洞穴壁画（公元前2500年），我国四川的三星堆祭坛和祭男物件（公元前1000年）以及莫高窟壁画等等。早期的人类就是通过构筑、绘画和雕刻等基本且原始的表现方式，满足自身的生活需要，传达他们对自然的敬畏、对生命的崇拜和对天国的冥想，而这些造物无疑也推动了他们对传统的延续和新环境的创造。

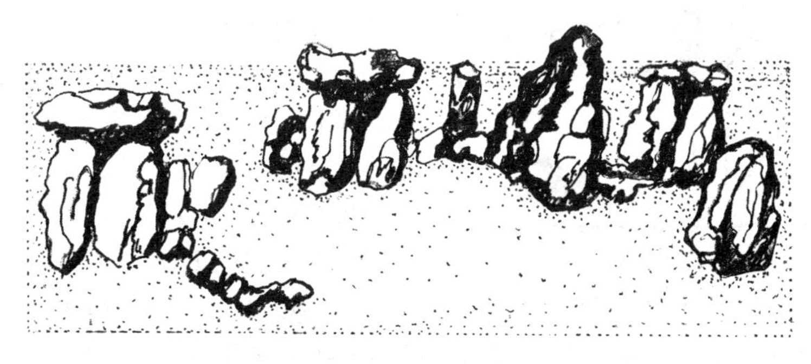

图2-1-12　英格兰索尔兹伯里怪石圈

2. 城市设计的产生——设施与环境的相互需求：生活

城市设计的产生促进环境设施与城市环境和景观的相互需求。这时的设施已经从最低的生存需求上升到一个新的层次，它所反映的是人们对生活的需求，因而有了审美的设计以及生活的体验。古罗马建筑师维特鲁威（Marcus Vitruvias Polio）在《建筑十书》中指出：在设置城市防御工事、公共建筑及私人构筑物的同时，街道的建立是城市设计的关键，这不仅关系到实用性还涉及视觉审美的问题。他的这一观点也被运用于城市其他设施的设计中。

欧洲文明的发源地——早期的希腊和罗马的城市设计中，设置大量竞技场、演讲台、柱廊、广场、露天剧场等公共场所，公共建筑的台阶、雕塑、屋门，以及水池、路灯等在设计时要求与自然环境取得和谐对应、有机结合。著名的雅典卫城的柱廊、广场、山门，以至台阶、门前装饰物等设施成为整体建筑的有机组成部分。卫城中心的雅典娜雕像的尺度、高度、基座的位置及与卫城建筑群间的关系是建筑史中的典范，是早期环境设施的经典案例。

古罗马时代城市设施和建筑小品的发展形成具有自己特色的系统。桥梁、高架供水渠道、花园、露天剧场和角斗场一度成为其古典文明的象征，在出土的庞贝古城遗迹（公元79年）中，造型各异的井台、水渠、花坛、院落、壁饰，以及生殖器造型的路标无不反映出在古罗马时代环境设施已经融入当时特定的文化含义，并且成为环境景观的必不可少的构成要素。

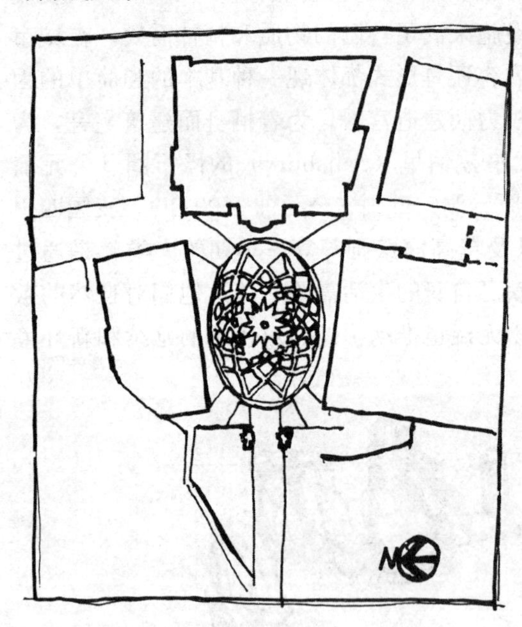

图 2-1-13　罗马市区广场平面

中国的城市发展中同样也可以看出环境设施的发展，汉代的“一池三山”造园手法至今仍然影响着中国的景观设计，其中的“太液池”，蓬莱、瀛洲、方丈三座山不仅仅是环境设施，而且将设计的思想融入其中，反映出帝王对长生不老的神仙似的生活的追求。后来秦汉宫殿的发展也促进了宫殿附属设施的发展如石灯、石桌、石椅、石狮、连廊等内部环境及外部环境的设施都为满足生活的需要而更新。

后来的罗马城市，通过建筑、街道、凯旋门、喷泉、水池、方尖碑等环境设施强调城市轴线和城市中心地标，这与当时罗马扩张、征服的形势是一致的。其城市设施和建筑小品的布局、造型也与其统一（图2-1-13）。这种城市空间以几何造型的皇家园林，向外放射的街道系统，恢宏壮观的星形广场，庄重严谨的古典主义建筑，以及配合有致的凯旋门、灯柱、纪念碑、喷水池等城市设施和建筑小品塑造出皇家的威严和气势。

中国的城市发展也有类似的经历，其中几个比较有重大影响的朝代是周、隋、唐、元、明、清等，他们在国家大都城的建设上都有严格的规划，强调城市的轴线，从现在的北京古城尤其是遗留下来的皇家园林如颐和园、圆明园等可以看出这种皇家气派和威严的塑造。只不过中外的思想影响不同罢了。

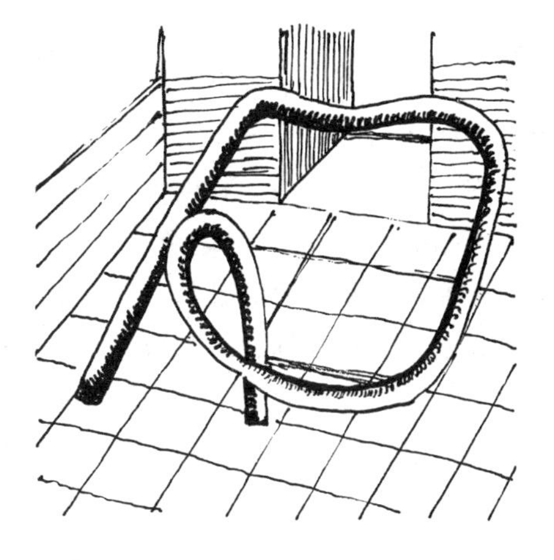
图 2-1-14　巨型雕塑

3. 工业革命——环境设施的大发展：自我

19 世纪工业与科技的迅速变革，使人类步入了一个崭新的生活环境。钢铁、玻璃、混凝土等新材料的出现与应用开阔了环境设施设计的思路，新的科技成果在城市环境中的应用如道路、照明设施、垂直交通、城市高架桥、巨型雕塑、候车亭（廊）等（图 2-1-14、图 2-1-15）。这时的环境设施已不仅仅是生活的需要，还与各种艺术运动相结合，如 19 世纪末的新艺术运动，未来派和立体派艺术创作，绝对主义和构成主义建筑观念，以及荷兰的风格派等，现代建筑与艺术革命从另一个角度来诠释自我。因此这时的环境设施发展相对完善，从而形成自己独立的体系，对环境设施的分类与界定的研究也随之出现了。

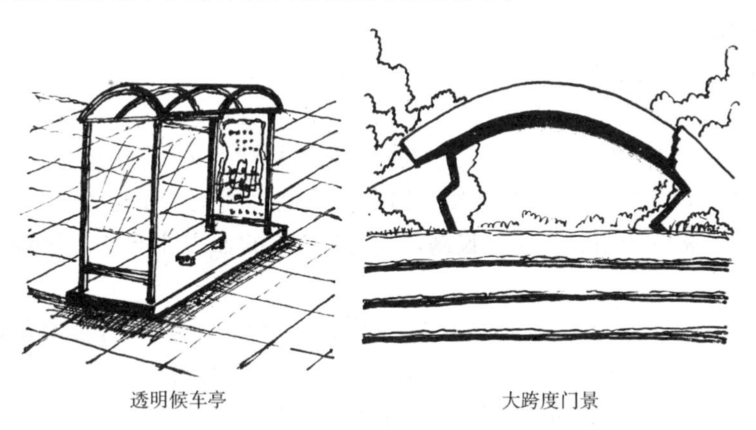
透明候车亭　　大跨度门景

图 2-1-15　新材料与新设施

4. 世界"生态危机"的出现——环境设施设计的思考：和谐

20 世纪在工业和科技高速发展的推动下，工业时代的城市正在向信息时代转化，城市环境也为适应这一转化而发展；另一方面，科技迅速发展和新城镇的开发，所造成的城市社会与生态环境的破坏以及随之而来的社会问题导致全球变化、人口剧增、资源短缺、环境污染等世界性的危机与灾难事件不断出现。如 20 世纪 50 年代前后著名的八大公害事件中就有二氧化硫与粉尘的大气污染致死上千；汽车尾气造成的光化学烟雾事件；燃烧重油导致患哮喘病的事件；镉污染引起骨痛病事件等等。因此这引起了人们理性的思考并开始行动。如 20 世纪 70 年代美国圣路易市帕鲁伊特·伊戈居住区的炸毁和英国政府颁布停止所有新镇开发计划等等。

在艺术领域中的达达主义艺术理论（1913 年）、福格纳（G. T. Fechnner）倡导的心理学美学以及胡塞尔（E. Husserl）的现象学观念（1918 年），可以看作是引发这场反思的艺术与哲学根源。20世纪60年代开始产生的偶成艺术（1961年）、新达达主义和反建筑（1970年）思想，以及演绎出来的POP艺术和后现代主义建筑思潮等，在城市环境创造中对传统与更新的思考起到有力的撞击作用，现代城市设计思想也就此产生。如诺伯格·舒尔茨的场所与文脉理论；简·雅各布（Jane Jacob）的城市设计活力理论；凯文·林奇（Kevin Lynch）的城市意象理论；伊利尔·沙里宁（Eliel Saarine）和日本的新陈代谢学派等，以及其他的诸如"田园城市"、有机疏散、卫星城镇、邻里单位及小区规划、区域规划、生态规划、可持续设计、城乡融合设计论以及清洁生产工艺等一系列新的理论，为解决由于工业化大生产单一体现人类自我所带来的社会、城市问题，为世界各地城市科学健康地走向21世纪开辟了广阔的天地，同样，环境设施设计无疑也是这潮流中的一支。

文化与科学、生活方式与社会经济、建筑与城市设计是推动景观建筑和环境设施发展的引擎。随着现代化城市运输、科学技术和信息传播系统的高速发展与普及，城市职能向着高度集约化转变，人的生活空间及内容的急剧扩大以及质量的提高，加之国家体制和建设政策的支持与引导，城市环境设施作为城市实质环境的重要部分定将引起社会公众的广泛重视。

（二）环境设施的发展趋势

1. 设施功能性与娱乐性并行

随着人们日益提高的物质和精神生活，人们对体现自我，享受生活越来越重视，参与性也越来越强，在原有功能性设施的要求上，增加了精神和文化的层面需求；同时对设施的多层性提出要求，尤其是亲自参与其中的要求更高，因此娱乐性设施的出现也成为必然，如儿童可参与的水上滑梯等游戏设施，过去只有在自然中才能享受到的冲浪现在也成了平常事。

2. 高精尖的技术的应用，促进、推动了设施内容和使用范围的不断翻新扩大

世界博览会中的许多展馆、展品和环境设施，都体现了最新科技的应用（图2-1-16、图2-1-17）。如机器人作为一种动态音响雕塑置于商业环境中；运用光电管及电脑技术的城市景观装饰物和广告牌；自动人行道和夜明公路的出现；新材料、新光源

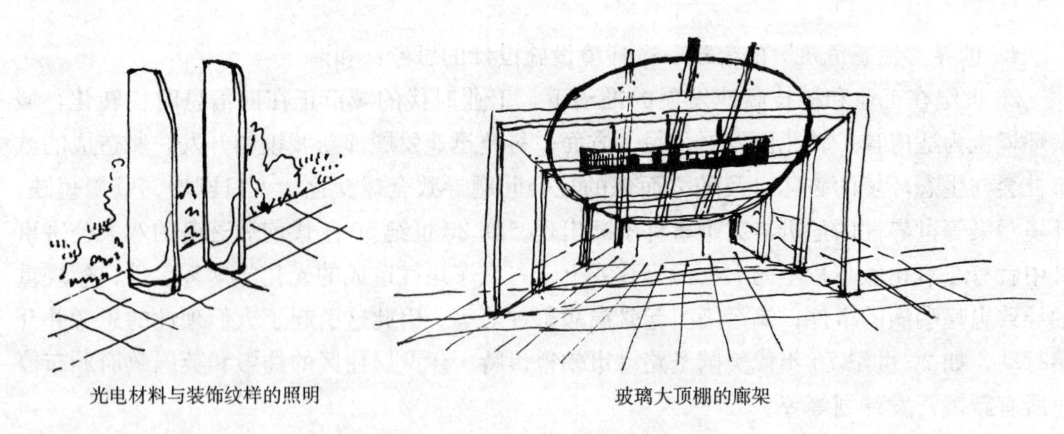

光电材料与装饰纹样的照明　　玻璃大顶棚的廊架

图2-1-16　新科技与景观环境设施

已运用于城市桥梁、道路、计时装置、标识、铺面装修、照明以至城市雕塑中；以往只在室内使用的空调、暖通装置甚至出现在城市露天广场。

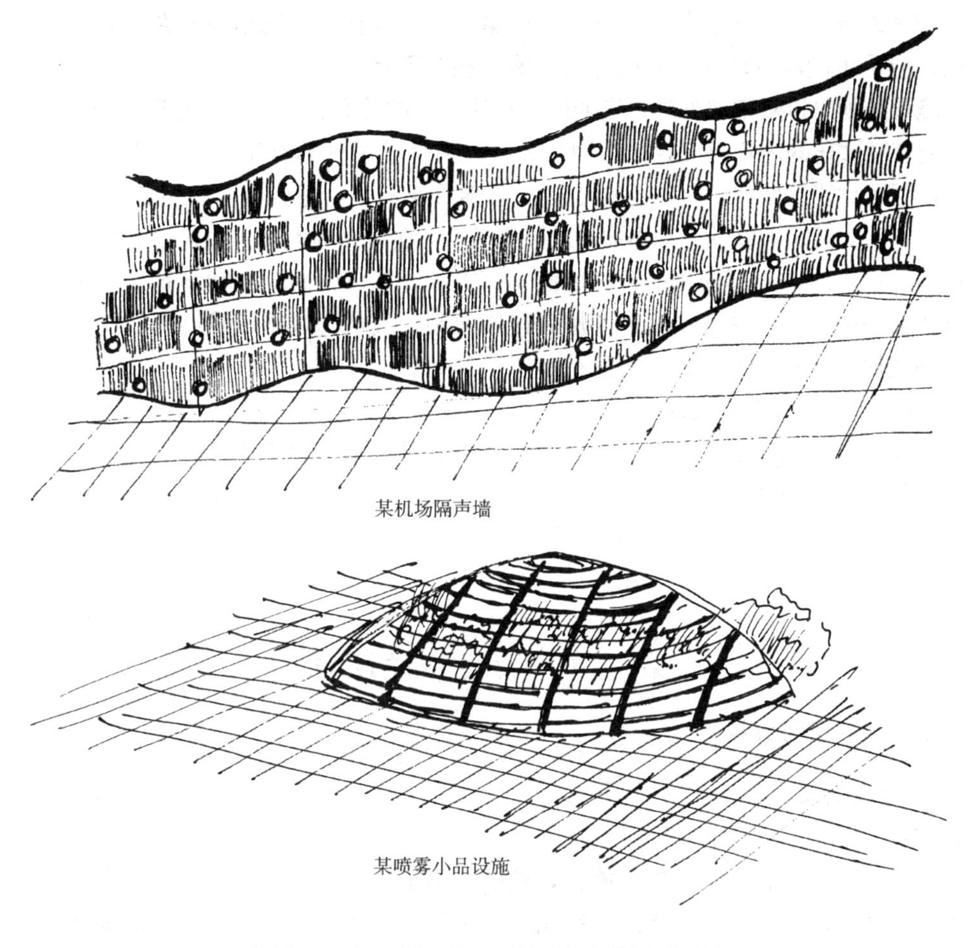

某机场隔声墙

某喷雾小品设施

图 2-1-17　新科技、新材料与环境景观设施

3. 创作、材料、环境意象和空间表现方法的国际化、标准化、个性化和风土化

从现代科技、文化和哲学发展来看，人类世界各个民族及其文化正在实现空前的交流与沟通，许多艺术理论、城市设计思想以及建筑和哲学思潮都具有国际性的影响。如主张环境保护的绿色和平组织起源于前联邦德国，而后波及整个欧洲并影响到世界。在城市实质环境的改善方面，当今城市设计工作者和建筑师的想法与“绿色运动”的主张有着相近之处。比如：与环境和平共处；尊重城镇的历史和建筑风貌；尊重所有人在城市环境中生存和自我发展的权利；城市建设与改建计划必先征得社会的认同等等。

4. 环境整体化、功能综合化与处理精致化

在景观环境空间中其各要素的设计是系统的、统一规划的。环境设施与空间和环境建立有机和谐的整体关系，不仅从其自身的内涵外构予以表现和呼应，而且在各设施内容之间存在着一种内在的联系，从而对环境进行有机的配合。如某一城市的路灯在其主要造型上尽管各个街区都有其特点，但从总体而论又有一定相近之处且区别于其他城市。在城市交错复杂的道路网中，采用经过整体或统一设计的路标、路灯、休息设施和道路设备等有

助于提高行人、车辆的便利性、自明性与识别度。

在城市道路和节点空间中，环境设施的功能综合化具有维护空间整体性、提高使用效率、利于观瞻等重要作用。特别是在人车密集、高速运行、路网结构复杂和具有观光意义的地区，应尽可能减少环境设施的外向影响及相互干扰。

环境设施如果讲求细部处理，则能体现对使用者的关心、增强视觉心理功效、丰富环境语义。处理精致化的内容很广，比如边角设计，人体接触处的材质处理，以及造型、位置、高度、色彩、功能等处理，此外还要考虑安全感及便利性，减少噪声、污染、干扰、眩光、不适等影响，对残疾人以及行动不便者的特殊关心，为外来者和文盲提供便利等等。

讲求环境设施的细部处理的第二层涵义是重视环境设施的规划和布置。选用合理的数量，选择恰当的位置，这不单是为使用者提供便利、安全、快捷、较高品位的服务，而且是提高环境质量和社会实效的重要途径。

5. 多层次多领域空间发展渗透

一方面随着人类生活领域的扩大、生活内容的丰富，环境设施已经超越所属的领域，向更为广阔的空间领域发展，另一方面，环境设施又与室内空间互相融合与渗透，以往只是与建筑、美术发生关系的环境设施不仅跨越了造型艺术、音乐、戏剧、诗歌的传统领地，而且向着更为广阔的社会文化、深层意识形态领域进发。

第二节　景观环境设施

一、设施界定与分类

（一）概念含义

设施：

设：设立、布置、筹划；施：施行，施展，给予。设施是为进行某项工作或满足其中某种需要而建立起来的机构、系统、组织、建筑等。景观环境设施：为满足景观环境中的各种需要而建立起来的服务系统如导向系统、交通系统、娱乐系统、视觉系统、照明系统等等。环境景观是环境空间加上时间和人的视觉、心理感受等的综合环境效应。它对构成景观环境的人（活动主体）、自然和环境设施等几项基本要素予以组织。景观环境设施的内涵与外延是以环境景观设计为基础的多学科、多领域、多层次上的融合、渗透与合作，它是以整体环境系统为背景，统一规划与设计的，是系统性的。环境设施是建筑与自然的中介物，是人类依赖于环境和亲和自然、发展自身生存环境和改造自然的双向合一的产物。它与建筑和自然并无截然的界限，调和过渡是其呈现的特征。

（二）环境景观设施的界定

1. 界定原则

（1）环境设施是环境景观系统的不可分割的一部分；

（2）建筑及其室内外空间（包括顶棚、地面）相互渗透的产物以及经人工改造并改变原形态的自然环境属于环境设施的相关范畴；

（3）环境设施作为开放且运动的体系与建筑、自然和人间活动的各种景观现象互相渗透融合；

(4) 鉴于对环境设施研究的目的以及人们观察事物的角度和标准不同，对环境设施的界定与分类应满足不同的需要，也不是惟一的和一成不变的，随着社会的发展和科技的进步，还会出现新的种类和分类方法。

2. 环境设施界定

环境设施与建筑的界定点应是建筑内外墙壁。它包括向外界环境扩张的设施和向室内（及内部）环境引入的设施；环境设施与自然的界定点是自然与人工造物；环境设施与人类活动的界定点是人类驾驭环境及与风景相关的运动；环境设施与城市的界定点为城市景观中的实质内容。

环境设施的核心内容为基本环境设施，其范围逐渐扩大直至城市整体环境最后到自然环境。城市设施与人类—自然、城市—建筑的相互关系形成了界定关系模型，如图2-2-1所示。

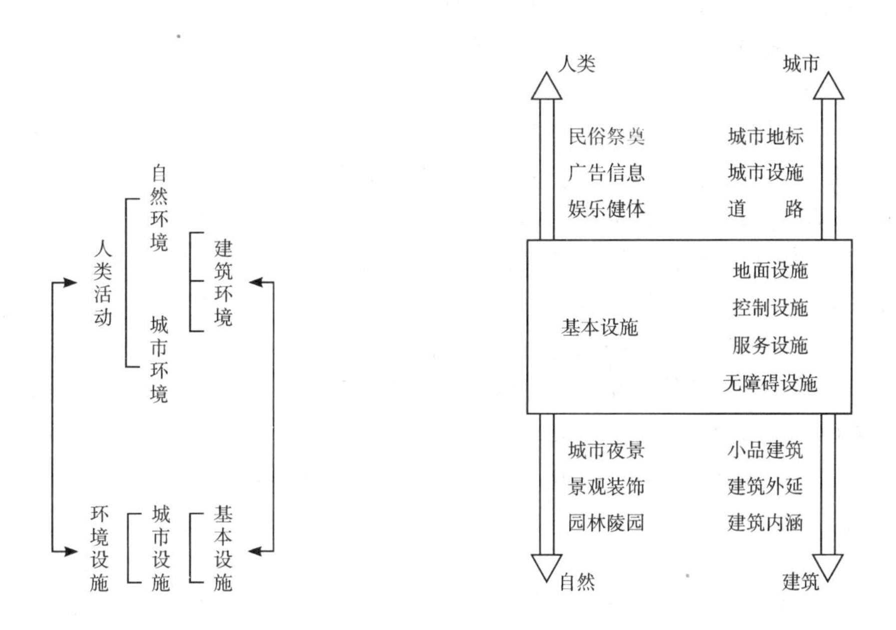

图2-2-1 人类、城市、自然、环境关系及外延模型

（三）环境景观设施分类

1. 环境景观设施分类综述

在中国比较早而且比较全面进行环境设施评价和分类的学者是梁思成先生。他曾对部分环境设施进行较为客观和清晰的分类，大体如下：园林及其附属建筑、桥梁及水利工程、陵墓、防御工程、市街点缀、建筑的附属艺术等。今天看来梁思成先生的分类固然并不全面和系统，但在当时的环境和社会发展条件下，已足可以反映当时对环境的整体理解和发展。从分类方面考察也是可以理解的。

20世纪90年代以前，我国较为常用的是建筑小品服务领域分类法，它根据建筑小品主要功能和设置地点进行分类，这一方法是在我国台湾环境景观设施分类的基础上发展起来的。大体分类如下：

园林建筑小品——门、窗、池、亭、间、榭、舫、桥、廊、厅堂等；城市小品建筑——院门、宣传栏、候车廊、加油站等；建筑小品构件——围墙、栏杆、休息坐椅、铺地、花坛等；街道雕塑小品——城市街道和园林中的装饰雕塑等，对于某些城市设施如交通导向标识等则没有纳入其中。1982 年，由华南理工大学建筑系刘管平先生主编的《建筑小品实录》，社会反响很好，并相继再版五次，于是在 1987 年又出版了《建筑小品实录 2》，也很快销售一空，并再版多次。书中作者将建筑小品（也就是现在所说的设施）分为园林建筑小品、庭院小品、入口建筑小品、建筑局部环境小品、街道建筑小品和雕塑小品六个部分。

又是一个时隔五年，华南理工大学建筑系刘管平先生和北京工业大学宛素春先生主编了《建筑小品实录 3》，本书的内容和设计层次水平明显地提高了一大截，内容包括园林建筑小品、庭院小品、室内环境小品、城市环境小品、入口建筑小品、景观小品、雕塑小品和亚运小品等八个部分，从中可以看出 20 世纪 90 年代中国环境设施的发展与变化，同时也收集了大量外国的，如美国、日本、前苏联、波兰、德国、瑞士、毛里求斯等国家的小品作品，反映出环境设施的国际化趋势。

进入 1990 年代，特别是 1997 年以后，我国的城市建设有了长足的发展，有关环境设施随着环境景观设计内容和规模的扩大，其界定与分类也随之演变，如原来的室内环境设计也改名为环境艺术设计，将内涵和外延相继扩大，环境的含义不再仅仅是室内，还有室外环境，而且室外也不仅仅局限于某一城市，而是整个宇宙环境。风景园林环境设计的范围也由原来的城市、风景区扩大到包括废弃城市设计、煤矿修复设计，森林公园设计、风景旅游区以及区域风景景观规划如唐山塌陷区的恢复设计，省域、地区等的生态环境景观规划，旅游度假区规划等等。相应的环境设施的概念和外延也随之扩展，环境景观学术界对城市环境设施的概念转变到环境景观设施上来，其分类也趋向于实用化和专题化。2000 年 9 月，中国城市规划学会和中国建筑工业出版社合编了《当代城市与环境设计》丛书，结合国内建设实际，在城市广场、滨水景观、商业区与步行街及铺装景观方面介绍了 39 个国内优秀景观设计作品，并含有相当具体的设施介绍。2002 年 7 月中国城市出版社出版的《现代城市景观设计与营建技术》是较系统全面的涉及城市景观设计与营建技术的专业书，其分类见表 2-1。2003 年由天津大学出版社出版的由于正伦先生编写的《城市环境创造景观与环境设施设计》是当今最全面系统的关于景观环境设施设计的书籍，其分类如下：

按环境设施的服务分区有：城市空间设施和局部景观设施

(1) 城市空间设施，即对城市整体空间形象起作用的环境设施单体和群体。包括：

领域：住宅小区、公共建筑集群、商业街（区）、历史和民俗区、文化和行政区、科研和工厂区等；

开放空间：广场、公共绿地、公园、游乐场、自然空地、水边等；

通道：各类道路、河道、过境铁道以及节点；

领域边缘；

领域地标。

(2) 局部景观设施，即城市装饰、广告标识，庆典活动用具等，它们是对小环境或短

环境景观设施分类 **表 2-1**

序号	项　目	内　容
1	城市绿化景观	街道绿化、庭园绿化、公园绿化、广场绿化、住宅小区绿化
2	城市水景	水池、人工湖、瀑布、流水、喷泉、草坪喷灌、景观喷雾
3	城市地形	地形的改造利用
4	城市雕塑	装饰雕塑、浮雕、艺雕、石景（如假山、庭石、枯山水）等
5	城市铺地	道路铺装、广场铺装、装饰混凝土、树池树箅
6	城市界定设施	护栏、隔离栏、柱、篱、垣、实体墙、出入口、门等
7	城市公用设施	儿童游乐设施、公共运动设施、休憩坐椅、饮水台、告示牌、电话亭、候车亭、邮筒、垃圾筒、报亭、公共厕所
8	城市夜景　照明景观	艺术造型路灯、庭园照明灯（如地灯、草坪灯、水池灯），广场照明、楼体照明、庭园照明、植物装饰照明等
9	城市建筑景观	建筑外部装饰、建筑立面景观、城市墙体壁画、建筑小品（廊、桥等）
10	城市信息景观	标识牌、广告牌、指路牌、光电标识等
11	其他城市景观	上述未提及的城市景观及潜在的景观素材

来源：《现代城市景观设计与营建技术》

时间起作用的环境设施单体和群体。

根据环境设施的主要服务项目可分为：

城市设施——桥、水塔、电视塔、停车场、地铁车站和地下通道等；

服务设备、设施——休息设施、卫生箱、自行车架、游乐设施、照明、饮水器、售货机等；

小品建筑——加油站、售货亭、候车廊、园林附属建筑、地铁和隧道入口、公厕、山墙大门等；

室内环境设施——室外部分环境设施向室内空间的延伸；

观演与信息设施——装饰雕塑、喷泉水池、绿化、园林小品以及广告标志、告示牌等；无障碍设施——坡道、盲文指示器、专用铺地、专用信号机等；

庆典用具——灯笼、彩车、彩门、旗帜、露天舞台、装饰照明等；

道路设施——路面铺装、护柱、防护栅、树箅、交通信号和标志等；

建筑外延——阳台、烟囱、雨篷、外廊、檐口等；

其他杂项设施。

另外还可以按照环境设施主要功用结合城市领域和服务分区分类法进行的综合分类和以课题研究为切入点的专项分类。如根据城市设计的某一课题对环境设施进行分类：对街道景观的课题，各种环境设施可依照自己分担的角色和作用，分门别类地出现在城市干道、步行街、散步道、滨水环境、屋顶平台、庭院等专题研究中。城市广场、公园、住宅社区等专题也是一样。

同时为了便于对环境设施进行类比分析，于正伦先生提出将在同一领域的不同设施组成一个系统来研究的专项分类下的系统分类：如将情报信息专用的广告（招牌、幌子）、看板（宣传栏、揭示板、告示牌）、标识（路标、标志）与城市交通专用的交通指示设施（信号灯、信息板、交通信号牌等），集中为一套信息系统来分类研究；对领域大门、院门作为大门系统进行分类。这样分类可以加深对环境设施的纵向了解，既反映现代环境设施特点——广泛性、代表性，又便于系统研究；既体现城市设计的宏观理念，又涵盖每一具体环境设施元素。这样从纵向和横向、宏观和具体的不同视角讨论环境设施的分类，有利于建立一套多元、立体的系统观点，克服习惯中孤立静止单一的定式，使环境设施规划和设计更接近有机、科学、实效的目标。

在西方由于工业革命的影响对环境的研究比较早，工业化促进了文明，同时也带来了负面的影响，因此对环境整体内涵和外延的认识起步较早，从而促进了对环境景观设施的研究，并且研究得相当细致。比如在美国俄亥俄州立大学风景园林系教授诺曼 K. 布思所著的《风景园林要素》一书对道路和台阶的研究中，不仅仅是对功能以及设计进行泛泛论述而是根据地域气候以及服务主体——人的特点（健康、残疾、数量、年龄、心理）与艺术及视觉设计的结合进行研究，功能与设计的要求结合。比如对台阶功能研究中就充分考虑材料在各种气候和季节中所受的影响和采取的措施，以及材料的质感与尺度对视觉设计的影响，同时在每一步设计时都有设计的根据，而不是随意的勾画。这样的设施设计已经将环境与人类整体统一进行考虑，是全面和系统的，也是十分可取的。

美国 SUNSET 系列丛书《室外环境设施构筑物与园林》中对室外环境设施从设计建造以及标准规范等方面进行分类阐述，如墙、步道、台阶、地面铺装、花坛、休息设施等等，尤其对设施的施工程序与步骤进行了详尽的说明，以至于使初学者学习后即可明白，可见，他们的环境设施设计的普及程度。英国的 M. 盖奇和 M. 凡登堡则在《城市硬质景观设计》一书中，对街道设施进行详细的梳理。他们就街道中的步行环境、车辆环境设施、游戏区设施、街道小品进行了具体的探讨，并对设施构造等加以讨论。另外，欧美的某些学者把环境设施的分类基本纳入城市设计和景观建筑研究之中，大体分为：开放空间、地标、城市装饰、道路景观、招牌广告等。这些研究工作开展得很早，其内容和有关规定也相当详尽。

从以上可以看出，西方对环境景观设施的研究已经细化和专业化，这也是当今环境景观设施研究的国际化趋势。其他的像德国、荷兰等国家则更加严谨，并已经趋于民族化、风土化设施设计。

中国台湾地区对环境设施的研究也比中国大陆要早，并且较早地开始民族化、风土化设计。他们将城市景观环境设施分解为自然景致、街廊设施和建筑物景观三大部分。自然景致指山水和植物景观；街廊设施包括铺面、交通标识、旗杆、路灯、告示牌、水池、雕塑、座椅、花坛、电话亭、邮筒、垃圾筒、棚架、告示栏、候车廊、牌坊、地下道出口、通风口等；建筑物景观除建筑立面及总体以外，还有门窗、阳台、排烟管、晾衣架、广告、屋顶水箱等。

随着城市景观设计、施工、应用的深入发展，以及人们对环境概念的深入认识，台湾对环境设施以景观设计为指导进行了系统有效的分类。如地坪：铺地材料、素地、石材、砖材、混凝土、木材，地坪界面；通道：车行道、人行道、廊桥阶梯、街角路口、建筑物、门；阻挡物：栏杆、护柱、篱、垣、墙等；街具：桌椅、垃圾桶等；照明：庭园灯、路灯、造型灯等；信息设施：电话亭、指示路标、告示牌、广告牌、旗帜等；植栽：树列、树林、树盆、单植、攀藤等；水域：河海坝堤、池塘沟渠、水岸、水景等；停车场：入口、车位、自选车架、拦阻与标识等；亭阁：售票亭、守卫亭、询问亭、候车亭、等候亭、观景亭、休息亭、贩卖亭、餐饮亭等；公共厕所：公厕与便器、移动厕所与预制厕所等；公共艺术：雕塑、壁雕画、地标、街头艺术等。

日本对城市环境设施分类较多且相当具体。他们在城市和景观设计及其各个要素的研究中，把相关的环境设施及景观物作为主要内容予以介绍。比如，道路景观设计中就涉及环境设施分类——道路本体（路面装修等）、道路栽植（树木、草坪等）、道路附属物（标识、防护栅等）、道路侵占物（电杆、停车场）、道路广告（招幌、广告等）、道路围护物、道路空间（广场、公园、河滨）、道路地下部分（地下通道、地铁车站、地下商业街、地下广场）等等。当然在研究桥、广场、公园、水景、居住区等其他课题中必然会出现归属分类等内容的重叠，但整体而言已经比较系统了。丰田幸夫在他的专著中将环境设施分为一般外部空间环境设施（路面、台阶、坡度、坡道、路缘石等）、儿童游乐设施、水景设施、体育设施、环境小品、标志、栽植、室外市政设施等。

综上所述，我们可以看出无论东方还是西方对环境景观设施的分类有以下几个共同点。首先，把环境设施称为城市环境景观设施，将环境设施看作城市设计和景观建筑的有机组成部分，并以此作为环境设施分类的基本出发点；第二，城市地域的构成要素——领域、通道、界面、节点、地标对环境设施的分类和内容在一定程度上作为参考依据，宏观上控制了环境设施设计的系统性和整体性；第三，环境设施的分类其实没有分类，只是为便于研究才根据不同的目的而分类，因此分类不是绝对的，也不是固定的，而是灵活的和发展的，各种分类之间出现重复归属是必然的；第四，环境景观设施的设计和分类已经趋于国际化，这是世界经济和政治和生活日益国际化的趋势，尽管各国有自己独特的民族和文化特点。

2. 传统分类方法存在的问题

今天对环境设施的分类，应该以当今环境内涵和外延为基础。

过去，人们对环境设施的理解往往囿于一定的范围，因此产生理解上的偏差甚至是误解。首先，误认为环境设施是建筑外墙装修，加上城市街道和市容中的人工点缀物，似乎是建筑的附属物而已。建筑与环境设施都是环境景观的构成因素，它们独立存在，彼此渗透，因此不能把建筑肢解开来，一定要说哪是环境设施，哪是建筑本体。

其次，人们常把建筑小品认为是建筑的小饰件、街头设施和公园设施，原因是由于建筑师所能涉足的桥梁、水塔、电视发射塔、地下通道等大型城市设施与寻常的建筑小品无论在规模、设计，还是在施工难度上都无法比拟，但是在城市空间和城市景观舞台上它们都是演员的角色，从这一意义上讲，它们都是必要的，同时也是现代城市建设与设计的发展趋势。

第三，过去的分类法由于时代和社会发展的局限基本以建筑本位论为依据，把环境设施分为城市设施和建筑小品，部分城市设施归于建筑，而建筑小品仅分为建筑装修、园林建筑和建筑以外的装饰物。

第四，由于提出分类人的专业的局限，而将相当一部分内容排斥在外。今天，环境的内涵和外延都有相当程度地扩展，纯粹地非此即彼的分类已经满足不了时代发展的需求，用“环境设施”涵盖经渭分明的“城市设施”和“建筑小品”已经是必然趋势。

3. 环境景观设施分类

本书《环境系统与设施·景观部分》中所说环境景观设施主要是指以建筑为界的外部环境景观空间中的设施，城市的、自然的、交通、休息、娱乐等等。因此其具体分类主要以满足人们外部环境系统的使用要求为主。

（1）按设施构成要素分类：

造景设施：树木、花卉、草坪、花台、花境、喷泉、溪流、湖池、假山、瀑布、雕塑、广场等；

休息设施：亭、廊、花架、榭、舫、台、椅凳等；

游戏设施：沙坑、秋千、转椅、滑梯、迷宫、爬杆、浪木、攀登架、戏水池、木马、跷跷板、仿生玩具等等；

社教设施：植物专类园、温室、阅览室、棋艺室、陈列室、纪念碑、眺望台、文物名胜古迹等；

服务设施：停车场、厕所、服务中心（餐饮部、播音室、小卖部）、饮水台、洗手台、电话亭、摄影部、垃圾箱、指示牌、说明牌等；

管理设施：公园管理处、仓库、材料场、苗圃、派出所、售票处、配电室等。

（2）按功能分类有：

环境景观装饰设施：环境雕塑、壁画、环境照明灯具、喷泉水池、地面铺装等；

庆典景观设施：灯笼、彩车、彩门、旗帜、节日装饰照明等；

道路景观设施：电（汽）车站、过街高架桥、塔、街灯照明、指示牌、路标、地标、行道树、花坛、护柱、防护栏、绿篱、消防（交通）信号和标志等；

景观服务设施：电话亭、阅报栏、广告栏、幌子、橱窗、计时器、告示牌、商亭（书报、小卖、纪念品）、邮筒等；

环境景观卫生设施：垃圾箱、引水器、洗手台等；

环境景观休息设施：亭、廊、花架、楼、台、阁、榭、座椅、舫等。

（3）按服务目的的不同可分为：

环境景观交通设施：桥、道路、索道、缆车等各种立体化交通设施；

环境景观休息设施：座椅、花台（结合座椅）、桌、亭、廊、花架、舫榭、楼台等；

环境景观娱乐设施：儿童娱乐设施、成人娱乐健身设施；

环境景观服务设施：文化服务设施（书报亭、电话亭、宣传栏等）、餐饮服务设施（茶室、小吃部、小卖部等）、卫生服务设施（厕所、垃圾箱、洗手台等）、饮水器（钵）等；

无障碍设施：视觉无障碍设施、行动无障碍设施、精神无障碍设施、听觉无障碍设施等；

标识设施：地标设施、雕塑、广告、导向设施、大门等；

照明设施：景观照明设施，日常功能照明设施；

水景观设施：动态水景观设施（喷泉、瀑布、涌泉、跌泉）、静态水景观设施（湖泊、种植水池、养殖池)、游船码头等。

本书主要以第三种分类方法为主进行阐述，因为这种分类既兼顾了功能又兼顾了组成要素，比较全面系统。

二、设施应用与布局

（一）应用、布局的影响因素

1. 环境景观整体规划的成功与否直接影响全局，如游览路线、空间组织等直接关系到环境设施的规划。

2. 环境景观空间的容人量是影响环境设施数量与设置的关键因子。在淡季和旺季对环境设施的要求和利用率不同，如在北方冬天的滑雪、打猎、骑马、冰雕及夏季的凉爽气候和南方冬季的暖和以及植物常绿、景观优美等使得设施的使用率高，相对的损耗和维护费用也要高，而在淡季则相反。

3. 环境景观的服务主体如儿童和成年人不同，其对环境设施的要求也是大不相同的，在心理行为尺度、人体工学等方面差别很大。

4. 环境景观的地形地貌对设施的外观形态、材质与颜色的应用是否协调有重要影响。

5. 环境景观的地域性、气候、习俗也是设施设计的重要因子。如炎热、寒冷对设施自身的热和冷的抗性以及使用过程中的障碍（如湿滑)、气味的影响等。

6. 环境空间中的景观性质也决定着环境设施的设计风格的运用。

7. 经济的投入也是影响环境设施应用与布局的很重要的因子之一，它直接限定了设施的档次和使用寿命。

8. 设计师的水平以及服务对象的审美水平也是其中一个因子。

（二）应用布局原则

1. 遵从环境景观整体规划与设计，风格统一又富于变化。

2. 规划布局的数量与范围有一定的弹性，以便应付一定程度的超环境容量。

3. 应用与布局和环境的地形地貌、现状以及要求相结合。

4. 注重环境设施服务功能、标识功能、自身塑造景观功能及导向功能的结合。

5. 以“经济、美观、实用、持续、生态”为原则，材料选择上最经济、注意保护环境、寿命最长，造型简洁美观大方，绝对避免为纯粹追求形式而不顾其他方面要求的做法。

6. 根据环境设施的特点进行“藏”和“露”，如对气味不良的厕所、垃圾筒进行艺术的障、隐、藏，但不能走极端以至于让人找不到设施，可以通过各种方法如色彩、导向、声音等进行标识。

7. 环境景观设施决不是孤立存在于环境中的，还要突出强调环境景观，如政治区域空间、文化区域空间、宗教区域空间、商业区域空间的环境设施就带有各自明显的色彩。

三、设施与景观生态

（一）景观生态

1. 景观生态的内涵与外延

生态学上的景观是具有结构和功能整体性的生态学单位，由相互作用的斑块或生态系统组成，有相似形式重复出现的具有高度空间异质性的区域。景观生态学：是研究景观结构、功能和变化的一门科学，结构是指景观元素间的关系；功能是指空间元素的相互作用包含物质能量物种在生态系统之间的流动；变化是指生态镶嵌体的结构与功能随时间的变化。主要应用于景观的生态评价和生态建设规划；城市景观的空间结构与景观组合的合理配置；人类活动对景观的干扰与景观设计、塑造；景观生态变化的动态检测与研究；景观保护与景观演替；风景旅游区的景观评价与规划方法。

2. 环境设施与景观生态

景观生态规划是运用生态系统整体优化的观点，对规划区域内生态系统的人工因子和自然因子的动态变化过程和相互作用特征给予强调，研究物质循环和能量流动的途径，进而提出资源合理开发利用、环境保护和生态建设的规划对策，协调城市规划和建设以及环境保护的相互关系，促进规划区域与城市生态系统的良性循环，保持人与自然、人与环境的持续共生、协调发展，追求社会的文明与进步、和谐与高效。因此，景观生态规划直接影响区域规划、城市规划，规划又决定了环境设施的布局设计，同时环境设施布局与设计的好坏也反作用于生态环境，破坏或促进环境的良性发展，反映出规划的合理与否，刺激并促进规划的完善。

（二）环境设施的生态设计

1. 环境设施的生态设计含义

生态设计是一种与自然相作用、相协调的方式，是一系统工程，需要全方位、多目标地进行整体思考和系统规划。

生态设计重视人类社会与自然之间的和谐统一，摒弃了掠夺式开发的弊病，达到人与自然共生的理想。生态设计将人作为自然的一部分，充分尊重自然的机理，遵循 3R 原则，即“减量化（reduction）、再利用（reuse）、再循环（recycle）”。3R 原则是循环经济最重要的实际操作原则，但是循环经济不是简单地通过循环利用实现废弃物资源化，而是强调在优先减少资源消耗和减少废物产生的基础上综合运用 3R 原则。循环经济是把清洁生产和废弃物的综合利用融为一体的经济，本质上是一种生态经济，是一种“促进人与自然的协调与和谐”的经济发展模式，它要求运用生态学规律来指导人类社会的经济活动。3R 原则的优先顺序是：减量化—再利用—再循环。

用最少的材料，最简单的工艺，对环境最少的破坏，生产出没有二次污染的、使用寿命最长的产品——环境设施，其中包括功能生态设计、视觉生态设计、环境生态设计。

功能生态设计：功能生态设计是指所设计的环境设施满足人们对特定环境的行为心理需要，达到最大的利用率，同时考虑与周围环境和其他设施的关系。如果在设计时忽视人们的“走近道”心理，环境设施的周边或之间不留道路而让人们绕道而行，结果是一种设施的功能满足了如坐息，但另外的设施如道路则不满足功能需要，造成“世上本来没有路，路是人走出来的”，这是一种对设计的嘲笑等等。

视觉生态设计：是指在环境设施的设计过程中满足功能基础上的形式美，不要为追求刺激、异类而过分追求视觉效果，甚至引起人们的厌恶，产生不良影响或者误导人们的行为与心理，而应该在满足人们心理和行为以及审美需求的基础上进行创造和立意，造型优美简洁，意象暗示内容健康，起到焦点、吸引的标识功能，增强地域感。

环境生态设计：包括产前、产中和产后生态。即对产品或作品的设计制作过程采用预防污染的策略以减少污染物的产生，将整体预防的环境战略持续应用于产品或作品的生产过程和最终产品及服务中，减少人类、社会和环境的风险：对生产过程要求节约原材料和能源，淘汰有毒原材料，减少和降低所有废弃物的数量和毒性；对产品本身，要减少从原材料提炼到产品最终处置的全生命周期的不利影响；对服务，要将环境保护纳入设计和所提供的服务中。也就是说，环境设施的材料、布局、制作和维护过程都要考虑环境因子——人类与环境的和谐，坚持节俭、实用、无毒、回收、再利用循环等原则。

2. 环境设施生态设计的方法

（1）遵从整体环境规划的构思立意；

（2）规划设计时精确计算布局数量、尺度、规模、色彩等；

（3）材料选择统一进行；

（4）模拟设施单体视觉效果以及嵌入设施的环境景观效果以贴近实际效果，减少人力物力财力的消耗，避免浪费和二次建造；

（5）应用对比方法推敲方案，利用比较的方法计算成本，利用长期目标与近期目标的要求决定建造程序与步骤；

（6）群众参与品评；

（7）进行环境影响预评价以及后评估机制。

第三章 景观环境设施设计

第一节 景观交通设施

一、桥

（一）桥：

环境景观中的桥是跨越山河天堑的设施，是整个道路系统的纽带。

（二）类型：

环境景观中桥的类型多种多样，按不同的目的和标准要求及研究方法有不同分类，当然分类不是惟一也不是主要目的，而是根据具体的情况选择合适的分类。

1. 按线条形式可分为：

直桥（以直线条为主要构成特点的桥）、曲桥（以曲线和折线为主要构成特点的桥）、立交桥（以空间立体交通为主要功能，各种线形交叉）、拱桥（以圆拱为主要立面构成和支撑结构的桥）（图 3－1－1 至图 3－1－7）。

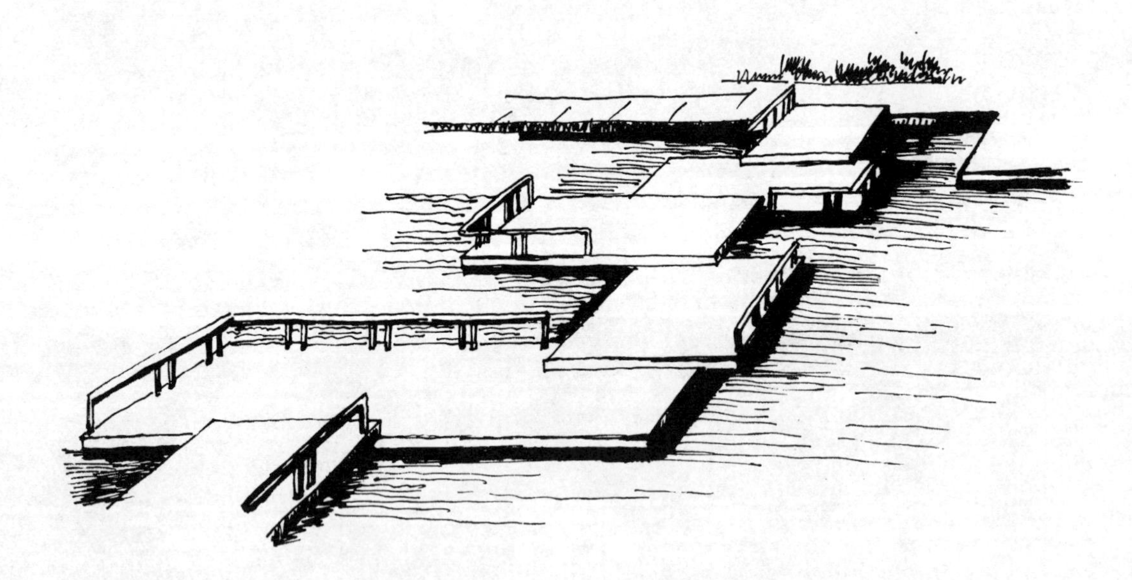

图 3－1－1 曲（折）桥（天津西沽公园）

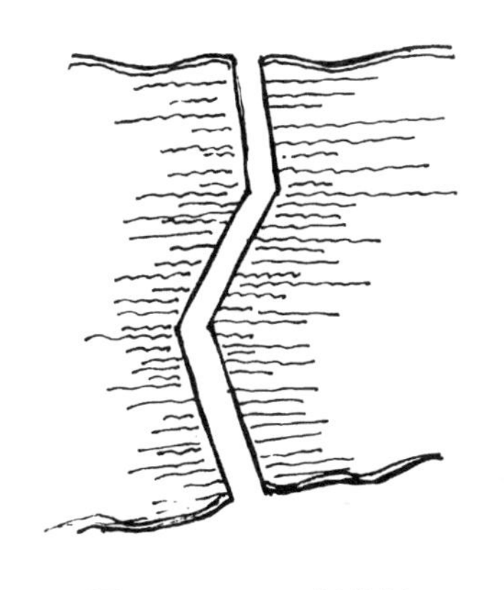

图 3-1-2　三折曲桥

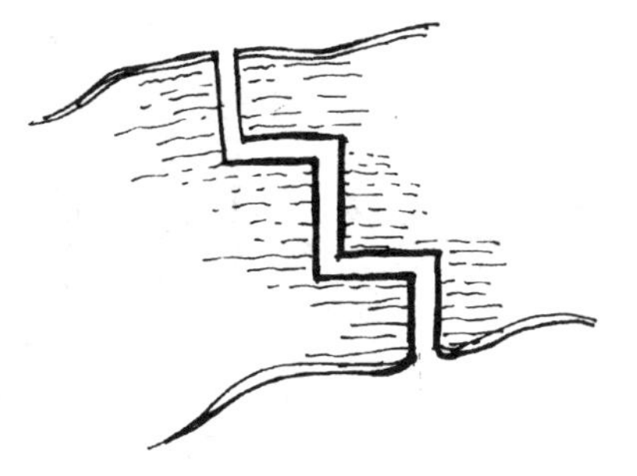

图 3-1-3　五折曲桥

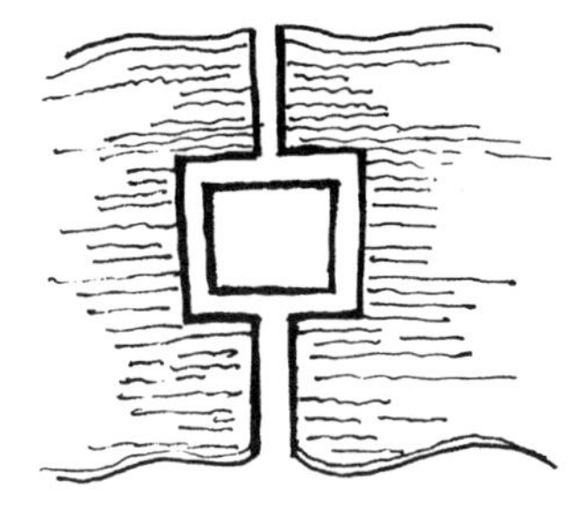

图 3-1-4　分合式曲桥

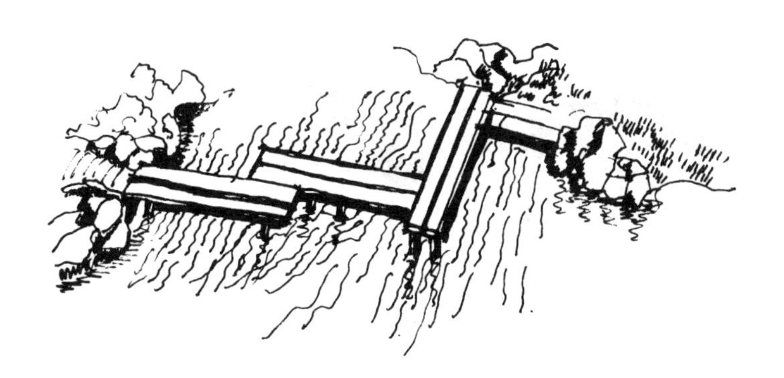

图 3-1-5　曲桥——木折桥

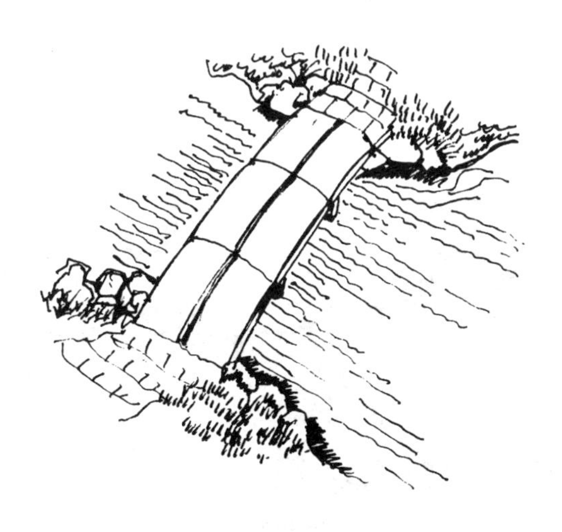

图 3-1-6　曲板梁桥

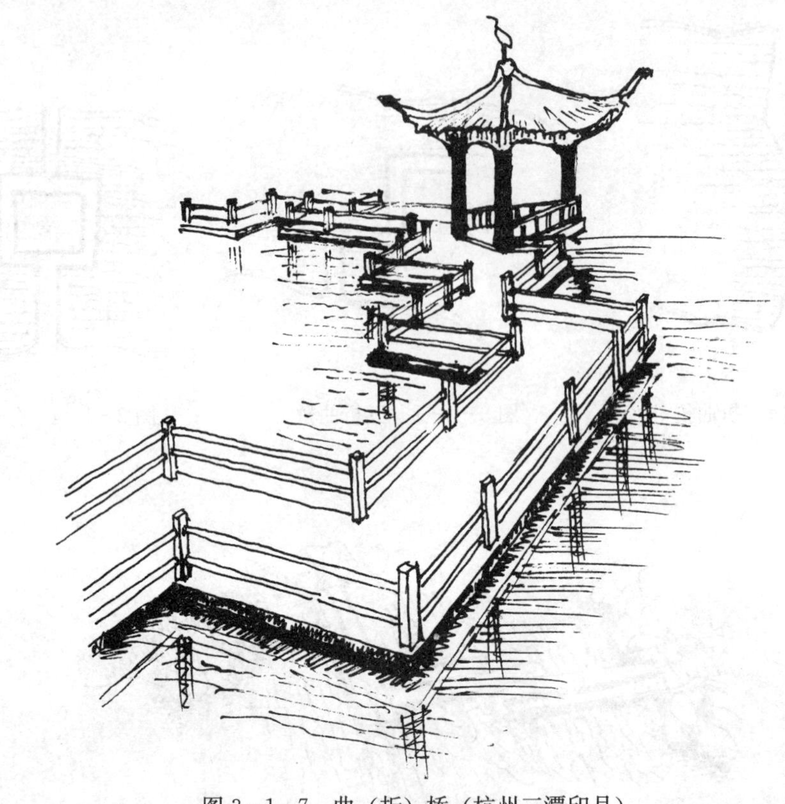

图 3-1-7　曲（折）桥（杭州三潭印月）

2. 按设计来源形式分为：

自然式和人工规则式、抽象式、具象式（仿生）。自然式：来源于天然山水，如河流湖泊、溪水、大海、池沼等等，形式自然。人工规则式：以人工意味为主要设计源泉，形式为规则式，如方形、长方形、折线形、组合形等为主，常用于建筑、广场等人工环境

图 3-1-8　跌落式汀步曲桥

中。抽象式：是从自然和人工文化意义中抽象而成的，兼具两者特点（图 3－1－8）。具象式：是模仿自然界微生物或动物、植物等的局部或者整体形态或材质质感、独具特色的行为、情态及原理等，从而构成环境景观者。

3. 按桥与桥下的垂直距离关系分为：

浮桥、高架桥、汀步、拱桥、吊桥等。

4. 按桥的竖向设计分为：

平桥和拱桥。桥面平坦或微微拱起但近乎水平的桥称为平桥，而平桥又分为板桥和梁桥（图 3－1－9 至图 3－1－21）。拱桥为桥面拱起的桥，依靠拱为结构构件的桥（图 3－1－22至图 3－1－34）。

图 3－1－9　平桥——木梁桥（1）

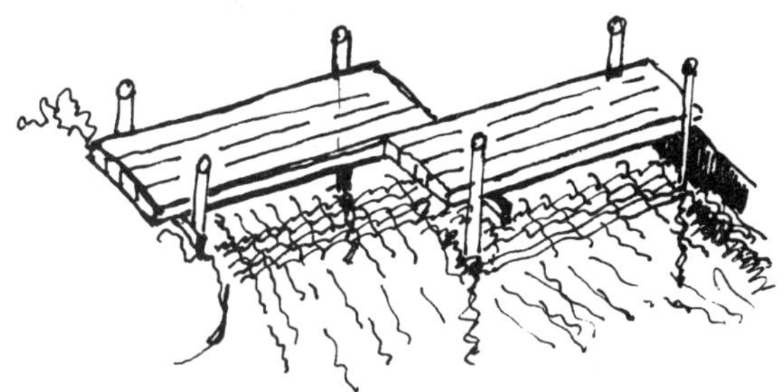

图 3－1－10　平桥——木梁桥（2）

图 3－1－11　平桥——木梁桥（3）

图 3－1－12　平桥——错位高架木梁桥（4）

图 3－1－13　平桥——木梁式折（曲）桥（5）

图 3－1－14　平桥——搭迭式木板梁式桥（6）

图 3-1-15　平桥——竹桥平梁式

图 3-1-16　平桥——天然石板梁桥（1）

图 3-1-17　平桥——石梁桥（2）

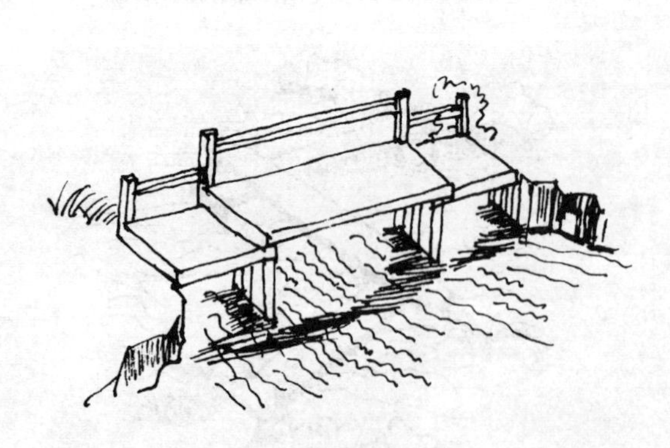

图 3-1-18　平桥——石梁桥（3）

图 3-1-19　平桥——错位石板梁桥（4）

图 3-1-20 平桥——品字形石梁桥（5）

图 3-1-21 平桥——石梁桥并列式（6）

图 3-1-22 微拱桥——混凝土梁桥

图 3-1-23 拱桥（1）

图 3-1-24　拱桥（2）

图 3-1-25　拱桥（3）（北京双秀公园仿木拱桥）

图 3-1-26　拱桥（4）

图 3-1-27　拱桥（5）（多孔）

图 3-1-28　拱桥（6）

图 3-1-29　拱桥（7）（玉带桥）

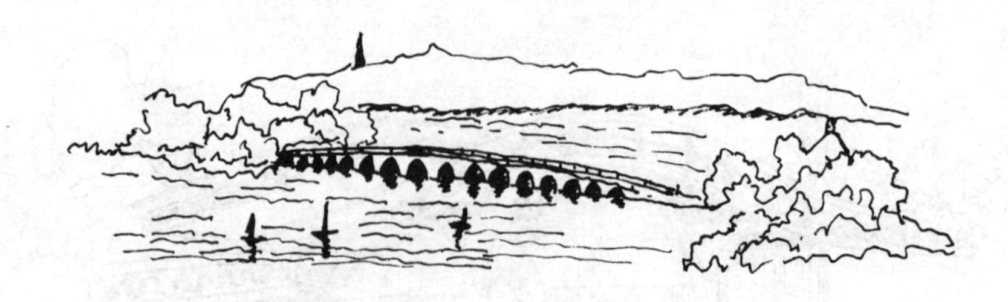

图 3-1-30　拱桥（8）（颐和园十七孔桥）

图 3-1-31　拱桥（9）（湖州双林镇万魁桥）

图 3-1-32　拱桥（10）（双板拱桥）

图 3-1-33　拱桥（11）（双曲拱桥）

图 3－1－34　拱桥（12）（苏州宝带桥）

5. 按桥的结构形式分为：

梁桥（以梁为主要结构构件）、板桥（以板为主要结构构件）、悬（拉）索桥（以悬（拉）索为主要结构构件而成）。梁桥 ：以梁为主要承传结构构件的桥，按材料又有木梁桥、石梁桥、钢筋混凝土梁桥等（图 3－1－35）。木梁桥是由简单的独木桥或木板式桥等形式而成，结构简单，施工方便，可就地取材，但易腐蚀，不耐久，故常用混凝土模仿而成。石梁桥是以天然石材制成梁柱，在跨度不大的桥孔条件下而成的桥，既经济方便又有天然的质感。钢筋混凝土梁桥是以钢筋混凝土为梁而造成的桥，造型灵活，结构设计方便（图 3－1－36）。

图 3－1－35　平梁桥——广州越秀公园

6. 按桥的材料分类有：

汀步、竹桥与木桥、石桥、钢筋混凝土桥、预应力混凝土桥、钢桥、钢索桥等。汀步又称步石、飞石，是溪滩浅水中按一定步距，设微露水面的块石，供游人跨步而过。步石的形式可以是自然式、规则式、仿生式等，形成趣味性（图 3－1－37 至图 3－1－48）。竹

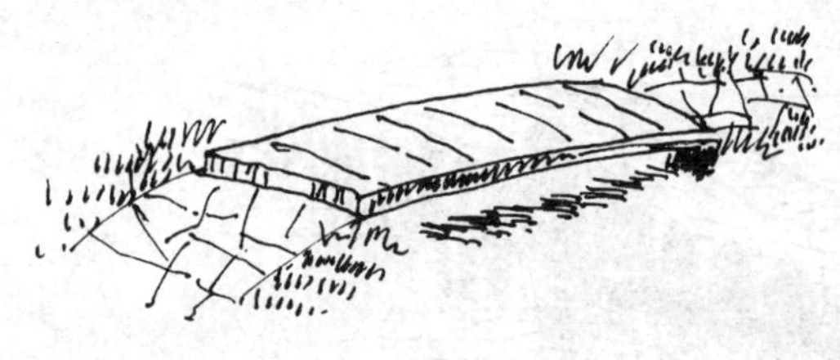

图 3-1-36（1） 混凝土梁桥——平桥

桥、木桥和石桥：一般常常就地取材，与环境取得协调，既经济又彰显地方特色。但竹、木桥易损坏腐朽，养护工程量大，常用于小水面，现代也常用钢筋混凝土仿木、竹等。钢筋混凝土桥是比较常用的桥的类型，造型简便，经久耐用，应用广泛普遍，还可以模仿其他形式，但造价相对高于石材。预应力混凝土桥与钢筋混凝土桥应用特点相同，但跨度更大，施工要求更高，还需要有加工厂预制。钢桥和钢索桥常用于风景区或特殊的水面上，既联系交通，又自成景观。

图 3-1-36（2） 砖石梁桥——叠涩桥梁桥

图 3-1-37 自然式汀步

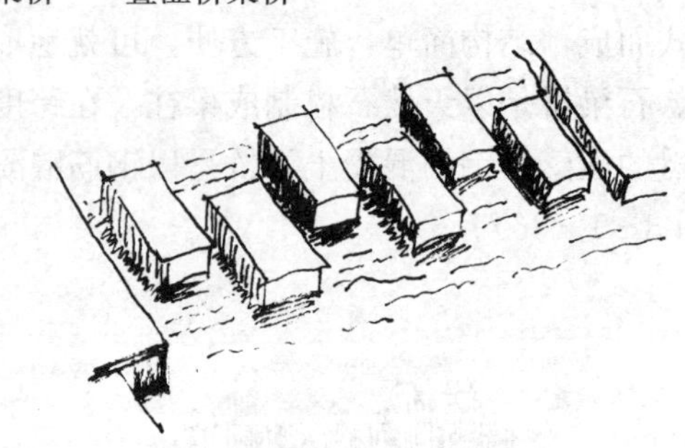

图 3-1-38 规则式汀步

图 3-1-39 仿树桩汀步

图 3-1-40 仿荷叶式凌波汀步

图 3-1-41　抬高式汀步

图 3-1-42　水位变化式汀步

图 3-1-43　组合式汀步

图 3-1-44　磨盘汀步

图 3-1-45　旱汀步

图 3-1-46　合分式汀步（广东肇庆星湖）

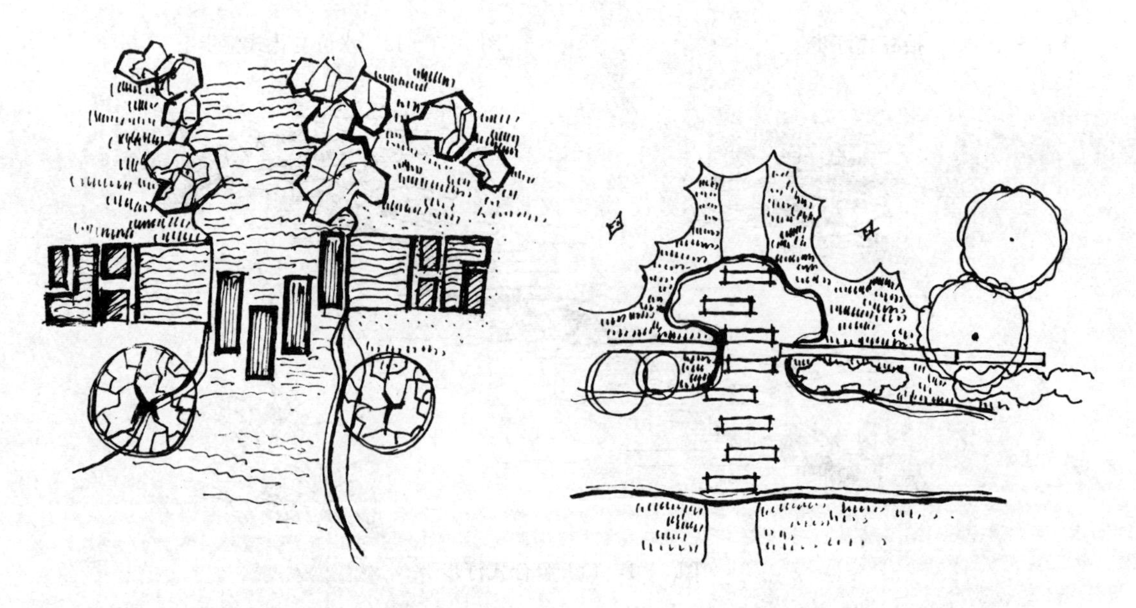

图 3-1-47　汀步、道路、山石结合

图 3-1-48　水、汀步、门、植物结合

7. 按力学结构方式分为：

（1）简支式：桥面梁两端的支承方式为简支静定的结构，按桥面的厚度和宽度又可分为板式和梁式，通常情况下，板面厚度小于 250mm 的称为板式，而大于 250mm 的称为梁式桥（图 3-1-49）。

（2）悬（伸）臂桥：桥面梁两端或一端外伸悬空，常常是在简支梁桥的基本结构上，将梁端延伸成为外伸静定结构，同时采用悬臂挂孔桥结构可以使中间桥孔加大，既满足通航净空要求又满足结构上减少邻跨的跨中弯矩的要求（图 3-1-50）。

（3）桁架桥：由桁架所组成的桥，杆件多为受拉或受压的轴力杆件，使杆件的受力特性得以充分发挥，杆件节点多为铰结，造型轻巧，富有韵律感。

（4）拱桥：由拱券作为受压结构构件所形成的桥，结构各截面上多为压应力，是满足大跨度连接的形式。其造型优美，在环境景观中常被采用。功能上满足桥上通行桥下通

图 3－1－49　石板平桥

图 3－1－50　伸臂梁桥

航，同时创造独特的环境景观。但由于自重较大且有水平推力，对地基条件要求高，施工劳动强度大。拱桥由上部结构和下部结构组成，上部结构包括拱券和拱上建筑结构，后者又有桥面和拱腹填料组成，桥面又分为人行道、车行道和防护部分栏杆等组成；下部结构由桥墩、桥台和护坡、基础及桩基组成。另外与其他类型的桥一样还应该考虑其照明设置，如日常功能通行照明和桥自身景观照明。

拱桥按其受力图式分为三铰拱、无铰拱和两铰拱；按主拱券截面类型分实体板拱：板拱主拱券采用矩形实体截面，构造简单，使用广泛。肋拱：在板拱的基础上，将板拱划分成两条或两条以上的分离的、高度较大的拱肋，肋间以横梁相联系；双曲拱：主拱券在纵向及横向均呈曲线形，主拱券截面由数个小拱组成，是在传统石拱桥基础上，吸收装配式钢筋混凝土结构特点而形成的具有民族风格的拱桥形式。具有用材节省，施工方便，跨度灵活的

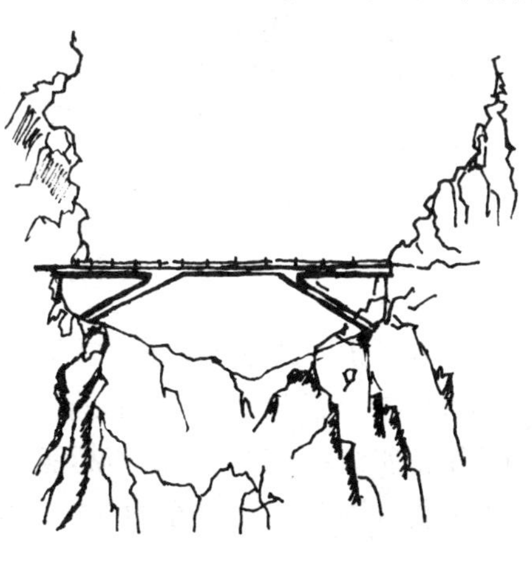

图 3－1－51　钢构架桥

特点。按材料分又有石拱桥：由天然石材相互挤压形成拱券而成的桥，拱券形式可以是圆形或略尖的“锅底券”，以满足造型目的；钢筋混凝土双曲拱桥：利用钢筋混凝土为材料造成的双曲线拱桥，造型灵活，可同时满足功能与景观要求。

（5）钢构（架）桥：是由梁和桥墩钢接构成的桥，可以减少桥构件的断面，使造型既有力度又有简练挺拔的轻快感（图 3－1－51）。

（6）斜拉桥：是用斜拉索将长长的水平横梁悬拉在塔柱或塔门上的组合体系结构构成。斜拉索常用平行的钢丝缆索或放射式的钢索构成，刚度比吊桥大。当缆索锚固的间距在 6～12m 时，梁的截面就比较纤细，形成纤柔长细对比感觉，像琴弦一般，独具特色（图 3－1－52）。

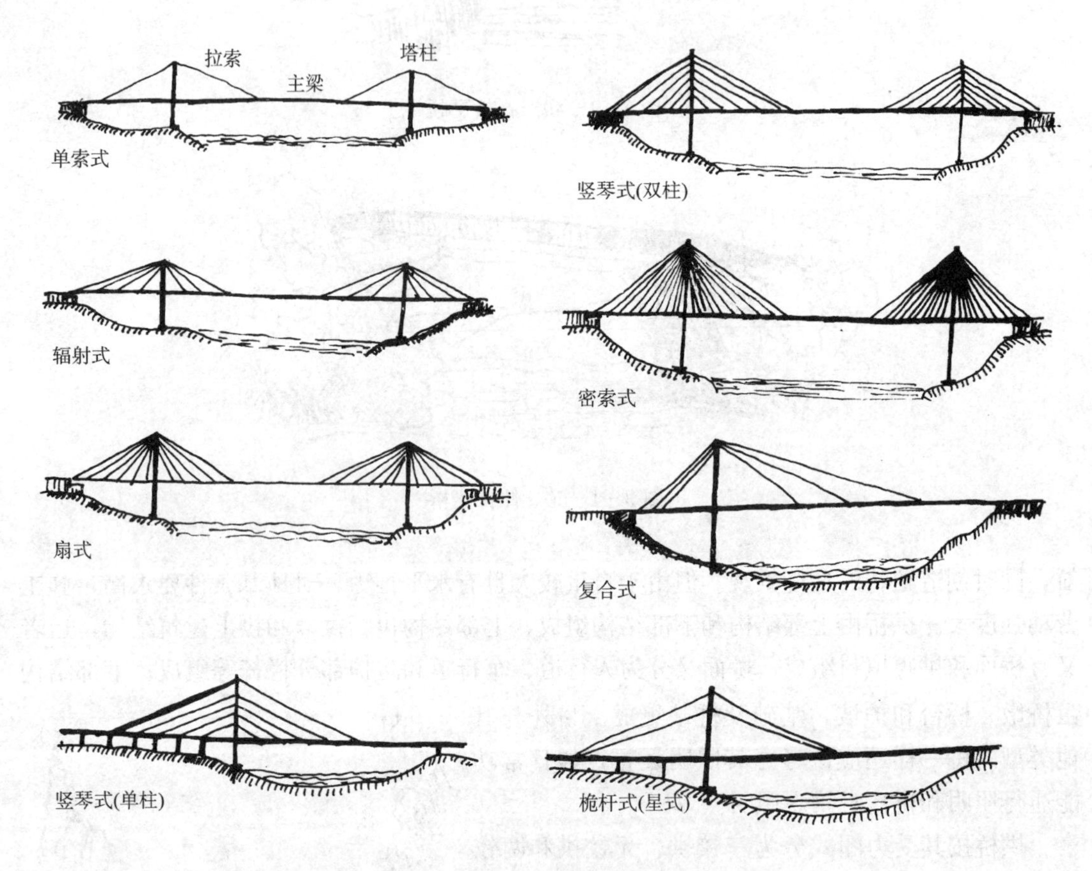

图 3－1－52　斜拉桥

（7）吊桥：又称悬索桥，在不宜或无条件架设桥墩的地形中利用受拉的悬索作为承重结构构件悬吊而成的桥。主要构成有悬索（主索、边索和锚索）、桥塔、吊杆加劲梁和桥面系锚锭所组成。其特点是跨越能力大，造型优美，桥下空间畅通，尤其适合于山谷风景桥的结构（图 3－1－53 至图 3－1－59）。

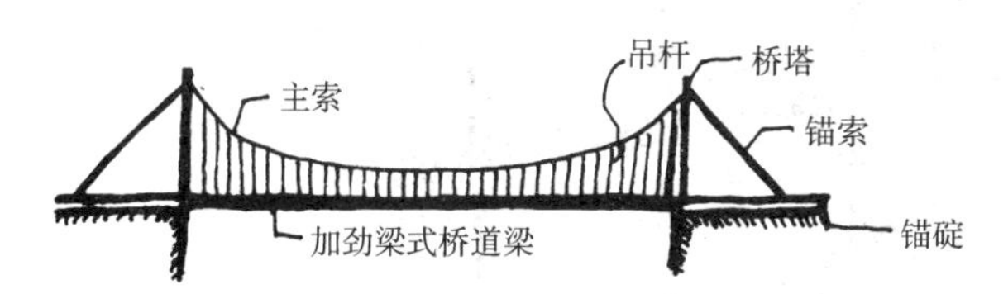

图 3-1-53　吊桥（悬索桥）构件组成

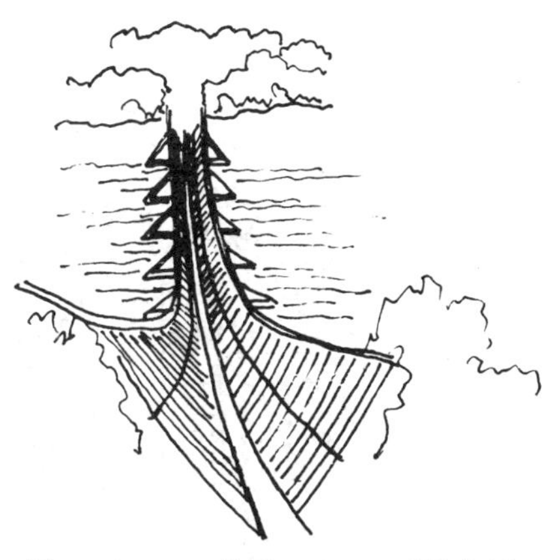

图 3-1-54　索桥（1）（V型竹索桥）

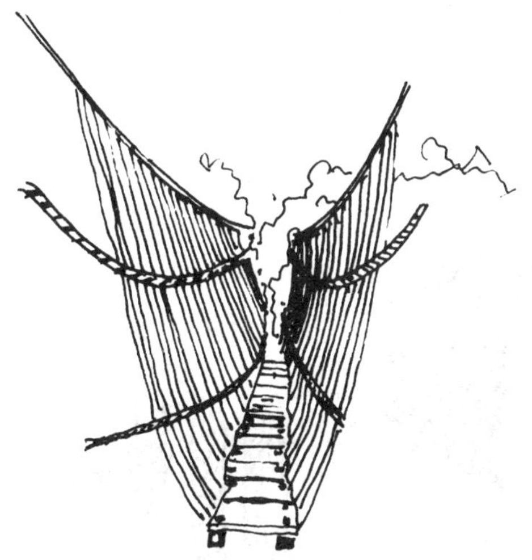

图 3-1-55　索桥（2）

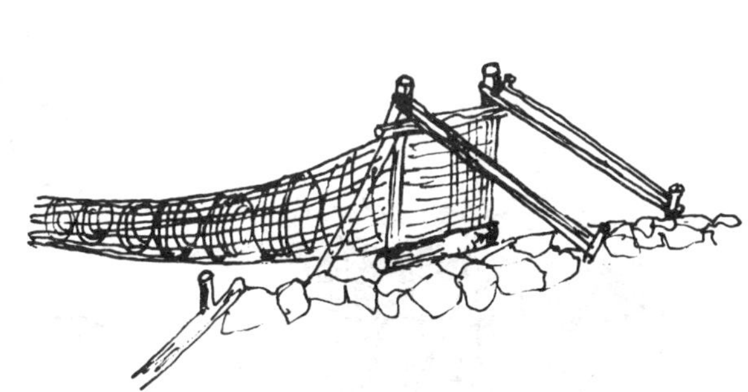

图 3-1-56　索桥（3）（藤钢丝索桥）

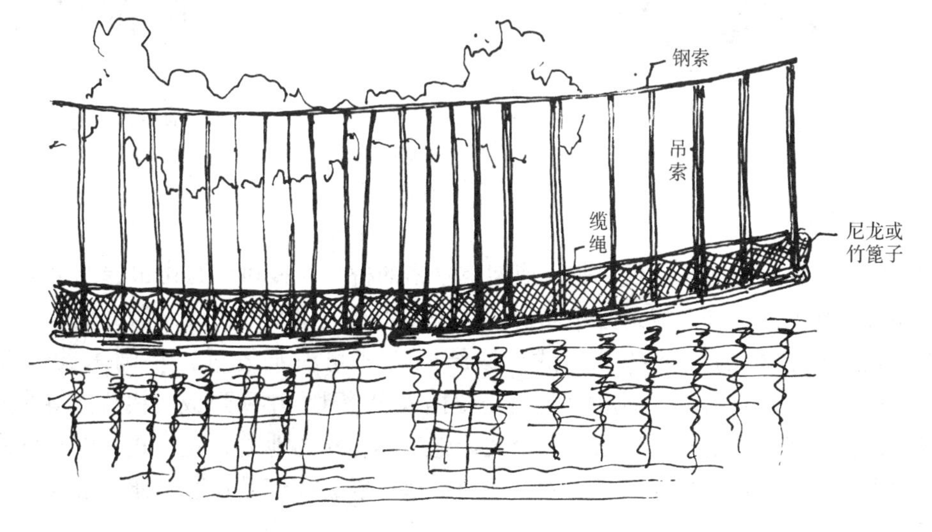

图 3-1-57　索桥（4）（钢丝索桥）

图 3-1-58　索桥（5）（铁索桥）

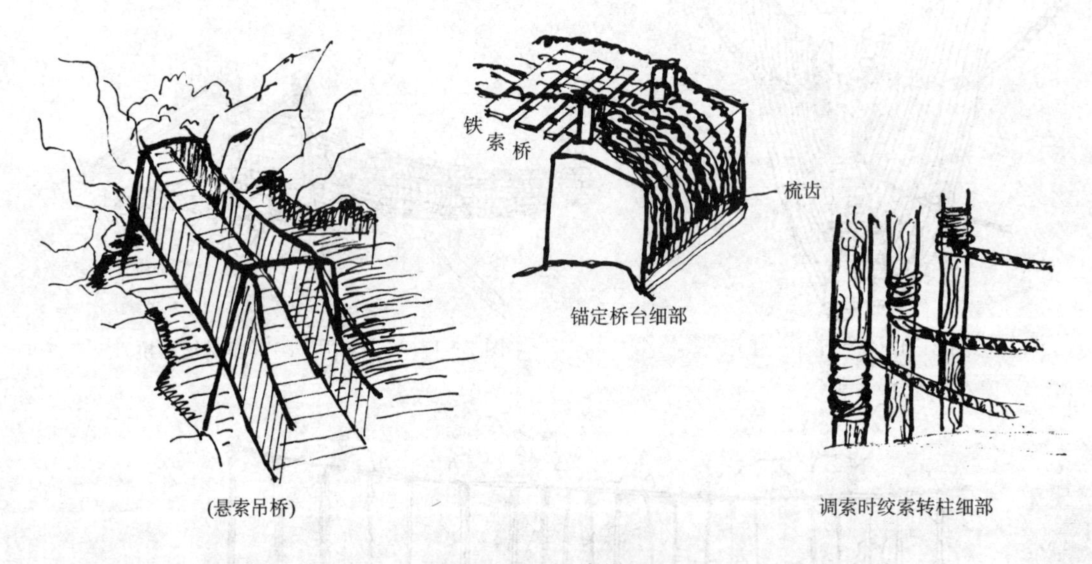

图 3-1-59　索桥（6）

（8）栈桥：在水边或悬崖处，临水或架空悬吊的桥称为栈桥。是由最原始最危险的栈道——蹑栈变化发展而来。栈道是中国古代在深山涧谷危崖峭壁边缘开凿的蜿蜒曲折的人畜通道，是木梁柱桥的一种特殊形式。按结构方式可有插孔式：将圆木梁（直径为400mm，长为2100mm左右）或钢筋混凝土梁插入崖壁孔洞中所形成的栈桥。斜撑式：用斜撑悬空道板而成，常用于地形条件限定大，施工不容易的地方。立柱式：以木材或钢筋混凝土柱进行支撑，单立柱或双排立柱，适用于地形舒展或河滩水边，便于游人开展水上活动需要以及水乡沼地风景区等（图 3-1-60 至图 3-1-64）。

图 3－1－60　蹑栈

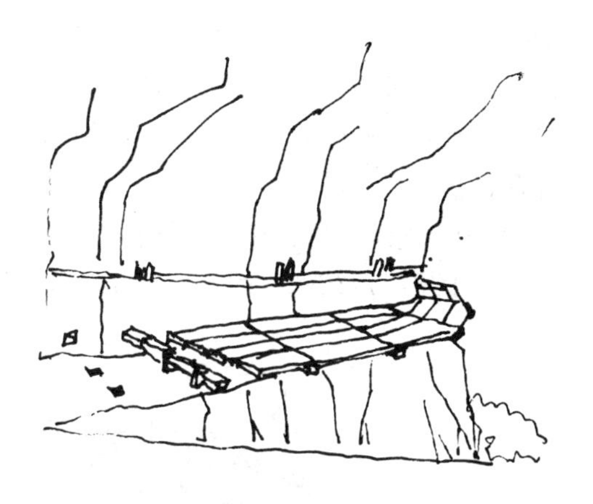

图 3－1－61　插孔式栈桥

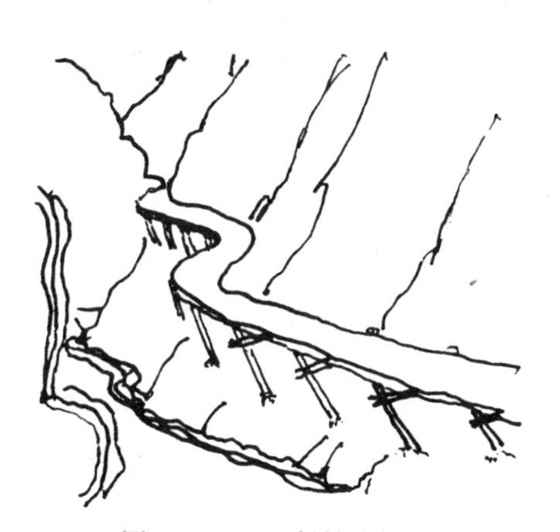

图 3－1－62　斜撑式栈桥

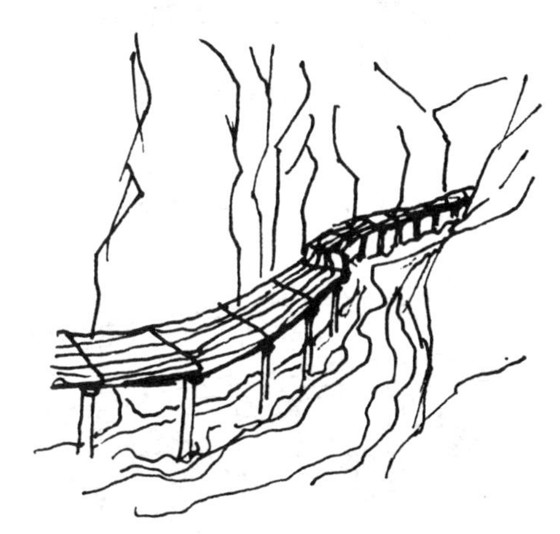

图 3－1－63　柱式栈桥

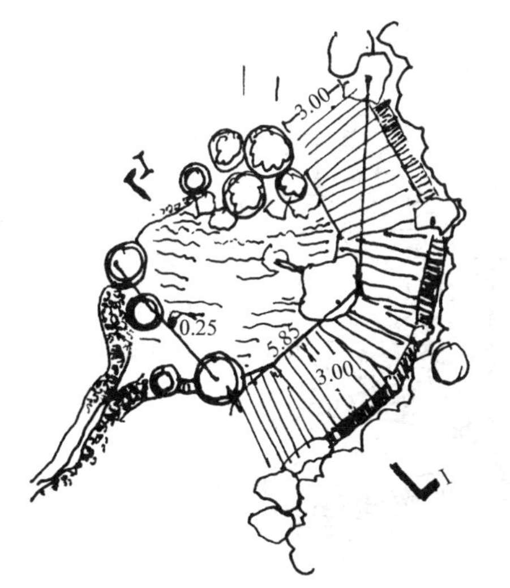

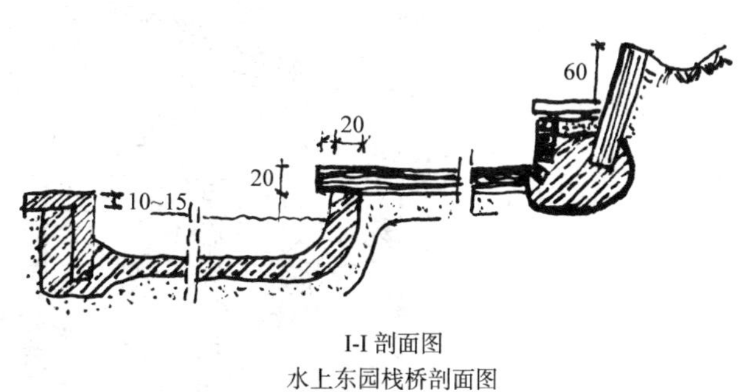

I-I 剖面图
水上东园栈桥剖面图

图 3－1－64　水上乐园中栈桥

(9) 浮桥：利用木排、铁筒或船只等能够漂浮的物体布列于水面作为浮动的桥墩架设梁桥，用绳索或其他捆绑物拉固而形成的漂浮的桥称为浮桥。常常在水下边系索以固定浮动桥墩的位置防止水流冲移桥墩。适合于较宽水面的通行或者临时性通行如海洋中的游船码头从海滩到游船的浮桥，其工程措施简单，施工速度快，同时可以成为风景环境中的独特景观。

(10) 连续梁桥：用连续梁做结构构件的桥，适于要求较大的跨度的桥。可以节省投资，属于超静定结构（图 3-1-65 至图 3-1-67）。

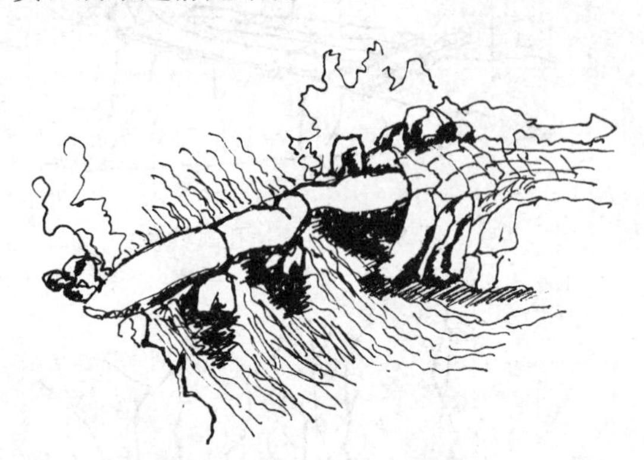

图 3-1-65　平桥——连续石板桥

图 3-1-66　平桥——多跨连续石梁桥

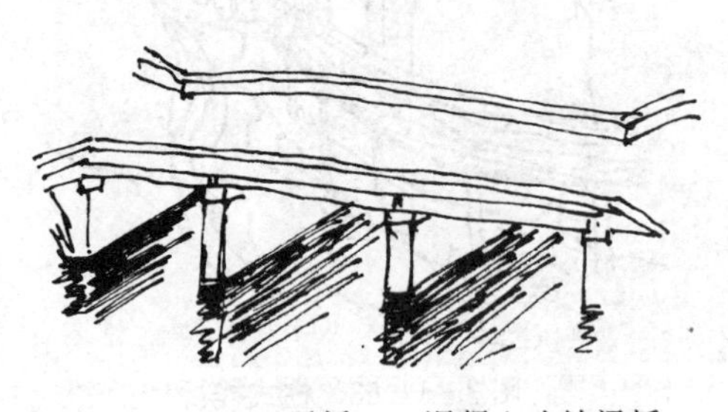

图 3-1-67　平桥——混凝土连续梁桥

8. 按功能用途分类：

人行桥、车行桥、天桥、旱桥、立交桥、环境景观桥等等。

9. 按组合方式有：

按桥与亭、廊、亭廊的结合可分别建成亭桥、廊桥、亭廊桥等，既有交通功能又有游息景观功能（图 3-1-68 至图 3-1-80）。

图 3-1-68　亭桥 (1)

图 3-1-69　侗族重檐亭剖面

图 3-1-70　亭桥（2）

图 3-1-71　亭桥（3）（扬州瘦西湖五亭桥）

图 3-1-72　亭桥（4）

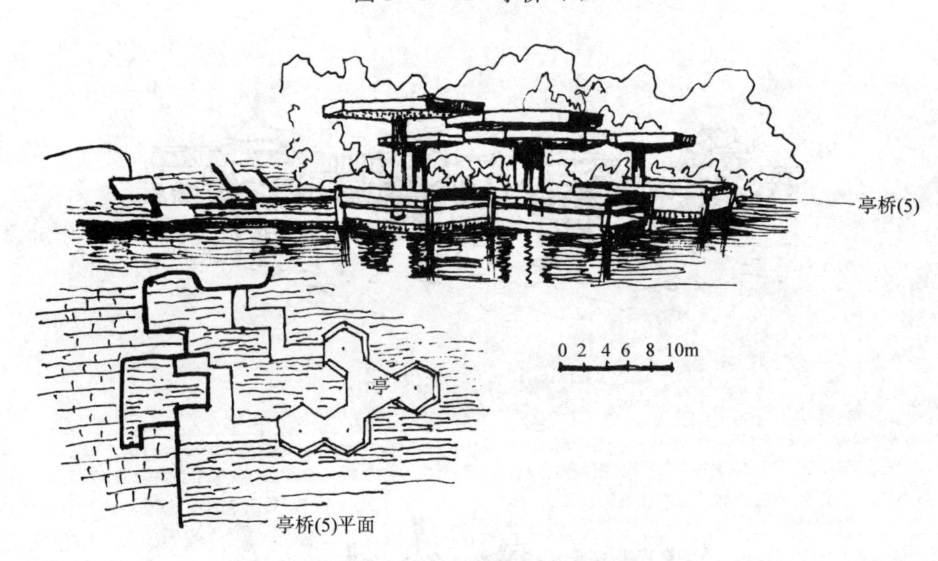

图 3-1-73　亭桥（5）（多亭桥）

图 3-1-74　亭桥（6）（双秀桥）

图 3-1-75　廊桥（1）

图 3-1-76　廊桥（2）

图 3-1-77　廊亭桥（3）

图 3-1-78　廊亭桥（4）

图 3-1-79　威尼斯廊桥（5）

图 3-1-80　花架廊桥（6）

（三）桥的作用

1. 环境景观中的桥是悬空的道路，具有组织游览线路和交通功能的作用。

2. 自身景观价值成为凌空的环境建筑，如亭桥、廊桥等等。

3. 划分空间，增加景观层次，参与构成景观。如大的水面空间，山谷空间等，同时还可以起到框景等作用。而对小水面空间还可产生“小中见大”的扩景作用等等。

4. 视觉导引、焦点作用，起到过渡、中景、背景等作用。

（四）桥的构成

1. 形态构成

从外观形态上共有横跨水面或沟谷的梁、拱及桥面部分；荷载桥台或桥墩基础部分。或者分成桥上部分和桥基部分，桥上部分是桥的构成主体，桥基部分是桥的结构主体。

2. 结构功能构成

从结构功能构成上有桥头、桥身、栏杆等防护系统，桥基等基础系统以及桥的照明系统等。

3. 材料构成

环境景观中的桥的材料根据环境的要求可以灵活多样，就地取材，如木材、竹、石材、钢材、钢筋混凝土、砖、漂浮材料、绑扎材料，用作防护栏杆的不锈钢等防护材料以及桥面面层材料等。

（五）桥的设计

1. 桥址选择

桥的位置场址选择需遵从环境总体规划、道路系统规划、景区规划、景观要求，同时要以桥的经济技术要求为依据。在大水面架桥并以此划分空间时，适宜选在水面岸线较窄处，既经济又增加空间层次，小水面架桥适宜选在稍偏的水面一隅，以达到水系藏源、小中见大的中国传统景观的含蓄意境以及山水创造。

桥址的选择要考虑地形地貌，尤其是水文地质特征，如常水位、最高和最低水位以及水的流速等（图 3－1－81）。

2. 平面布置

桥的平面布置由三段组成，中间的一段为平段，两头可做八字形展开，既美观又经济（节省跨径部分桥面的费用），跨径常以 4m 为好。设有踏步（台阶）时，台阶宽度大于或等于 280mm，踢步要小于等于 150mm（图 3－1－82、图 3－1－83）。

3. 造型设计

（1）桥的造型要结合场址地形地势的特点，满足功能、景观的要求。水势湍急时桥适宜凌空架高，同时应有防护设施保证安全；水面高程与岸线齐平处，适宜架设凌波小桥，满足亲水渴望；有通行、通航要求的桥应适当抬高桥面并考虑各种类型荷载，如人、车、船等，做到景观交通两兼顾。小水面用地紧凑的地形则应遵循宜小不宜大，化大为小；宜低不宜高，化高为低；宜窄不宜宽，化宽为窄；宜曲不宜直，化直为曲等原则。

（2）桥的造型可以是若干不同类型的桥的组合形式。如水平布局上可以汀步＋栈道＋拱桥＋平桥等单桥形式组合，也可以双桥形式组合，还可以曲折几段如三曲、五折、七折、九折等等；而在垂直方向上也可以不同形式组合，如石桥＋木桥＋浮桥等不同高程的

图 3-1-81　仿木曲桥

变换。

(3) 桥的造型遵循美学原则，如与环境的协调美，主从对比美，连续、渐变、起伏交错的韵律美，匀称稳定的美，和谐统一美，比例尺度美，虚实光影美，明快动感美，色彩质感美，时代特征美等。

4. 环境的协调

融合法：桥与环境格调统一，桥景交融；

强调法：将桥自身进行突出，成为某范围内的主景、视觉焦点，起到组织游览和交通以及空间过渡作用，常适用于较大型的桥；

障隐法：在周围环境景观要求较高，桥对环境有不良影响时采用此法。常用障景以遮蔽，借景以弱化桥的影响力。

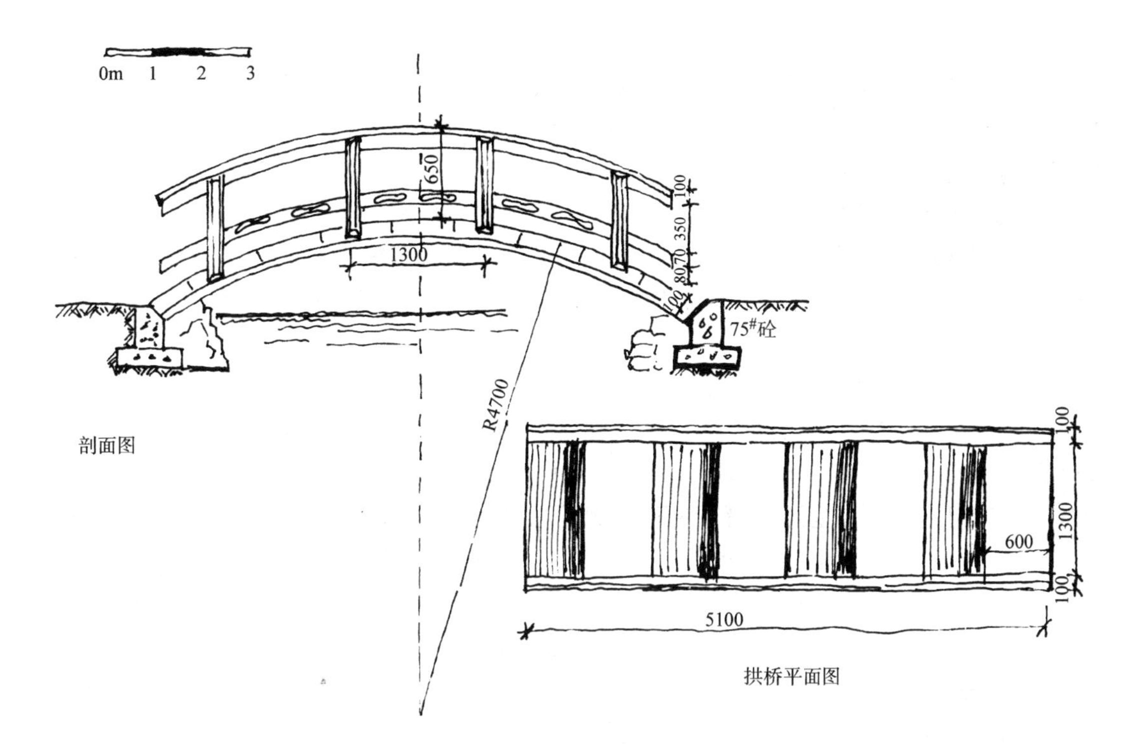

图 3-1-82 拱桥平面与剖面

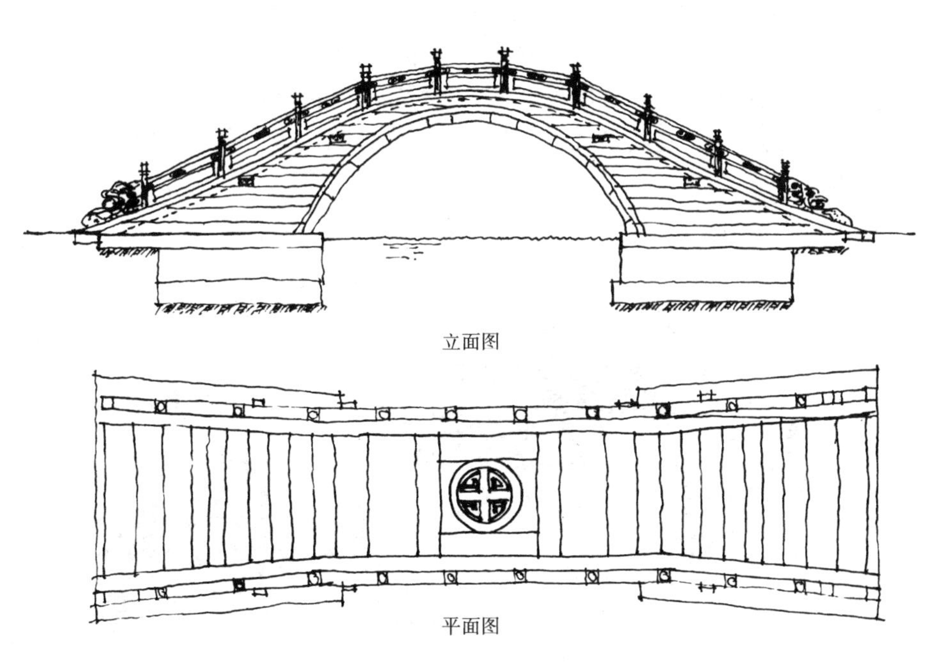

图 3-1-83 拱桥构造——有台阶

5. 材料选择

桥的材料的选择以经济（如运输、成本等）、地域文脉特色（地方特殊文化的发源地、独有的材料如石、竹、木等）、美观（满足服务对象的审美要求、色彩、质感、尺度与比例等）为原则。

6. 设计图纸要求与表达

应包括环境图、平面图、立面图、剖面图、效果图（鸟瞰、透视、局部）、施工图等图纸与文字设计说明。说明要将设计构思、立意源泉、特点、与环境结合的切入点等做重点说明。

7. 桥的设计程序

（1）基础资料的收集与准备：环境条件与水文气象资料，如洪水、高水位、常水位、低水位、枯水位、潮位、冰冻深度以及时间等；地形地貌与工程地质材料，如周围环境景观特征要求（有无历史遗迹、高度色彩控制等）、地质剖面图、土壤承载力（地质勘察报告、污染情况等）；总体规划要求及提供设计原则依据；桥位平面图及其轴线地图纵剖面图，净空要求以及等级标准；技术设计要求，桥梁横剖面组成及其宽度（人行道、车行道、护栏等），荷载等级标准，外力组成的确定等等。

（2）桥的外观形态技术指标的确定。包括跨径、跨数、矢跨比（即桥孔高/桥跨径）、梁高、桥台、桥墩、桥塔基础支撑形式与桥跨的关系等。

（3）方案草图的构思比较与分析。利用平面、立面、效果图互动分析比较，斟酌方案，常用比例为1∶100～500。

（4）桥的附属构筑物的处理。桥头构筑物、桥上构筑物（亭、廊、台等）、桥栏和护栏、桥梯、照明灯具的安排、桥墩台的造型与细部处理等。

（5）总体环境规划处理。从总体规划入手对桥所属局部环境进行规划布局，以桥为主体设计点，对附属构筑物、植物景观、色彩及空间整体构成进行合理划分。

（六）案例

见图3-1-84至图3-1-91。

图3-1-84　七曲桥

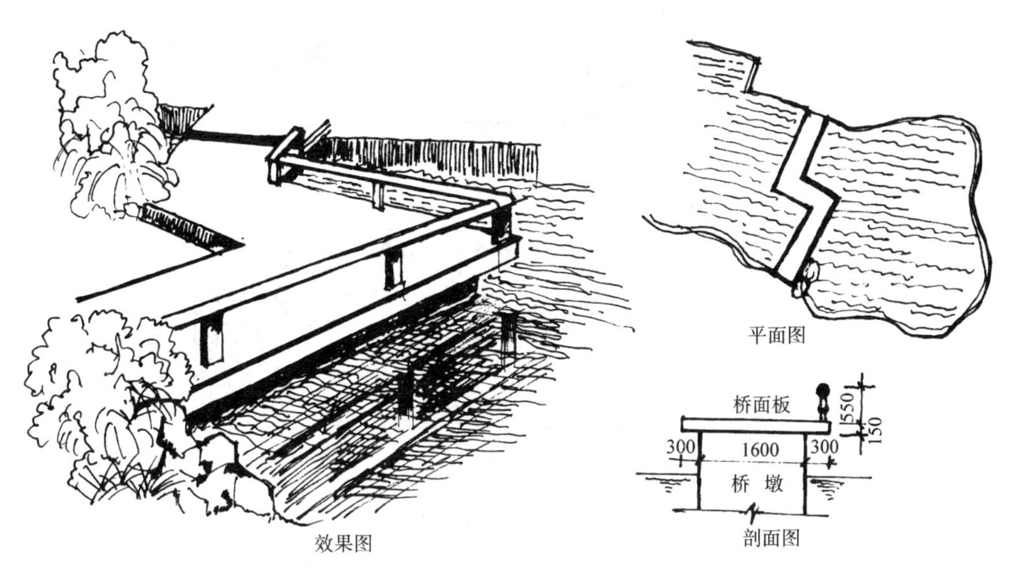

图 3－1－85　三曲桥

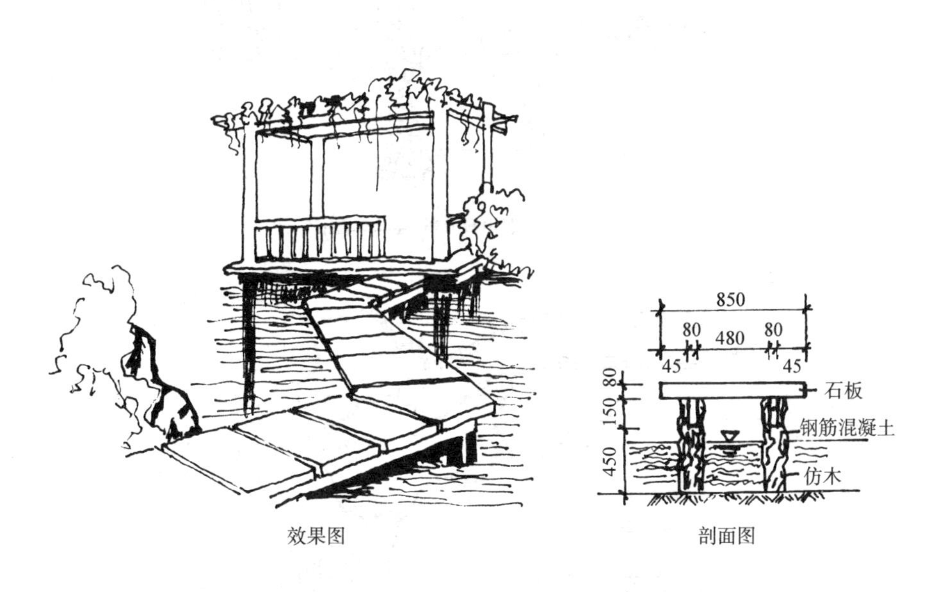

图 3－1－86　汀步式三曲桥

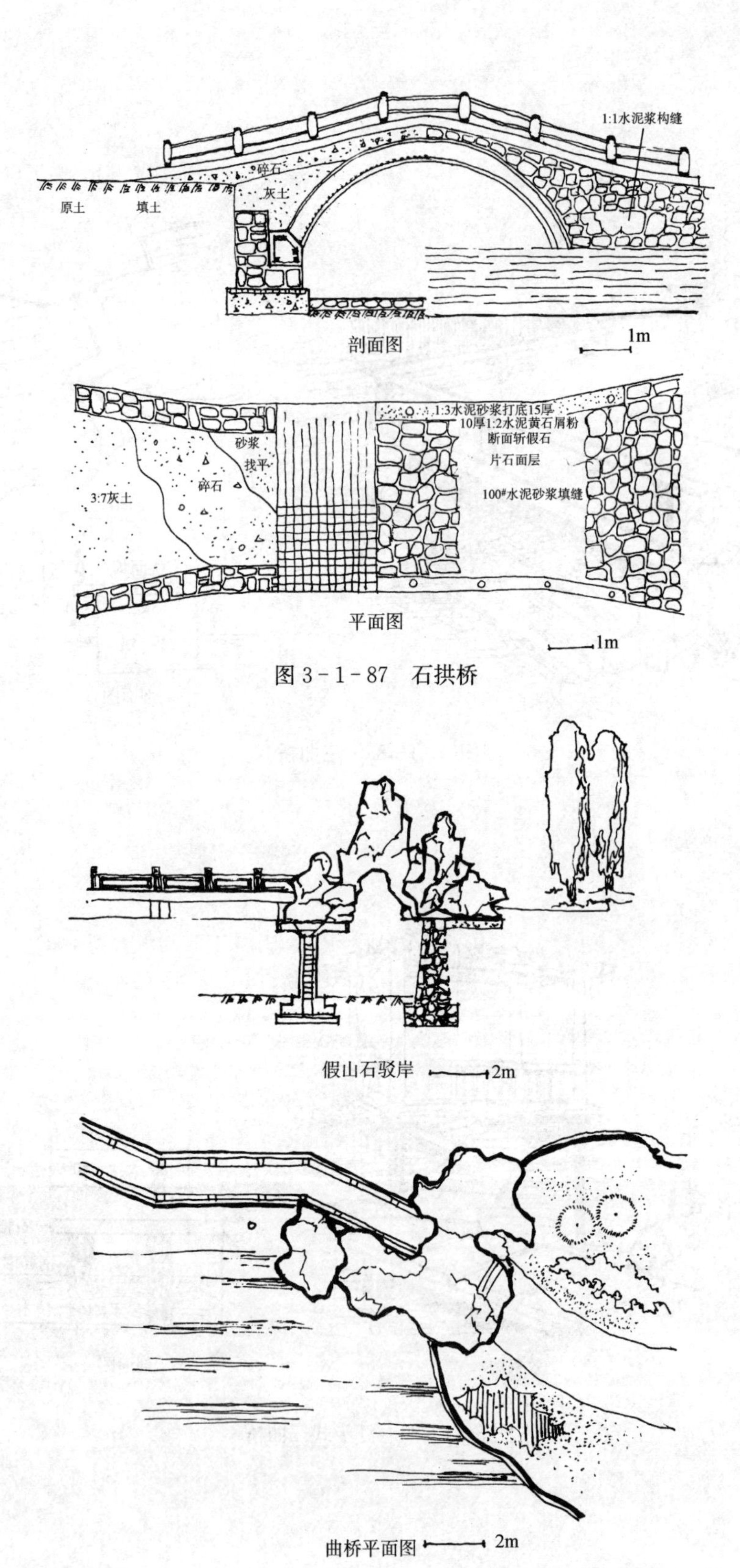

图 3-1-87 石拱桥

图 3-1-88 曲桥与山石结合

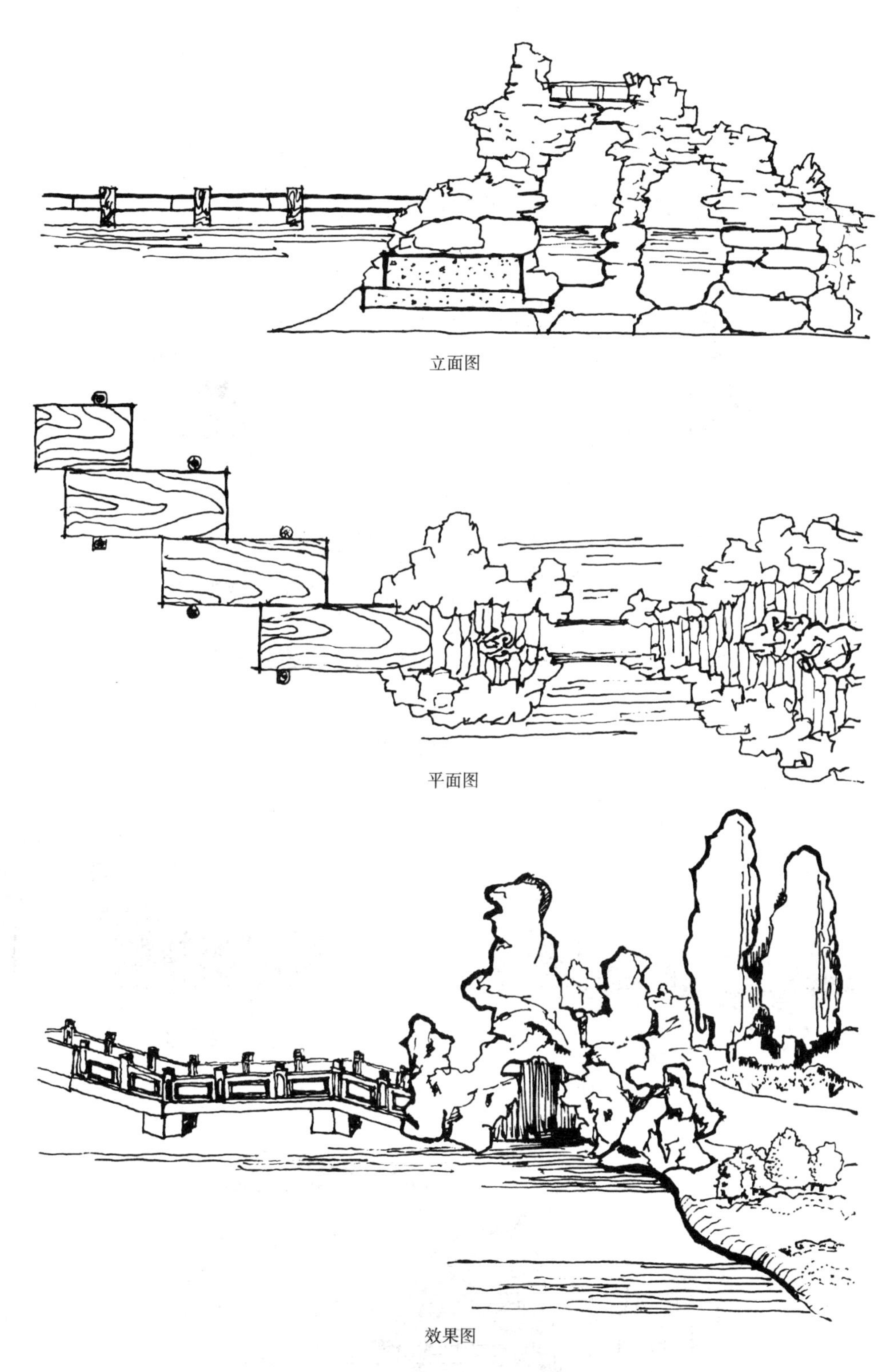
立面图

平面图

效果图

图 3-1-89　连接山石的曲桥与平桥

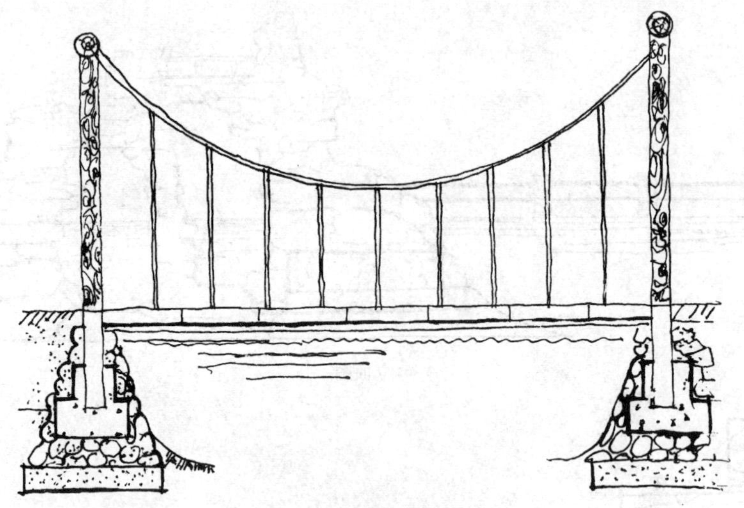

剖面图

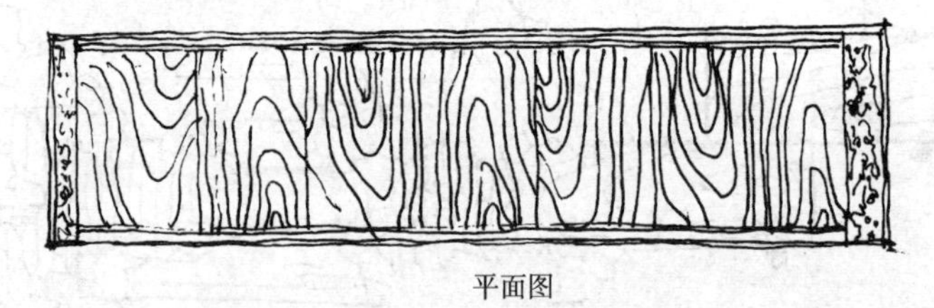

平面图

图 3-1-90　水泥塑木吊索桥

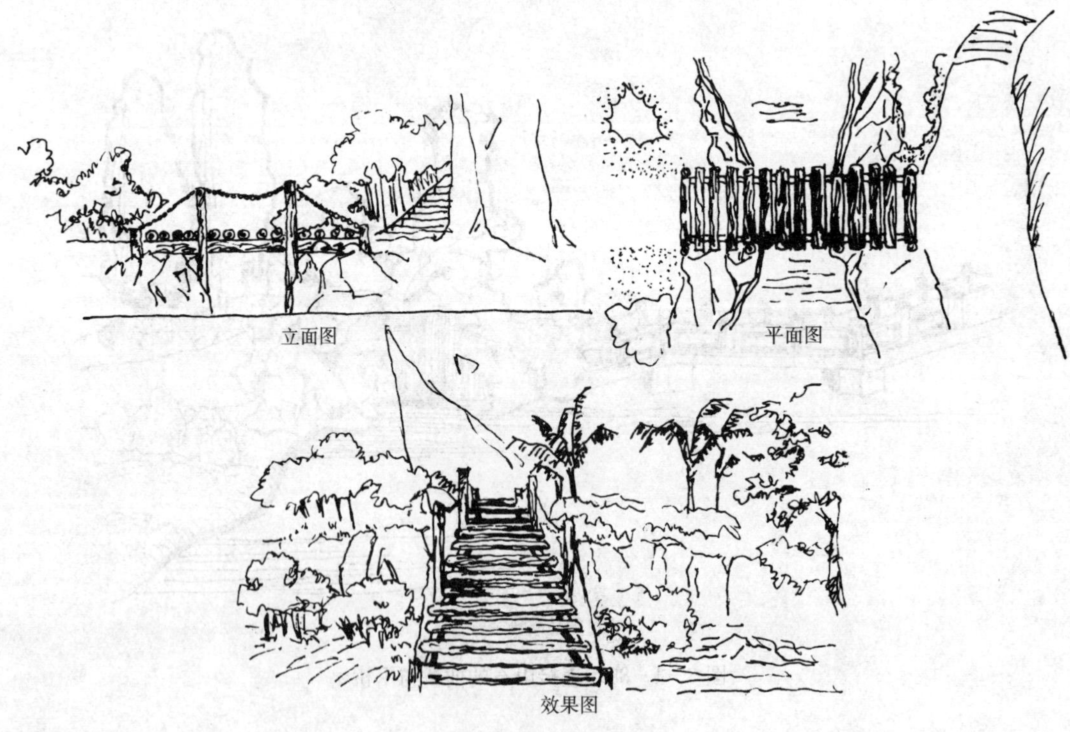

立面图　　平面图

效果图

图 3-1-91　木桥

二、道路

（一）道路

环境景观系统中的道路是指贯穿整个景观环境的交通网络，是联系各个景区与景点的纽带和组织游览的风景线，是环境景观的构成要素。

（二）类型

根据道路的性质、作用不同，可分为景观旅游道路和园景道路。

1. 景观旅游道路：按其作用重要程度和承载量又有：

（1）景观旅游主干道：风景名胜区和城市远郊风景区联系城市或旅游依托城镇的客运性交通道路，或者风景名胜区旅游商业服务设施中心区的主街道；

（2）景观旅游次干道：联系风景区与城市主干道或风景区入口与城郊主干道上的客运性兼顾货运性的道路，以及各个景区间相互联系的道路，是主干道的补充；

（3）景观游览干道或称观光道路：在景观游览城市中结合自然景观、旅游游览路线，联系各主要景点和公园的道路，以及风景游览城市中沿江、临街、滨海地域结合自然环境景观及交通要求的休闲游览式的林荫观光大道。

2. 风景名胜区专用道路：指在各风景名胜区中的专属道路，用于满足该地区的交通、消防、货物、安全、观光游览等功能的道路。

3. 园景道路：分布于环境景观风景中的道路，联系各个风景景区同时又划分各个风景景区，成为环境景观中的景观要素，是各个景区的纽带，具有导游、组织交通、构成空间、参与塑造景观的作用。

按道路的宽窄程度及服务功能又可分为主园路、次园路和游览小道。

（1）主园路：环境风景中的主要道路，宽度最大，可达7～8m。从环境入口通向整个环境的主景区、广场、公共设施、景点、管理区等形成整个环境景观的骨架，通常以环路的形式沟通整个环境，满足整体环境的游览主干道及管理服务要求。路面常选择沥青混凝土或混凝土铺筑，或根据地域特色选择当地的盛产材料如青石板等。

（2）次园路：是主园路的辅助道路，成支架状连接各景区景点和景观建筑（图3-1-92）。

（三）道路功能作用

1. 组织空间引导游览

环境景观中常利用建筑、植物、地形山石、水体等将整个环境规划为各种景观区域，而各个不同区域的联系是靠交通道路完成的，通过道路的起承转接，引导游人按设计者的设计意图，经历丰富而有趣的景观历程从而达到游览观赏目的。为满足游览观瞻、观光和组景艺术要求，发挥无声的潜意识的交通导游作用，提供动态的景观及旅游交通需要及心理要求。

2. 构成环境交通

环境景观道路不仅组织空间，而且达到安全行车的车速、经济、舒适的基本要求，同时对景观环境中的消防运输、游客的集散与疏导、环境景观的维护与管理等起着重要的、必不可少的作用。

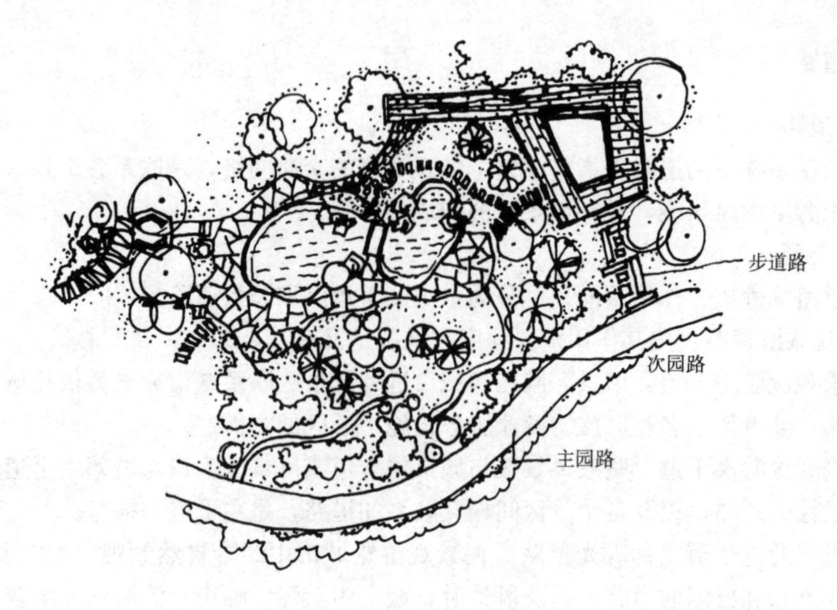

图 3-1-92 园路类型

3. 自身构成景观

道路以其自身优美的线形，配合丰富多彩的地形变化，以及与特定地域文脉结合的层面设计，在地面形成一道可俯瞰的、流动的风景线，并与周围环境有机结合协调，达到"路因景设"、"因景设路"、"因路得景"的意境，可游、可行、可赏，步移景异，移步换景。

(四) 景观道路的分类

根据环境区域大小及服务功能可分为：街道、园路、游步道等。

1. 街道：

(1) 内涵：是指在城市区域内划分组织城市空间景观的道路，常称为景观大道，尤其在旧城改造及新城建设中其作用更为明显，已引起重视。

(2) 类型：景观大道、步行街道。

(3) 特点：结合地域文脉、活跃区域经济；组织城市空间；构成城市景观体系。

2. 园路：

(1) 是指公园或游园中的道路。

(2) 主要是在公园或小游园内联系交通、组织空间，同时连接园内外的二级道路。

(3) 满足区域内物质功能和景观功能。

3. 游步道：

(1) 是指公园或游园内最低层或最小区域空间的步行联系通道。

(2) 行程较短，道路较窄，仅供步行。

(3) 形式灵活，选材可因地制宜。

(五) 景观道路构成

1. 形态构成：

景观道路形态有直线形、曲线形（含折线形）——就整体而言；

又可由点式、圆形、方形、不规则形等按一定线形构成整体——就局部而言；

路堑形、路堤形和特殊形（包括步石、汀步、磴道、攀梯，各种构造见图 3－1－93 至图 3－1－95）——就道路性质而言。

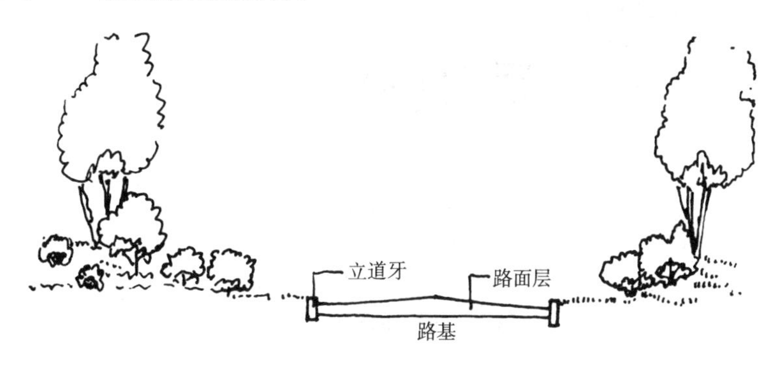

图 3－1－93　路堑型

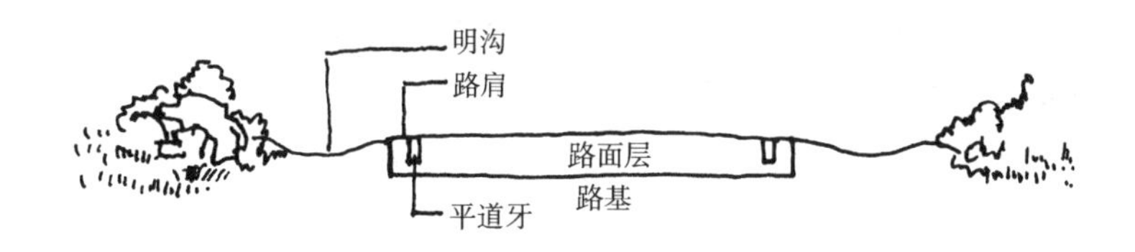

图 3－1－94　路堤型

2. 材质构成：

道路材质可根据道路性质、功能要求、当地条件选择。包括：

单一材料：木材类、混凝土、水泥类、砖类、仿制类 、钢筋混凝土、卵石、石材类（火烧板、花岗石、大理石、青石板、蘑菇石等)；

混合（组合式）材料：嵌草＋ 卵石 ＋ 山石；砖类＋卵石；混凝土花格嵌草等。

图 3－1－95　特殊型

3. 结构构成：

路面、路基层——就结构层而言（面层、结合层、基层、路基）(图 3－1－96)；

路牙、路面、路——就表面层而言（图 3－1－97、图 3－1－98)。

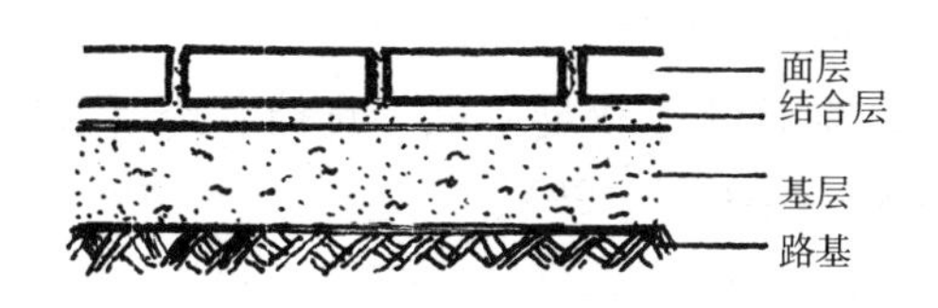

图 3－1－96　路面层结构

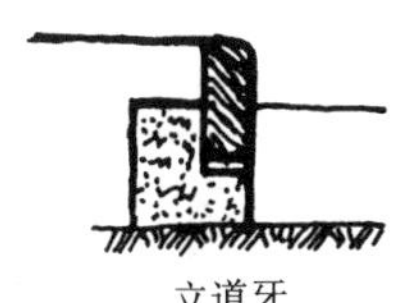

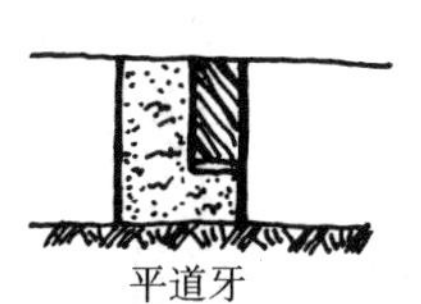

图 3－1－97　道牙结构

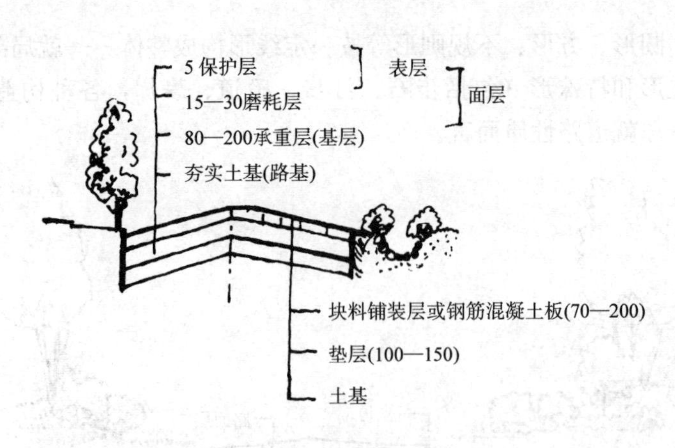

图 3-1-98　园路构造组成

（六）设计要点

1. 设计前准备工作：

实地勘察（环境、场地、土质、水体、地下水位、原有建筑物、地形地貌、地下管线等）并准备图纸等相关资料，包括地形图纸、设计图纸、当地相关资料（水文地质、土壤等）。

2. 平面线形设计：

(1) 道路服务级别及性质，考虑道路线形及宽度。如大型风景区的主干道要满足卡车、客车消防要求，宽度至少 6m，公园级道路一般 3.5m 左右，游步道一般小于 1m。各种道路的最小宽度参见表 3-1。

各种活动个体所需最小道路宽度　　**表 3-1**

交通类型	最小宽度（m）	交通类型	最小宽度（m）
单人	0.75	小轿车	2.00
自行车	0.60	消防车	2.10
三轮车	1.25	卡车	2.50
手扶拖拉机	0.85—1.50	大轿车	2.70

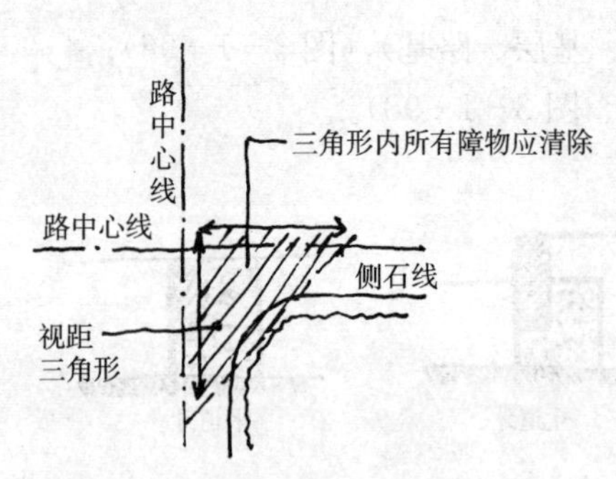

图 3-1-99　道路设计时保证视距

(2) 平曲线半径选择：道路由一段直线转到另一段直线上时，其转角的连接部分采用圆弧形曲线，这种圆弧半径称为平曲线半径，通常不小于 6m。

(3) 弯道内侧路面交通需加宽，因为汽车在弯道行驶时，前轮转弯半径大而后轮小。

(4) 平面线形设计满足平顺、直捷、经济及艺术的景观要求（图 3-1-99）。

3. 道路的断面设计：

根据造景需要，随地形起伏变化确定多路段纵坡及坡长。尽量使用原地形，保证路基稳定，减少土方工程量。

道路排水一般应满足 8%以下的纵坡和 1%～4%的横坡要求。不同类型的路面、不同材料的路面其要求见表 3-2。

各种路面的纵横坡度参考值 **表 3-2**

坡度值 / 路面类型	纵坡（‰）				横坡（%）	
	最小	最大		特殊	最小	最大
		游览大道	园路			
水泥混凝土	3	60	70	100	1.5	2.5
沥青混凝土	3	50	60	100	1.5	2.5
块石、砖类	4	60	80	110	2	3
卵石类	5	70	80	70	3	4
粒料类	5	60	80	80	2.5	3.5
改善土路	5	60	60	80	2.5	4
游步道	3		80		1.5	3
自行车道	3	30			1.5	2
广场、停车场类	3	60	70	100	1.5	2.5
特殊停车场	3	60	70	100	0.5	1

保证视距要求，选择竖曲线半径配置曲线，计算施工高度等。

4. 园路结构设计应就地取材，薄面 、强基、稳基土。

5. 路面设计要求有装饰性，既满足自身景观要求，同时应有柔和的光环境和色彩，减少反光以防刺眼，影响使用效率。

路面应与原地形、植物以及山石等现状结合（图 3-1-100）。

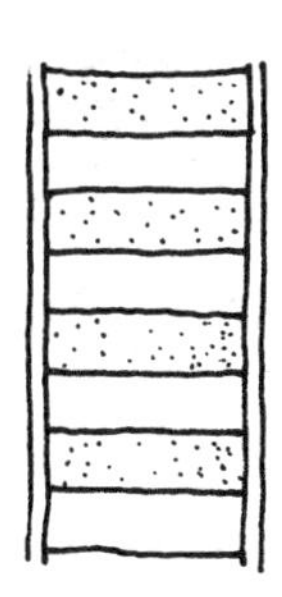

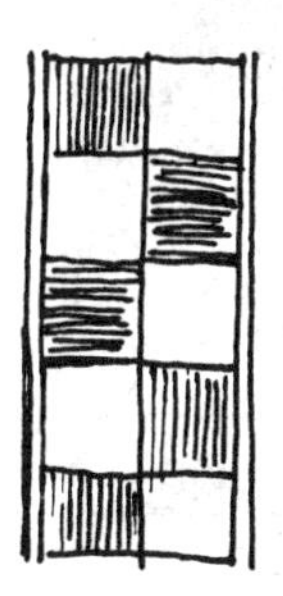
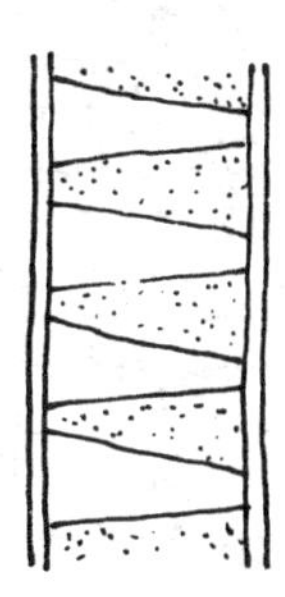

图 3-1-100 路面设计（水泥混凝土）

6. 残疾人无障碍园路设计：

路面宽度大于 1.2m，回车路段路面宽度大于 2.5m。

道路纵坡一般不宜超过 4%，且坡长不宜过长，在适当距离应该设水平路段，并且不要设台阶。应尽可能减少横坡。

当坡道坡度为 1/20～1/15 时，其坡长一般不宜超过 9m，每逢转弯处，应设不小于

1.8m 的休息平台。园路一侧为陡坡时，为防止轮椅从边侧滑落，应该设大于 10cm 的挡石，并设扶手栏杆。

路面中的排水沟等辅助设施不得突出路面，并注意构造细部处理以免卡住轮椅的车轮或盲人的拐杖等辅助器械。

（七）案例

见图 3－1－101 至图 3－1－110。

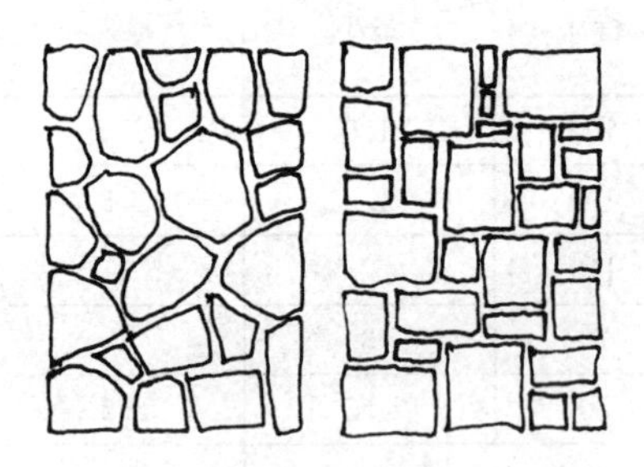

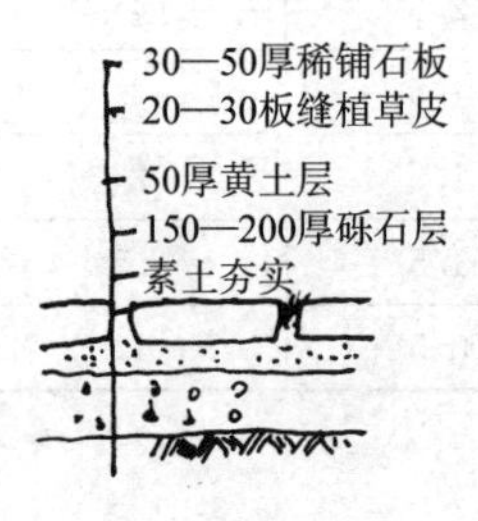

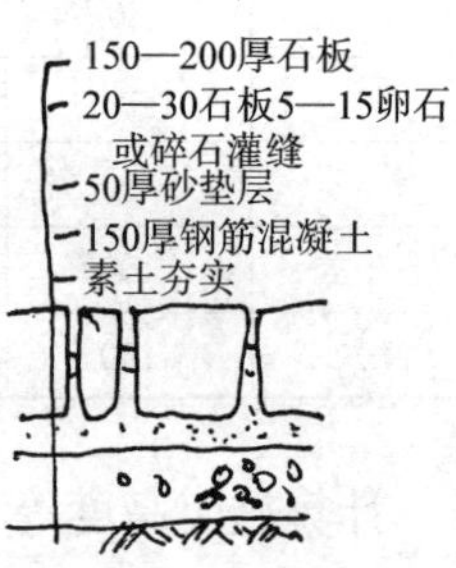

图 3－1－101　路面铺装与构造

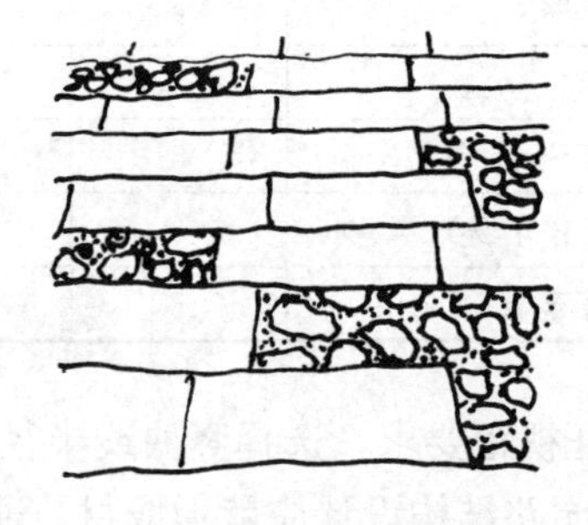

图 3－1－102　路面铺装设计（石板路）

图 3－1－103　路面铺装设计
（混凝土、卵石、嵌草）

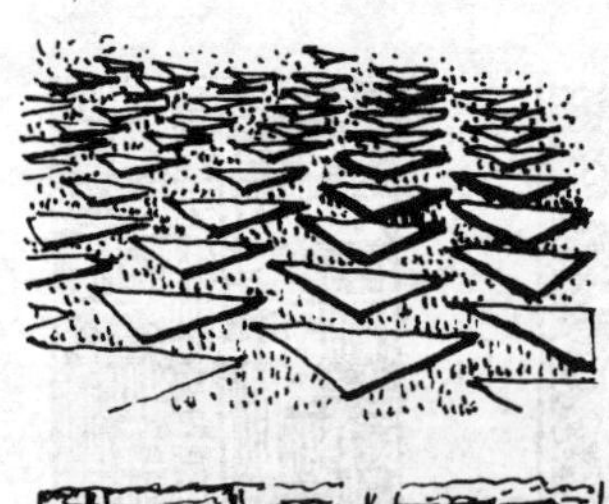

图 3－1－104　园路设计
（构成式块料）

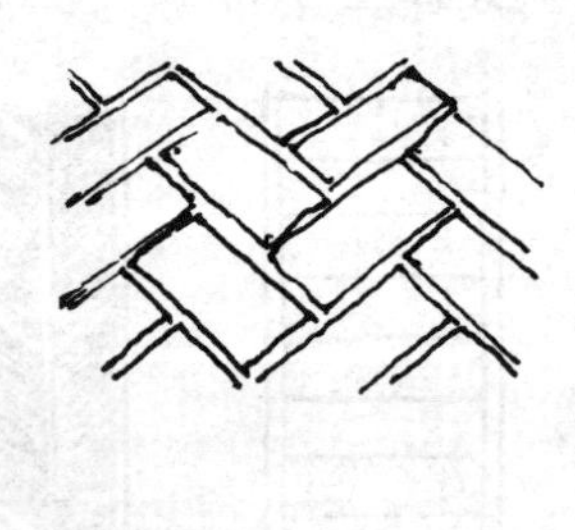

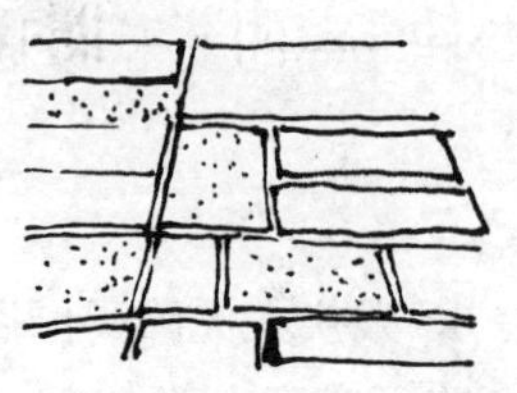

图 3－1－105　路面设计
（砖块条石）

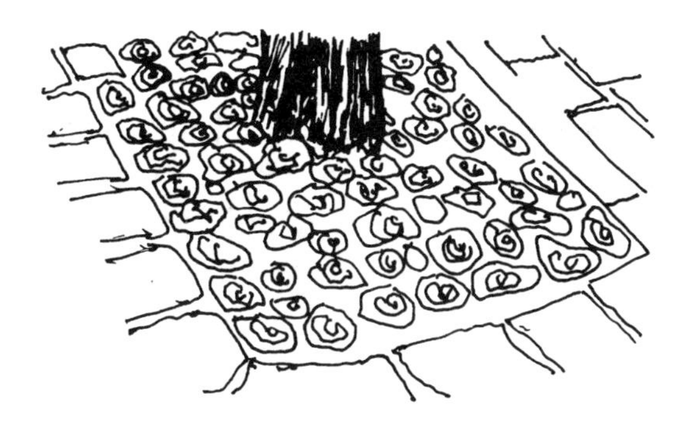

图 3-1-106　路面与树穴设计

图 3-1-107　路面设计（标高变化）

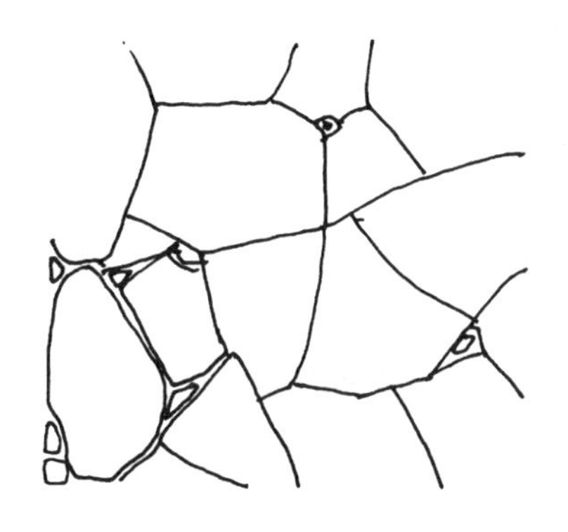

图 3-1-108　路面设计（冰裂纹）

图 3-1-109　路面设计（卵石、混凝土、自然式）

图 3-1-110　路面设计（仿生（树桩））

三、观光交通

（一）观光交通，即利用机动设施进行动态观光的交通方式。

（二）形式：观光、缆车、索道、游览车、电梯等。

（三）作用：

1. 解决由于地形地势或路途遥远引起游人疲劳问题；

2. 提供立体游览路线，形成全程鸟瞰效果；

3. 促进旅游经济发展；

4. 迅速分散人流。

应注意如果选地不当容易破坏景观，尤其是自然景观或文物古迹等。如泰山游览索道对原有山岳的风貌、五岳之首游览风情有所破坏。

（四）设计要点：

1. 选址要恰当；

2. 解决好全面游览与局部关系；

3. 有环境及景观影响评价后才可动工；

4. 经济效益与景观价值产生矛盾时应以景观价值为主。

第二节　景观休息设施

景观休息设施是指在景观空间中用来休息和观赏的设施器具，常可分为园椅、坐凳、亭、廊、花架等。

一、享赏空间设施

（一）享赏空间是指被欣赏、享受的环境景观空间，在此空间中必需的设施为享赏空间设施。

（二）座椅：

1. 座椅：用于就坐休息的器具设施。

2. 位置选择：一般设在河畔、湖滨、荫下、花间林下等，人们驻足观赏或需要间歇小憩的地方皆可。此外亭中、廊下、斋舫等园林建筑中也皆可设椅（图 3-2-1 至图 3-2-6）。

图 3-2-1　大树围椅（北京玉渊潭公园）

图 3-2-2　曲尺形座椅
（北京木樨地街道绿地）

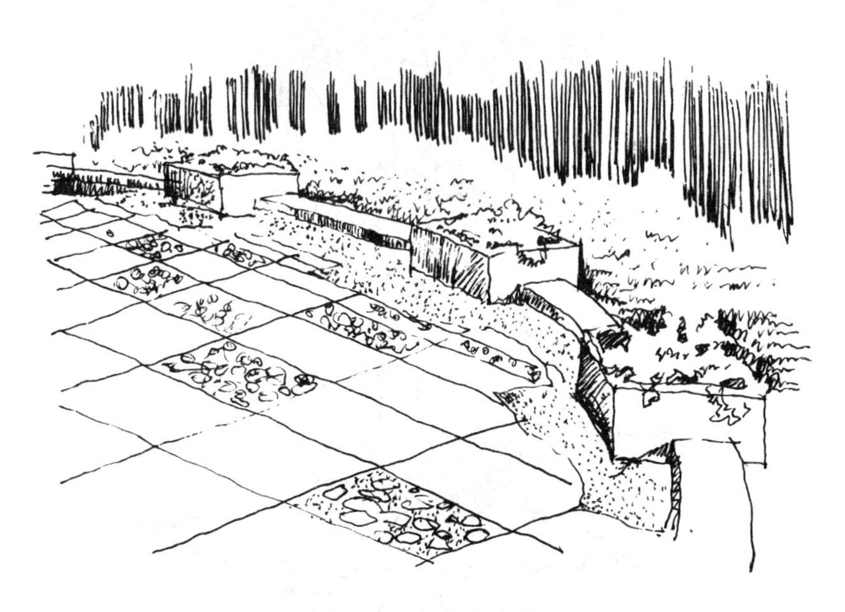

图 3-2-3　花坑座凳
（北京花乡路绿地）

图 3-2-4　国外园椅

图 3-2-5　单柱花架座椅

图 3－2－6　湖畔林下置石座椅

3. 功能：

(1) 就坐休息的基本功能。

(2) 景观空间功能：参与组成景观要素。如仅有环境而无设施则空间不完整。

(3) 自身成景：座椅以其优美造型、得体色彩和恰当的材料形成一道独特风景。

4. 构成：

(1) 结构：结构支撑部分和就坐部分。

(2) 材料：木材、钢、混凝土、钢筋混凝土、砖、玻璃、仿制组合材料等。

(3) 形式：固定式、可移动式。

5. 座椅形式：

(1) 直线式：长方形、方形等。制作简单，造型简洁，下部向外倾斜，既扩大了底脚面积，又给人以一种稳定平衡感（图 3－2－7 至图 3－2－11）；

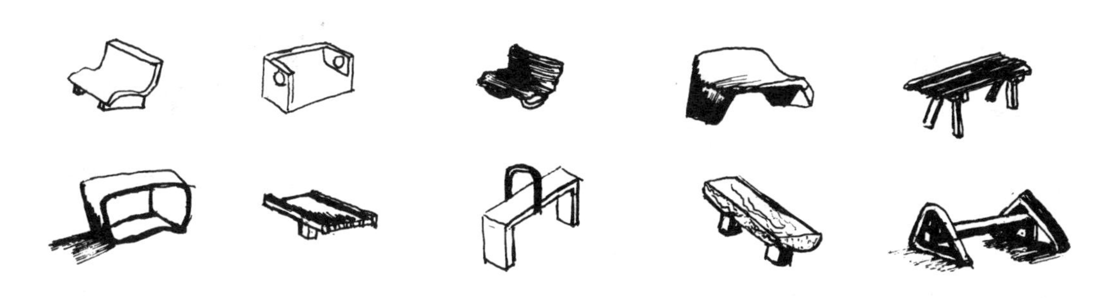

图 3－2－7　直线式

图 3-2-8　直线式方形座椅

图 3-2-9　直线式长方形座椅

图 3-2-10　直线式长方形重复式座椅

图 3-2-11　直线式组合座椅

图 3-2-12　曲线式（1）

（2）曲线形：环形、圆形、曲线，柔和丰满、流畅、温馨、婉转曲折、和谐生动、自然得体，易取得变化多样的艺术效果（图 3-2-12 至图 3-2-15）；

图 3-2-13　曲线式（2）"S"形

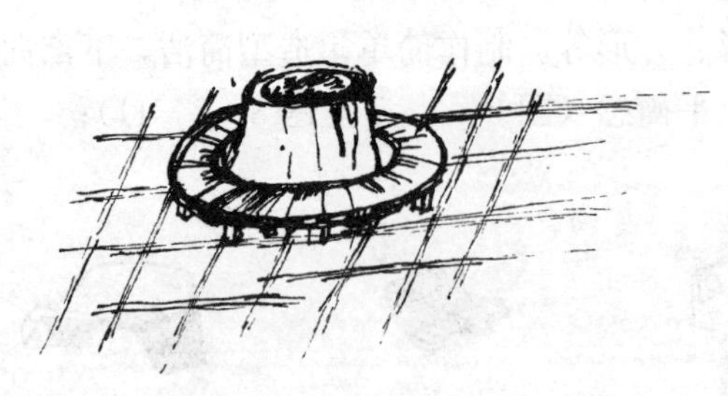

图 3-2-14　圆环形树桩座椅

图 3-2-15　环形座椅

（3）直线加曲线式：有刚有柔，形神兼备，富有对比之变化、完美之结合，即使做成传统式亭廊靠椅也别有神韵（图 3-2-16、图 3-2-17）；

图 3－2－16　组合式矩形倒角式

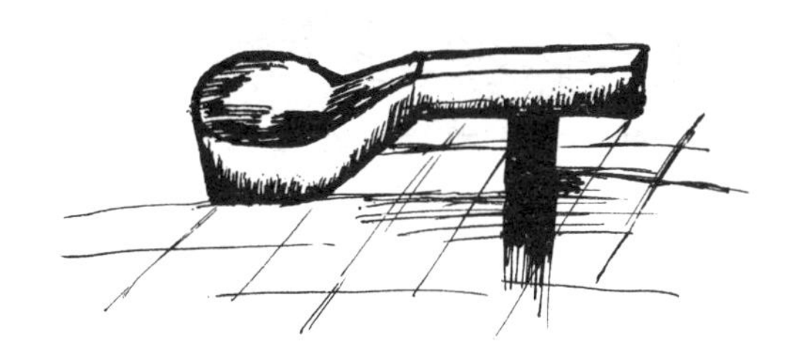

图 3－2－17　直线与圆形结合

（4）多边形：连续折线形、多角形（图 3－2－18、图 3－2－19）；

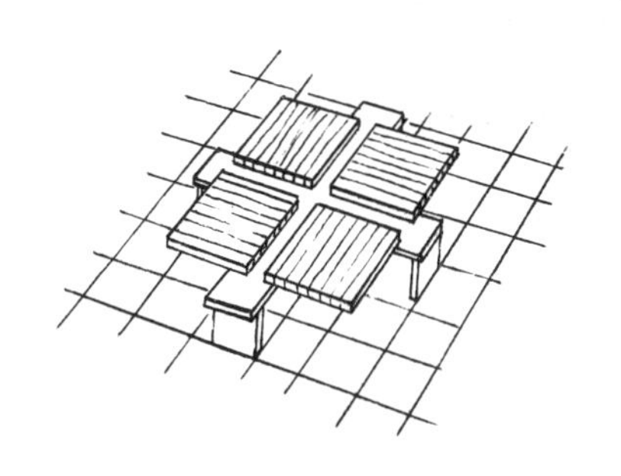

图 3－2－18　方形与矩形结合多边

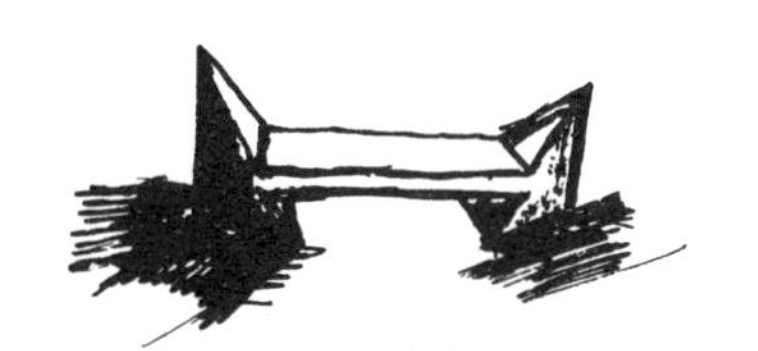

图 3－2－19　折线多角式

（5）组合形：各种规则与不规则形的结合运用（图 3－2－20、图 3－2－21）；

图 3－2－20　与灯具结合

图 3－2－21　与植物结合

（6）仿生与模拟形：模拟生活中的生物形体而成，如鹤脚、鸭脚、猪足及蝴蝶形等（图 3－2－22、图 3－2－23）。

图 3－2－22　仿生式——仿木

图 3－2－23　仿生式——仿动物

6. 材料应用构成（图 3－2－24）：

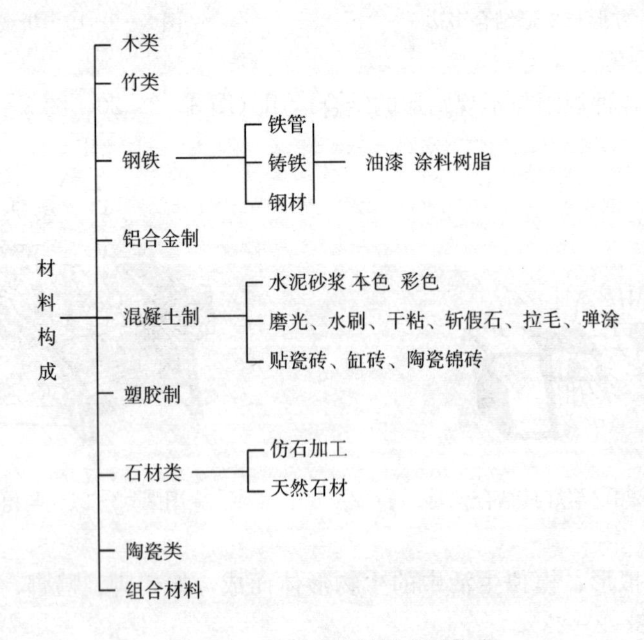

图 3－2－24　座椅材料应用构成

7. 设计要点：

（1）与选址环境融合（色彩、材料、地形、地貌）；

（2）防水防腐处理；

（3）要考虑季节性使用。如根据冬天凉、夏天热的特点合理选材，如用木质、空格栅式的凳面设计等；

（4）考虑固定处理基础设计。移动式座椅要考虑防止破坏和被随便挪动，设计成只能用特定工具移动或半移动、半固定式。

8. 类型：

（1）按服务期限可分为永久性、临时性；

（2）按效率又有长时间性和短时间性。如广场中的座椅坐的时间较长，使用频率高，而候车亭中的坐凳则时间短，使用率低；

（3）按坐的形式分为坐式、躺靠式、站靠式等。

9. 案例：

见图 3－2－25 至图 3－2－30。

图 3－2－25　雕塑小品式

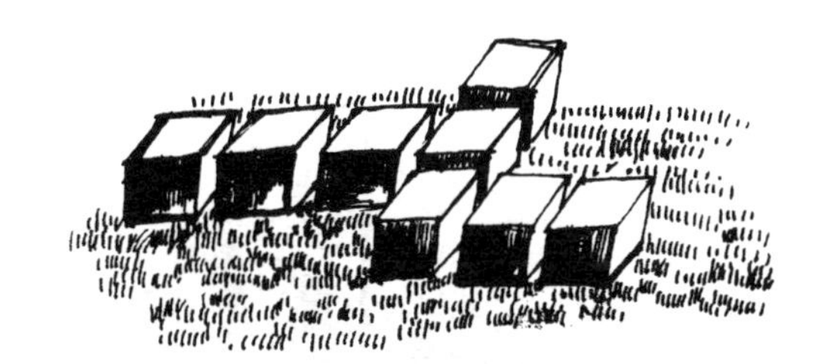

图 3－2－26　功能小品式

图 3－2－27　材料构成式

图 3－2－28　机械式

图 3-2-29　现代式

图 3-2-30　标识、坐凳、古风、现代结合

二、亭

（一）亭

“亭者，停也”，用于休息停留的空间设施。

（二）类型

1. 传统亭：

(1) 按平面形式分：

多边形：三角亭、五角亭、六角亭、八角亭、不规则亭等（图 3-2-31 至图 3-2-40）；

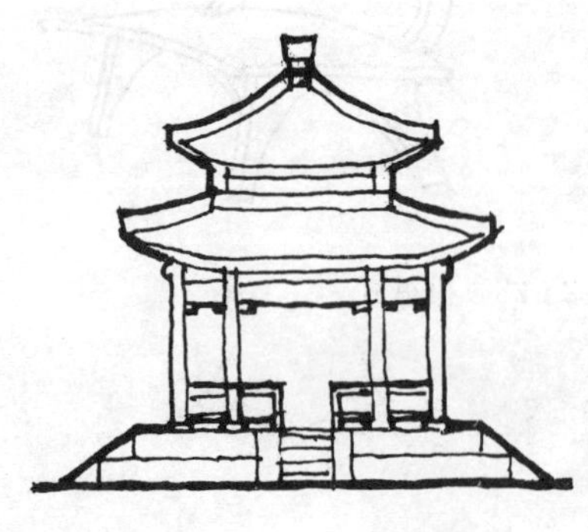

图 3-2-31　重檐四角亭

图 3-2-32　单檐四角亭

图 3-2-33　八角亭

图 3-2-34　不规则式亭（悬空）

图 3-2-35　方亭（架空）

图 3-2-36　重檐六角亭

图 3-2-37　双层亭

图 3-2-38　单檐六角亭

图 3-2-39　双亭不规则式

长方形：平面长宽比接近黄金分割比（1∶1.6）。檐柱的细长比在1/10～1/12（北方），1/18～1/20（南方）之间（参见表 3-3）；

传统亭檐柱细长比例　　**表 3-3**

（D/H）	1∶8～9	1∶8～9	1∶9～11	1∶10
朝代	唐辽	宋金	元明	清

表中：*D* 为柱直径，*H* 为柱高

图 3-2-40　亭顶不规则四角多柱式

半亭：只有正常平面的一半；

仿生形亭：睡莲亭、扇形、十字形、圆形、梅花亭等（图 3-2-41、图 3-2-42）；

多功能复合式亭（尤其用于组合式平面中）：单体式、组合式、复合式多功能亭、双亭、套亭等（图 3-2-43、图 3-2-44）。

（2）按立面分：

正方形 1∶1；长方形（黄金分割）1∶1.618；或 $1:\sqrt{2}$，$1:\sqrt{3}$，$1:\sqrt{4}$。

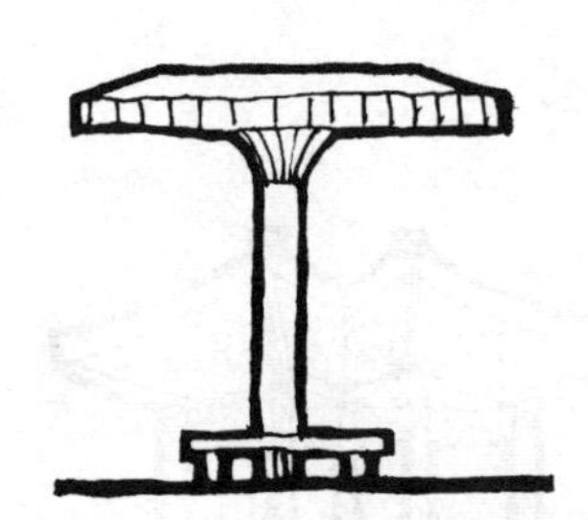

图 3-2-41　仿生蘑菇式

图 3-2-42　伞式仿生亭

图 3-2-43　北京北海玉亭

图 3-2-44　古典、组合式双亭（南京西花园双亭，南方风格）

（3）按亭顶形式分：

攒尖顶；歇山顶；卷棚；开口顶；单檐式与重檐式的组合。

（4）按用途，可分为眺望亭、桥亭、休息亭、井亭等（图 3-2-45、图 3-2-46、图 3-2-47）。

（5）按柱的数量分：单柱、双对柱、三柱、四柱、五柱、六柱、八柱、十二柱、十六柱等。

（6）按材料分：

地方材料：木、石、竹、草；混合材料：复合亭等；钢类：轻钢亭；钢筋混凝土亭：

图 3-2-45　杨州瘦西湖某亭

图 3-2-46　镇江金山公园

仿传统、仿竹、树皮、茅草亭；特种材料：塑料树脂、玻璃钢、薄壳充气软结构、波折板、网架等。

图 3-2-47　苏州留园冠云亭

(7) 按功能分：

休息、遮阳避雨；

观赏游览；

纪念、文物古迹；

交通集散组织人流；

骑水——廊亭、桥亭；

倚水——楼台水亭；

综合——多功能组合亭。

2. 现代亭子

(1) 板亭：平板亭（包括伞板亭、荷叶亭）、板梁亭、反梁亭（图 3-2-48、图 3-2-49）；

图 3-2-48　北京恩济里小区方亭

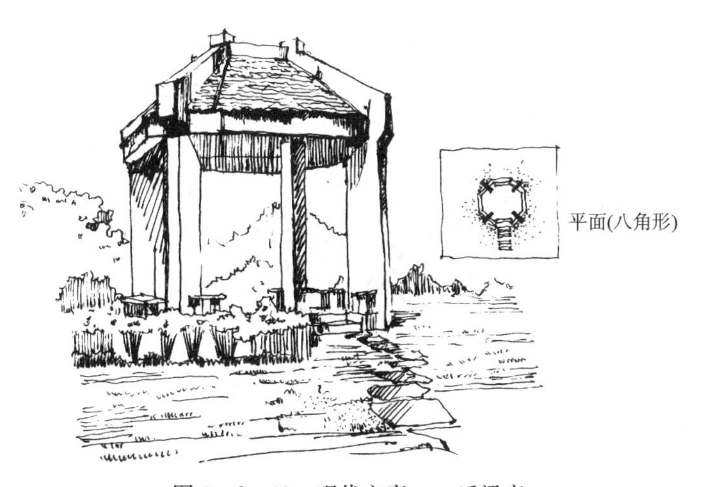

图 3-2-49　现代方亭——反梁亭

(2) 野菌亭（图 3－2－50）；

图 3－2－50　蘑菇亭（仿生）

(3) 组合构架亭：

竹木组合构架亭；

混凝土组合构架亭（图 3－2－51、图 3－2－52）；

图 3－2－51　浙江宁波某公园小方亭

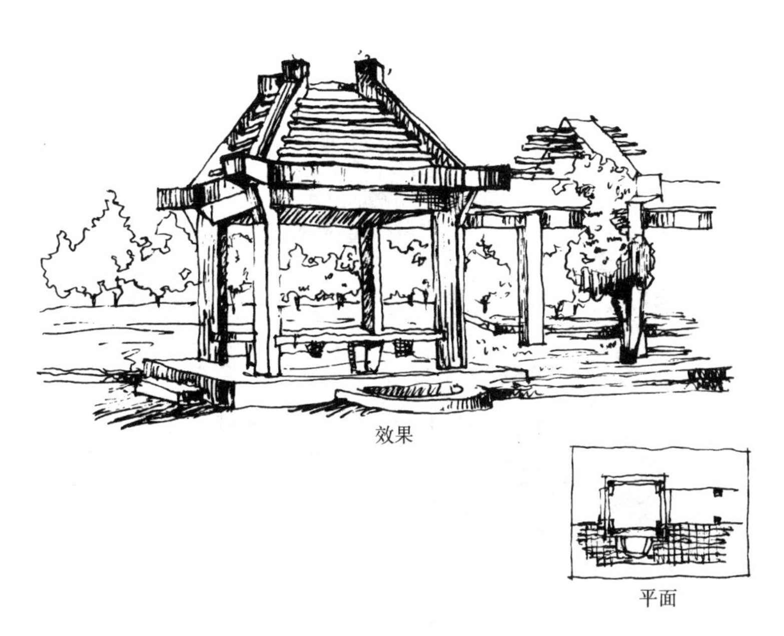

图 3－2－52　亭、架组合

轻钢—钢管组合式构架亭；

（4）类拱亭：盔拱亭、多铰拱式；

（5）波折板亭（图 3－2－53）；

（6）软结构亭；

（7）仿古组合伞亭（图 3－2－54）；

3. 其他分类

按屋檐形式分为单檐式和重檐式亭（图 3－2－57、图 3－2－58）。

按用途分为眺望亭、桥亭、休息亭、井亭等；

按所属关系分为皇家亭、私家亭、寺庙亭等（图 3－2－55、图 3－2－56）。

图 3－2－53　波折板亭

（三）功能作用

1. 基本功能：休息，凭眺空间场所。

2. 景观构成功能：构成空间景观，如山顶建亭可起到鸟瞰全局成为景观环境制高点及增强山体的高度，突出山峰，组织空间的作用（图 3－2－59）。

3. 自身成景，成为视觉焦点，引导游览（图 3－2－60）。

（四）构成

1. 形态构成上：由亭顶、亭身、亭基三部分组成，依据不同立意各部分比例可不相同。

2. 材料构成上：有木材、石材、钢筋混凝土、仿制材、钢材、玻璃、玻璃钢。

3. 结构构成上：结构方面有亭顶排水、防水；亭身柱高；柱基埋深、梁的位置设计；亭地面防潮、垫层、面层设计等因素。

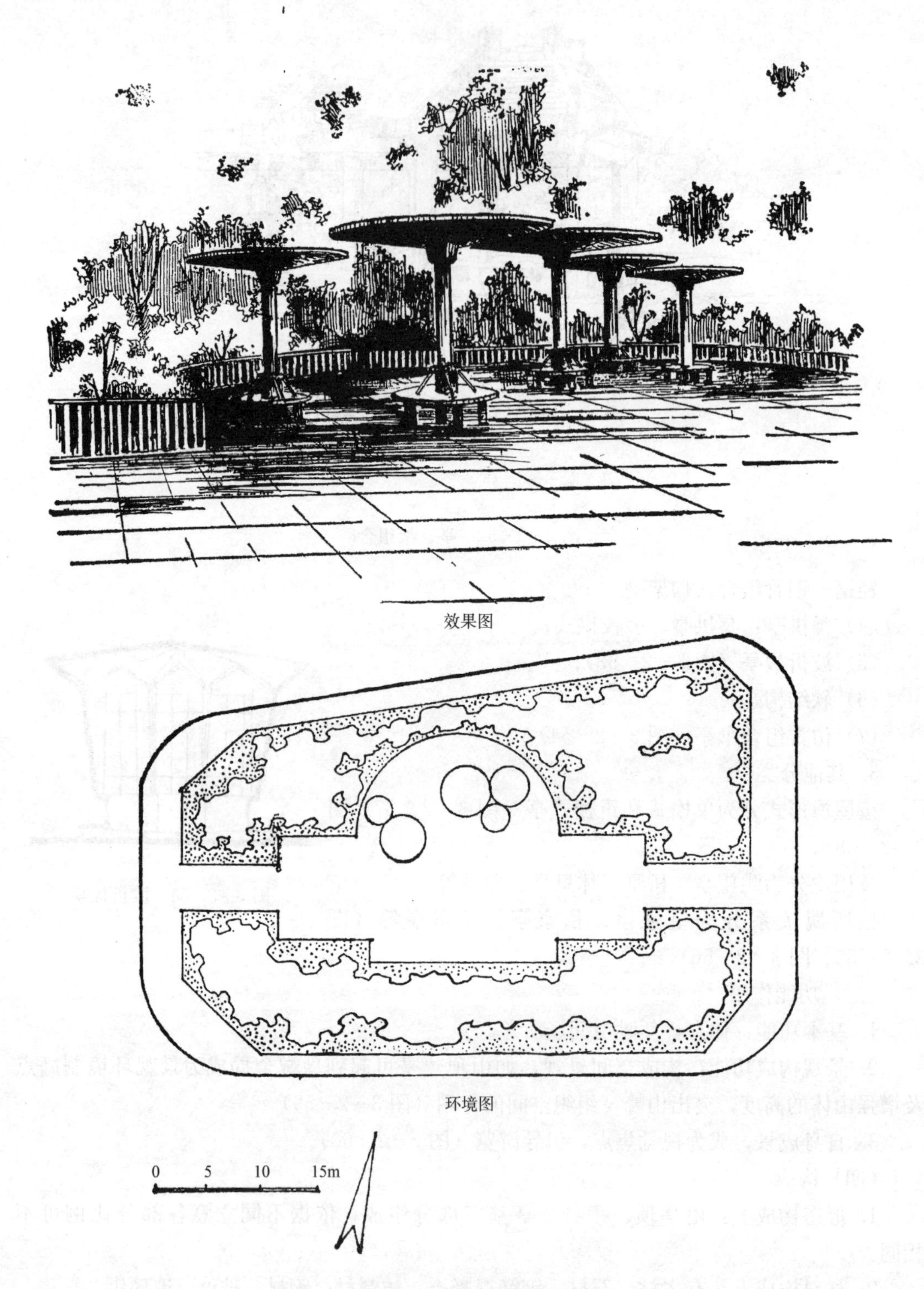

图 3-2-54　组亭（现代平顶伞亭）

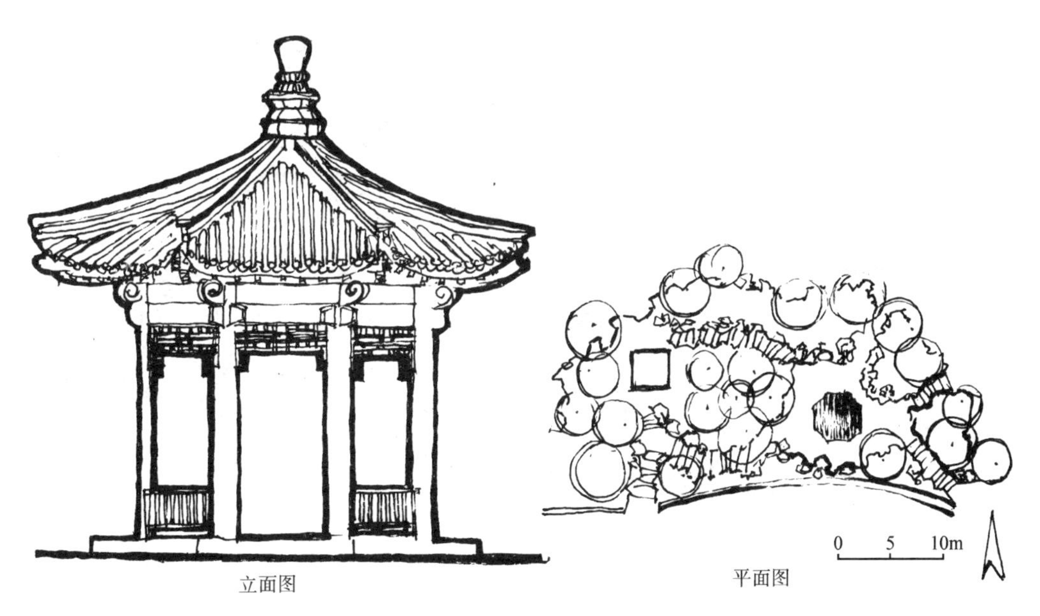

图 3－2－55　北京北海公园昆邱亭（皇家亭）

效果图

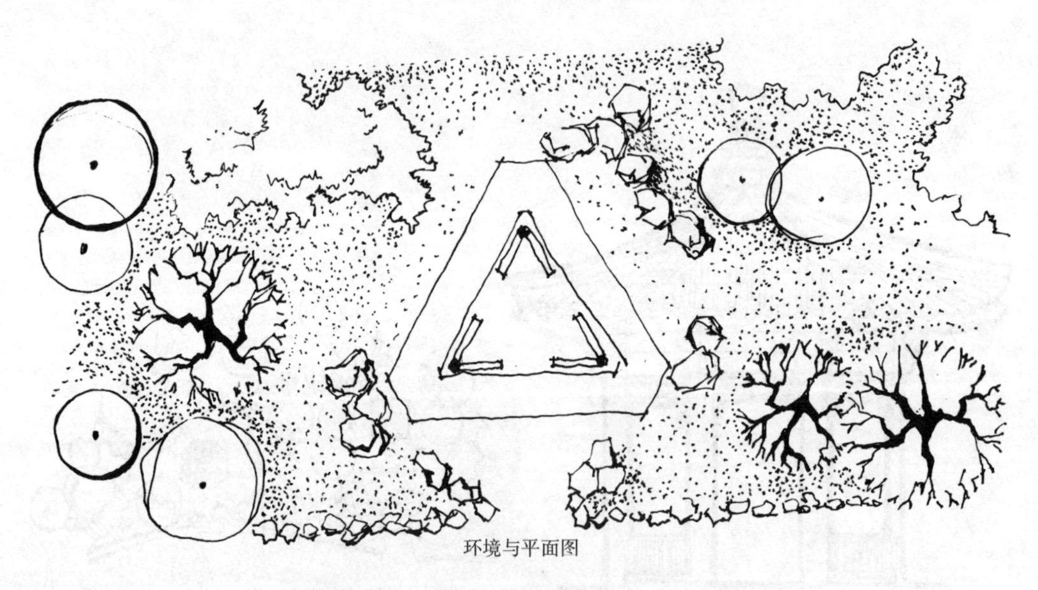

环境与平面图

图 3-2-56　三角亭（古典式）（临水）（私家亭）

图 3-2-57 单檐四角亭（古典式）

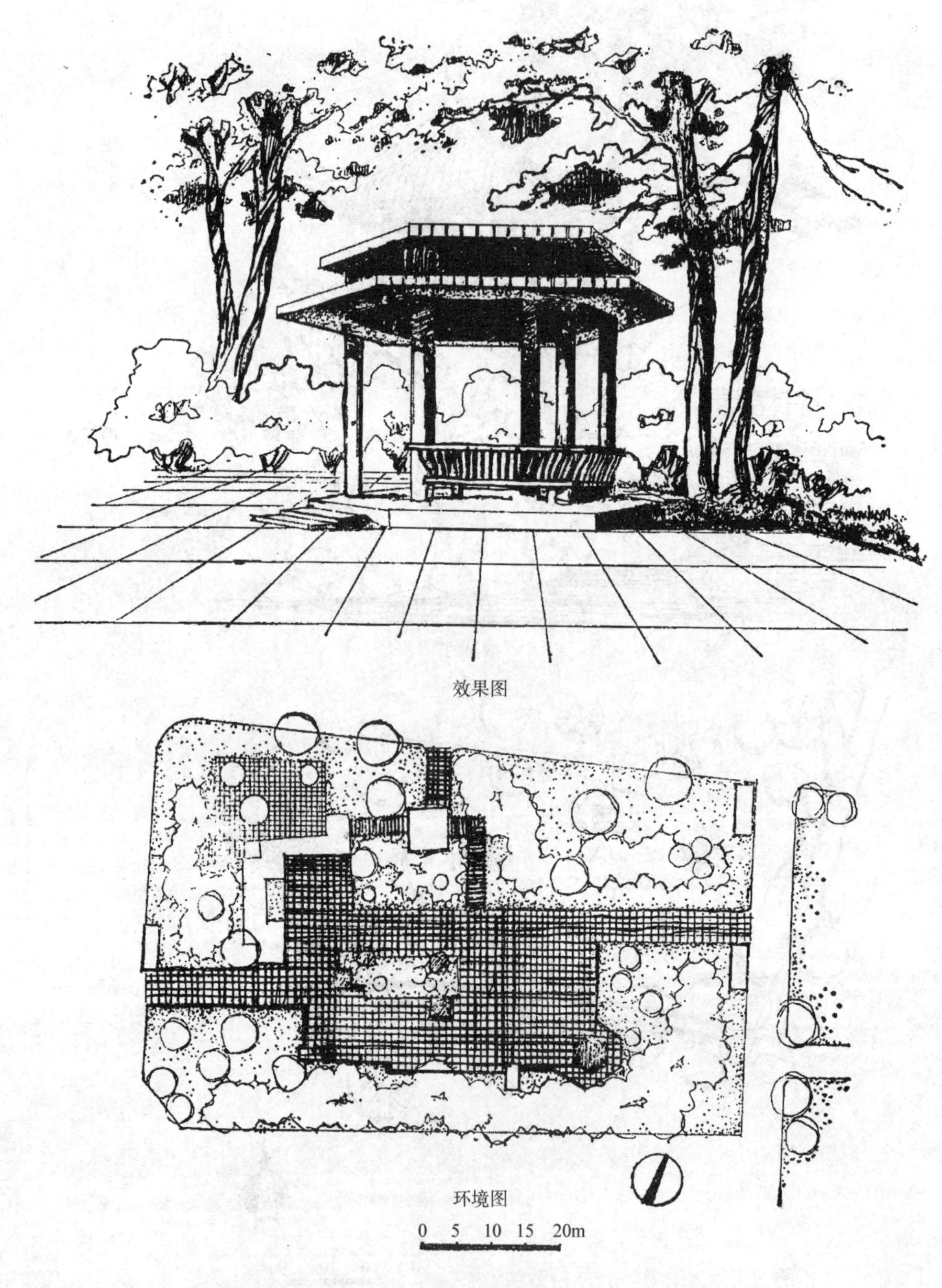

图 3-2-58 现代亭（传承古典）（上海肇家浜重檐亭）

图 3-2-59　天津水口公园岛中亭——构成景观，制高点视觉导引

图 3-2-60　杭州某亭建于山路中间，成为路亭

（五）设计要点

1. 因地制宜，随形就势，结合场地而新建亭。

2. 造型及体量因设计意图而定，无固定规格，灵活设计。

3. 平面形状有正多边形（三角、四角、五角、六角、八角等）、曲边形（如圆形）、梅花形、海棠形、双环形、长方形、十字形、曲尺形等；半亭（完整平面形态的一半）、双亭（双三角、双方、圆形等，即两个完全相同的平面连接在一起）、组亭（为两个以上

图 3-2-61　北京中山公园六角亭

组合在一起，平面各自独立，台基连成一体）；新式亭，即现代亭因设计立意而灵活机动。

4. 亭的表面材料设计，要局部与整体互相呼应突出主题，尊重亭顶、亭身、开间的比例关系。

（六）位置选择

1. 山地建亭：适于登高望远，丰富山形轮廓，并能提供休息场所。

（1）小山建亭：

小山一般在 5～7m 高，亭常建于山顶，以强调山体的高度和体量，丰富山形轮廓。但一般不宜建于山形的几何中心线之顶，而偏于山顶一侧而建（图 3－2－61）。

（2）中等高度山上建亭：

宜在山脊、山顶或山腰建亭，注意亭的体量应满足与山体协调的景观要求。

（3）大山建亭：

宜于山腰台地或次要的山脊、崖旁、峭壁之顶或道旁建亭，以便引导游览及显示山体的形体美。因人的视域有限，在山中难见山之全貌，故需注意亭中眺望视线勿受树木遮挡，并考虑游人行程长短，满足休息需要（图 3－2－62）。

图 3－2－62　峨嵋山中心亭

2. 水体建亭：

（1）小水面建亭宜低临水面，如凌波彩虹，以细观涟漪；

（2）大水面宜建于临水高台或高的石矶之上，以远眺山、近观水，从更大视野显示水面的浩渺。

（3）形式有一边或多边临水，或完全伸入水中等多种形式，因设计而不同（图 3－2－63）。

图 3-2-63　青岛海滨之岛

3. 平地建亭：

(1) 结合园林其他要素如植物、山石、水体、视觉焦点等；

(2) 主要功能是休息纳凉、游览观赏，构成空间或景观焦点；

(3) 位置选择可考虑景点游览导引、空间转折与过渡或点亮区域成为控制核心（图 3-2-64）。

(七) 案例：

见图 3-2-65、图 3-2-66、图 3-2-67、图 3-2-68、图 3-2-69、图 3-2-70。

三、廊

(一) 廊

最初是在建筑周边为防雨淋日晒而设的室外过渡空间，后来成为建筑之间或空间联系的通道，即空间过渡或联结的通道。

(二) 作用功能

1. 联系园林空间。在古代中用以将单体建筑联成群体空间。

2. 划分与围合空间。既是空间的划分又通过景观渗透而进行空间过渡与围合。

3. 自身成景。廊的材料、色彩及灵活自然的平面、空间的转换使其自身具有景观的魅力。

4. 展览功能。利用线形及通道灵活布局以进行展览组织。

5. 基本功能是休息、赏景、防雨淋日晒并可保护主体建筑。

6. 景观塑造手段，框景、透景等（图 3-2-71、图 3-2-72）。

7. 游览路线中的一部分。

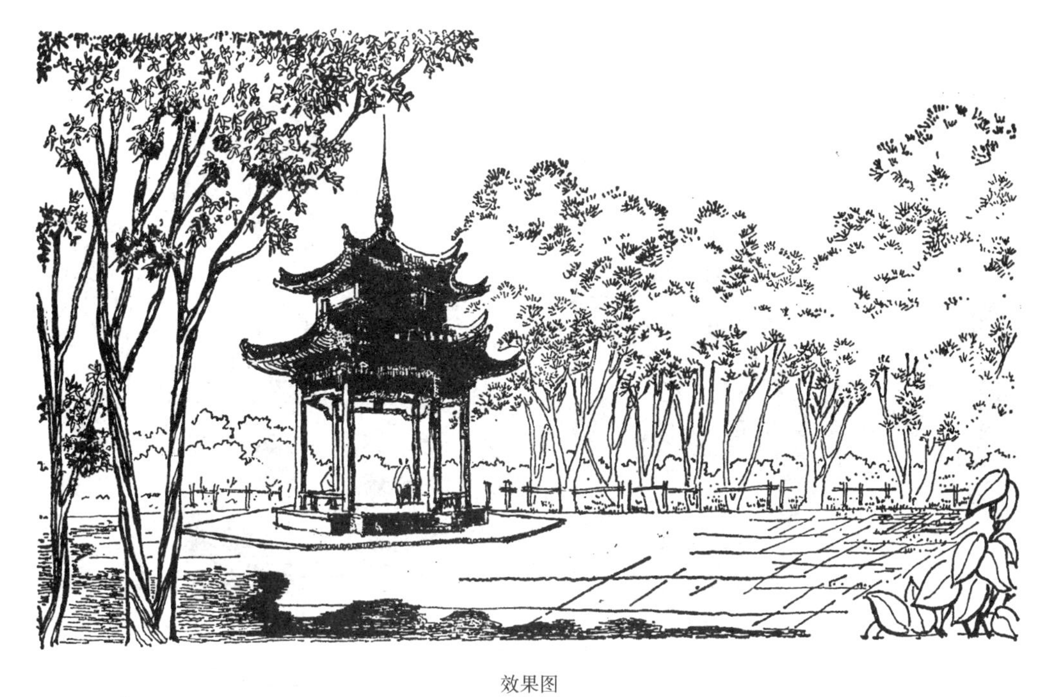

效果图

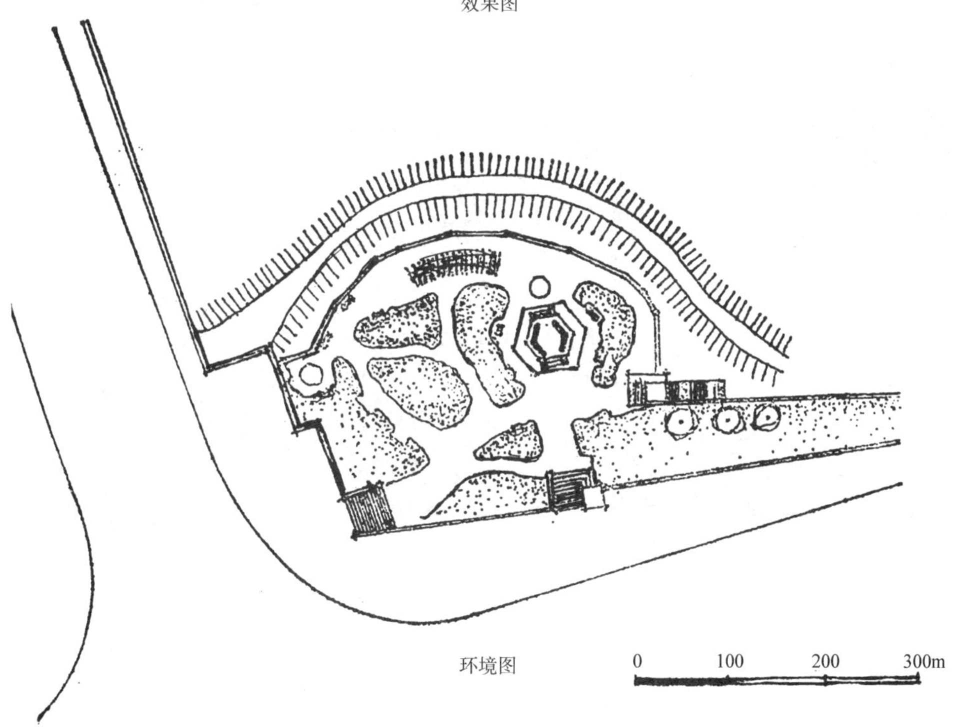

环境图

图 3-2-64　古典亭——平地建亭

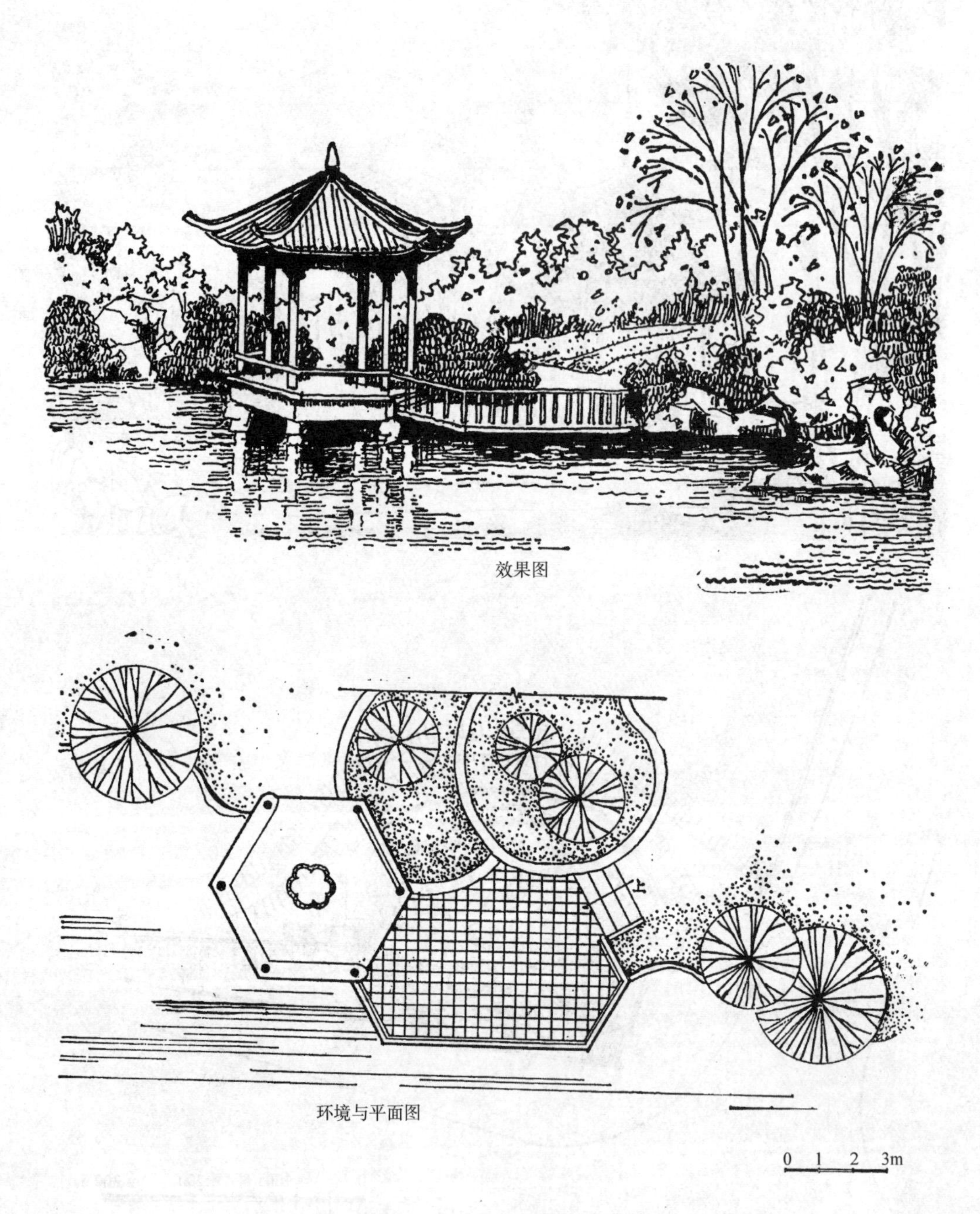

图 3-2-65 上海天山公园六角亭（古典亭）

效果

立面

图 3-2-66　古典半亭（亭的因地制宜设计）

图 3-2-67　兖州市街头绿地三角亭

图 3-2-68　香港某小区休息亭

图 3-2-69　北京龙潭公园方亭

效果

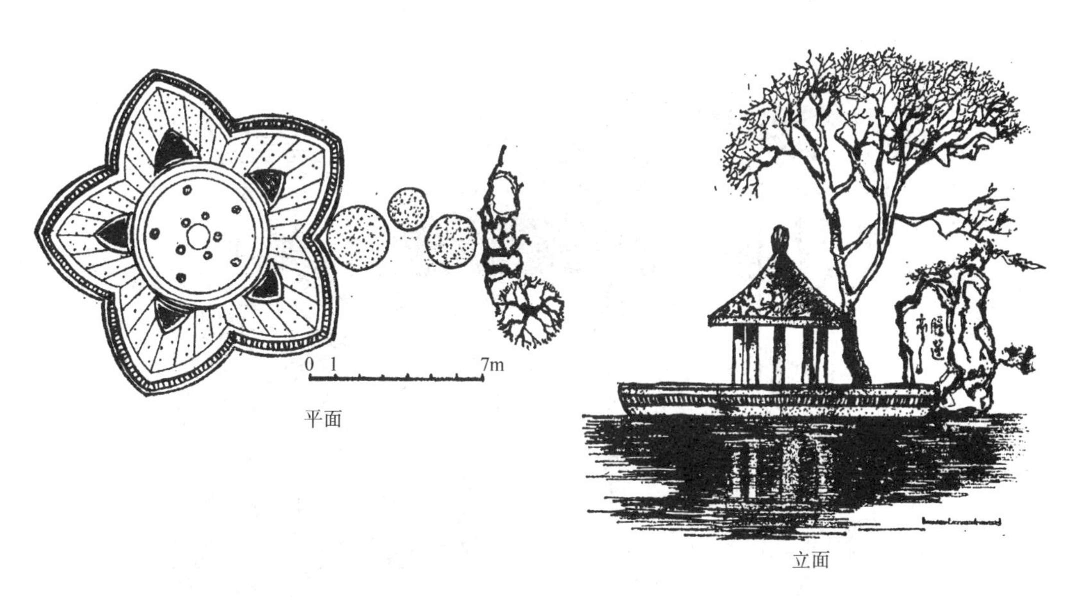

平面

立面

图 3-2-70　圆亭（地方特色）

图 3-2-71　广州白云山某廊

图 3-2-72　广州某园曲廊

（三）类型

1. 单廊（半廊）：一侧通透、一侧封闭或是墙或建筑或以景窗形式半透，起到障景作用，“俗则屏之，佳则围之”，（图 3-2-73）。

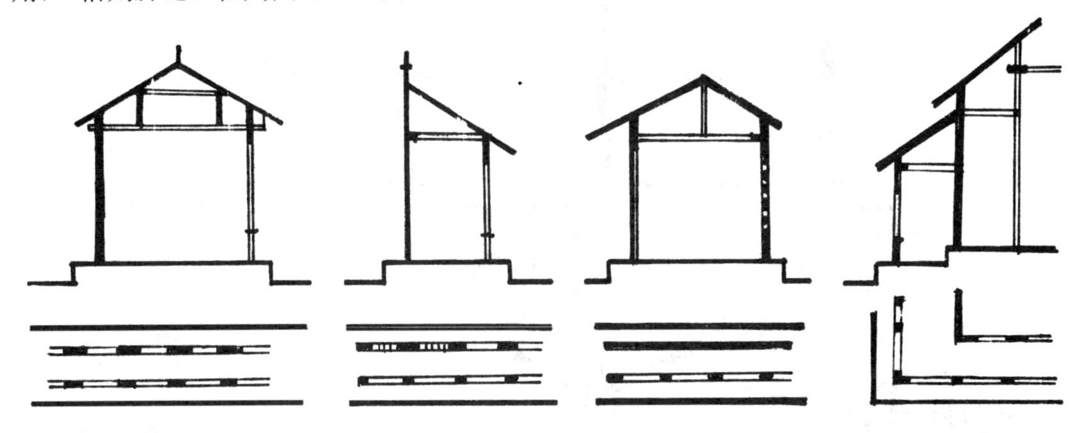

图 3-2-73　单面空廊

2. 空廊：只有屋顶、支柱，四面无墙，多面观景，分隔空间（图 3-2-74）。

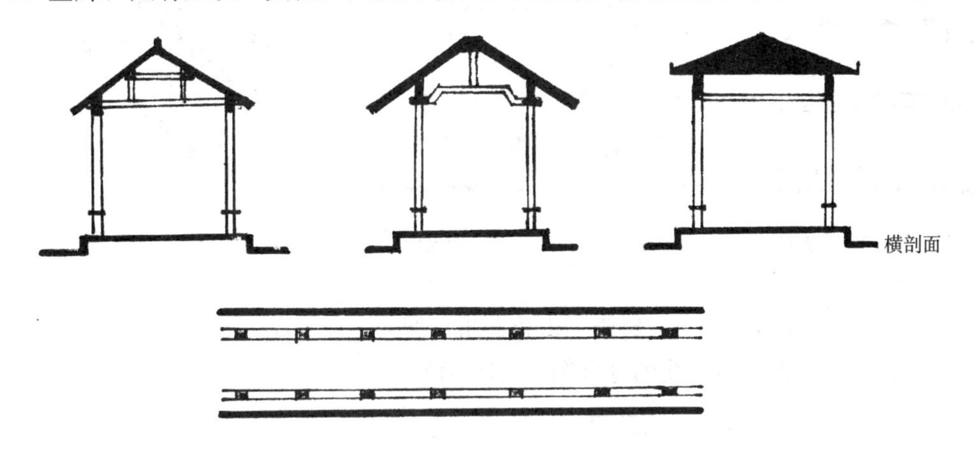

图 3-2-74　双面空廊

3. 复廊：又称两面廊，中间设分隔墙，根据景观设计立意以障景或透景（图3-2-75）。

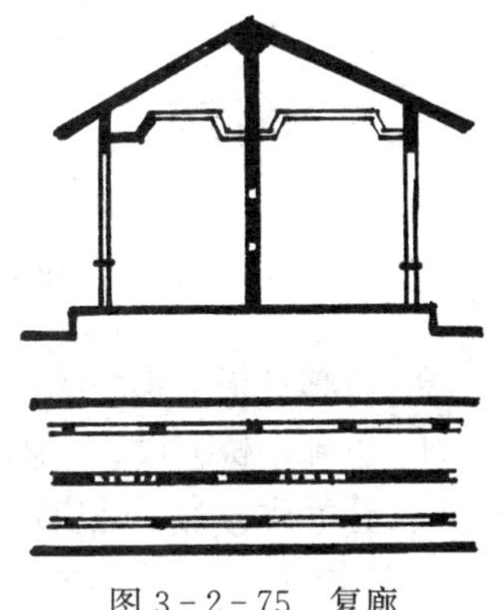

图 3-2-75　复廊

4. 双层廊：分为上下两层，连接不同高度观景场所（图 3-2-76）。

5. 暖廊：可安装玻璃门窗的廊，利于保温防风等要求，常用于盆景等的展出（图 3-2-77）。

6. 单柱廊：属于运用现代材料的产物，廊顶变化自如，由单排支柱支撑廊顶，如现代候车亭形式（图 3-2-78）。

7. 爬山廊：顺地势起伏，蜿蜒曲折（图 3-2-79）。

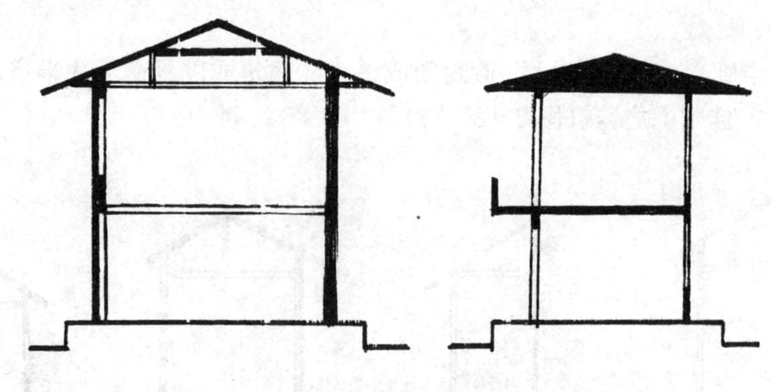

图 3－2－76　双层廊

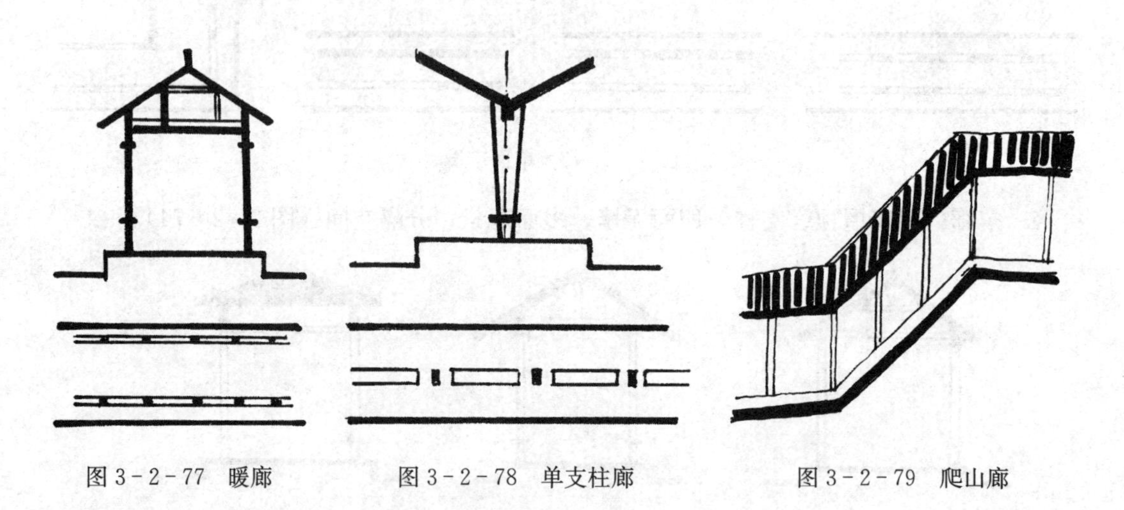

图 3－2－77　暖廊　　图 3－2－78　单支柱廊　　图 3－2－79　爬山廊

8. 曲廊（波折廊）：依墙或离墙，变化曲折（图 3－2－80）。

9. 直廊：流程设计为直线的廊（图 3－2－81）。

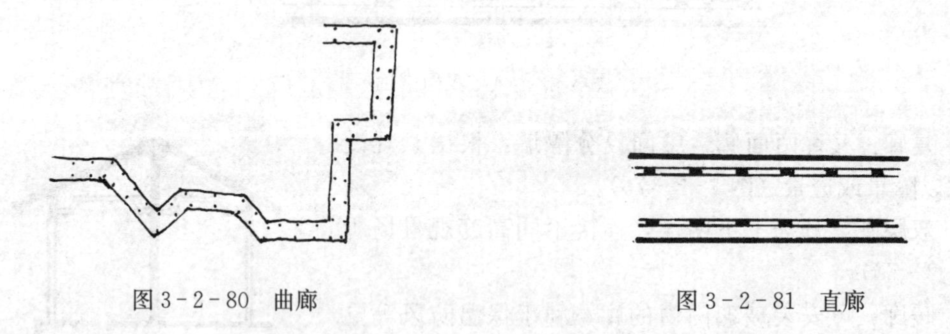

图 3－2－80　曲廊　　图 3－2－81　直廊

10. 回廊：整个廊形成一个闭合的空间，可以循环流动（图 3－2－82、图 3－2－83）。

11. 桥廊：桥上设廊，既满足休息功能，又起到视觉导引和景观功能（图 3－2－84）。

12. 叠落廊：为了适应地形的变化，层层标高递增的廊（图 3－2－85）。

（四）构成

1. 形态构成：廊顶、廊身（柱）、廊基等几部分以及必要的进深、开间等。

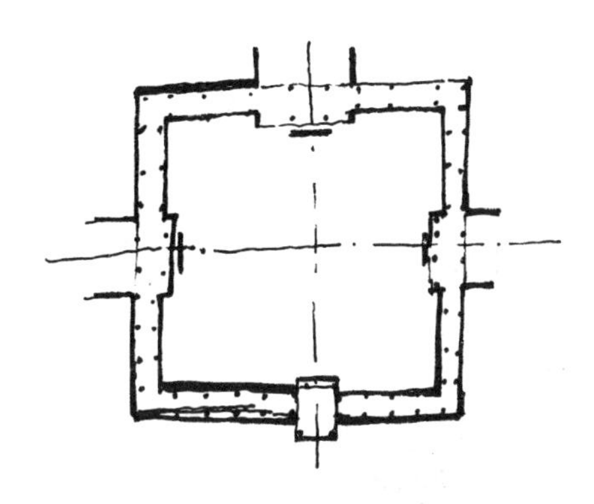

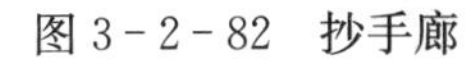

图 3-2-82 抄手廊

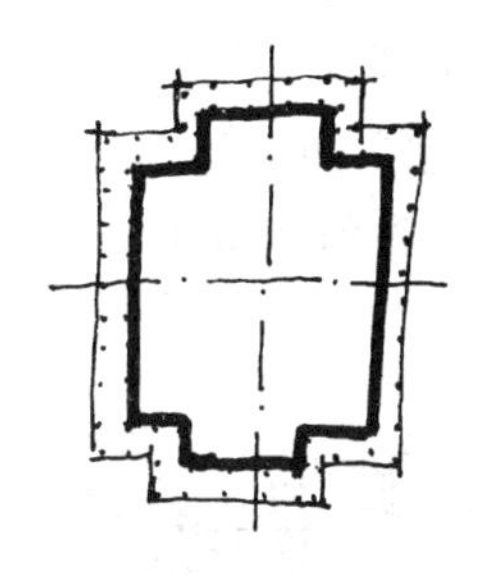

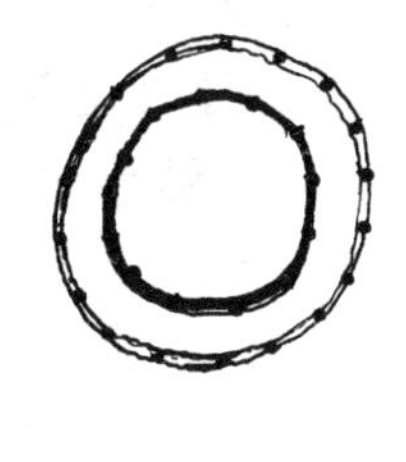

图 3-2-83 回廊

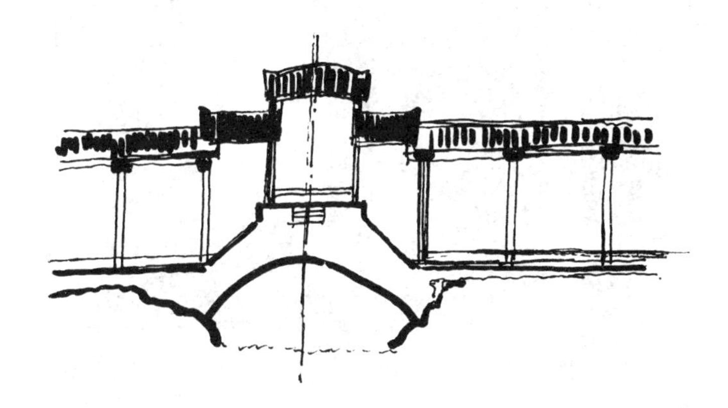

图 3-2-84 桥廊

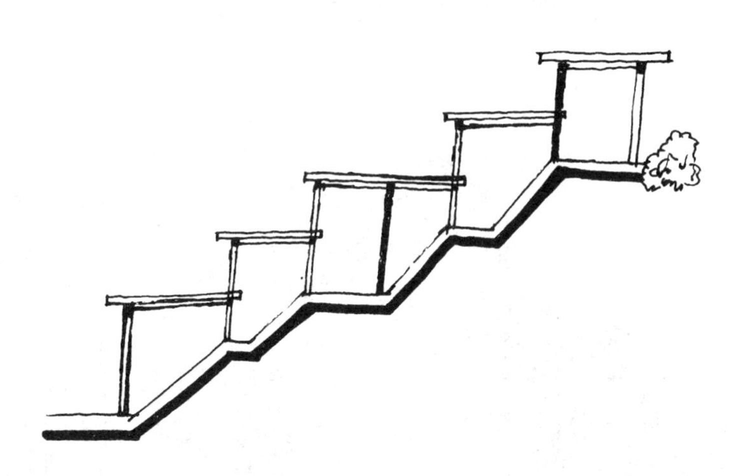

图 3-2-85 叠落廊

2. 材料构成：木材、钢材、铝合金、钢筋混凝土、玻璃钢、石材、玻璃、瓦。

3. 结构构成：廊顶板、保温层、防水层、排水坡度（廊顶和地面）及基础。

（五）设计要点

1. 廊出入口位置要考虑人流集散及局部立面和空间处理。

2. 廊的设计需结合地形与场所环境。

3. 装饰与功能和环境相结合，色彩与设计立意相呼应。如皇家和私家景观廊不同，在居住区和公园内也有所区别。

4. 亭廊组合时应注意立面设计。

5. 运用廊的组织景观和空间功能进行框景、障景等景观塑造（图 3-2-86、图 3-2-87）。

图 3-2-86　广州白云山庄某廊

图 3-2-87　广州动物园曲廊

6. 应和山石、植物、水体等景观要素相结合（图 3－2－88）。

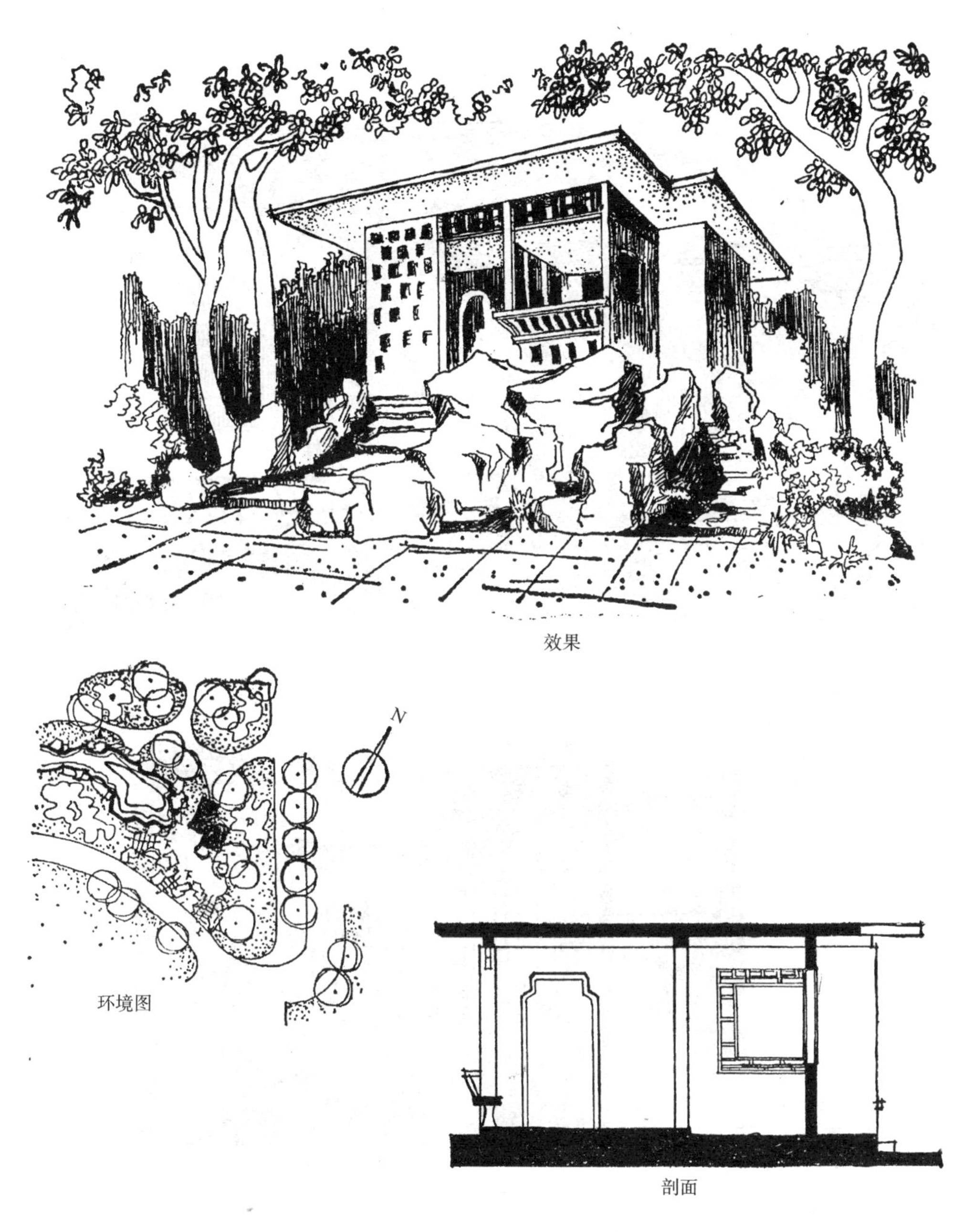

图 3－2－88　廊与植物、山石、水体结合

（六）位置选择

1. 平地：平地建廊应既富于变化又不任意曲折，主要用来分隔空间形成观赏、休息场所，同时又构成空间的丰富景观层次（图 3－2－89、图 3－2－90）。

图 3-2-89　杭州玉泉茶室中的分隔，构成空间的廊

效果

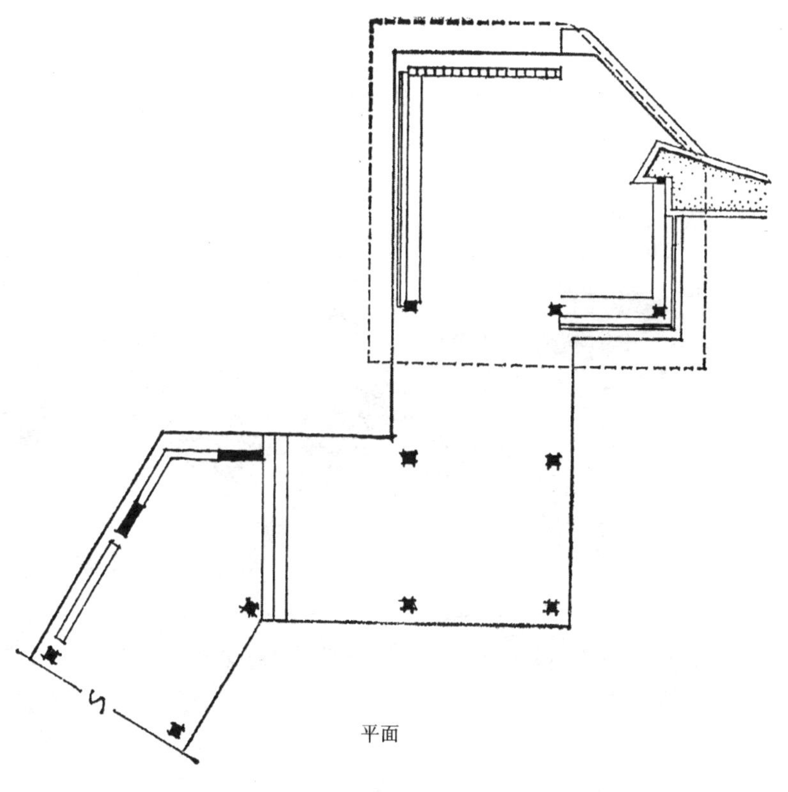

平面

图 3－2－90　平地连接空间的廊

2. 水滨：根据水面的开阔与否、设计意图以及水面的最高、最低与常水位决定廊底面标高。同时要注意安全防护及与周围环境的协调，以观赏休息为主功能，又是观赏点及对景所在（图 3－2－91）。

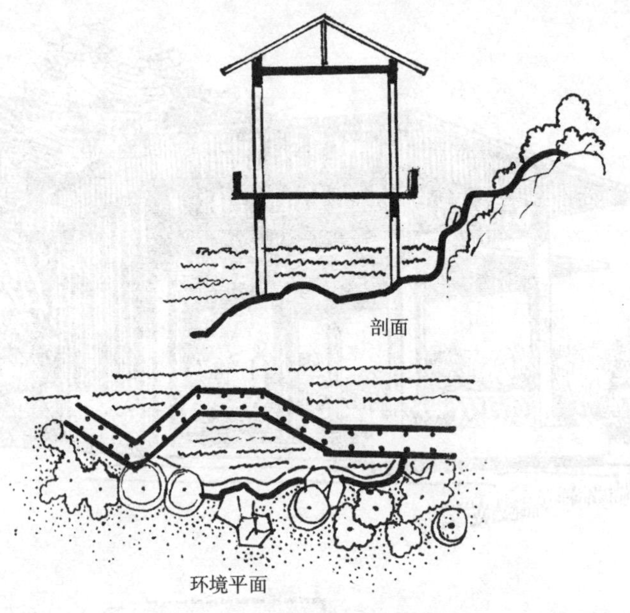

图 3-2-91　水中廊

3. 山地：山地建廊常称为爬山廊，应因地制宜或分段错落或高低衔接，注意地形处理及防滑措施，以连接通道为主要作用（图 3-2-92 至图 3-2-95）。

图 3-2-92　北京北海濠濮涧爬山廊

图 3-2-93 无锡锡惠公园爬山廊

图 3-2-94 无锡锡惠公园垂虹廊

图 3-2-95　苏州拙政园爬山廊

（七）案例

见图 3-2-96、图 3-2-97、图 3-2-98、图 3-2-99、图 3-2-100。

图 3-2-96　上海复兴公园荷花廊

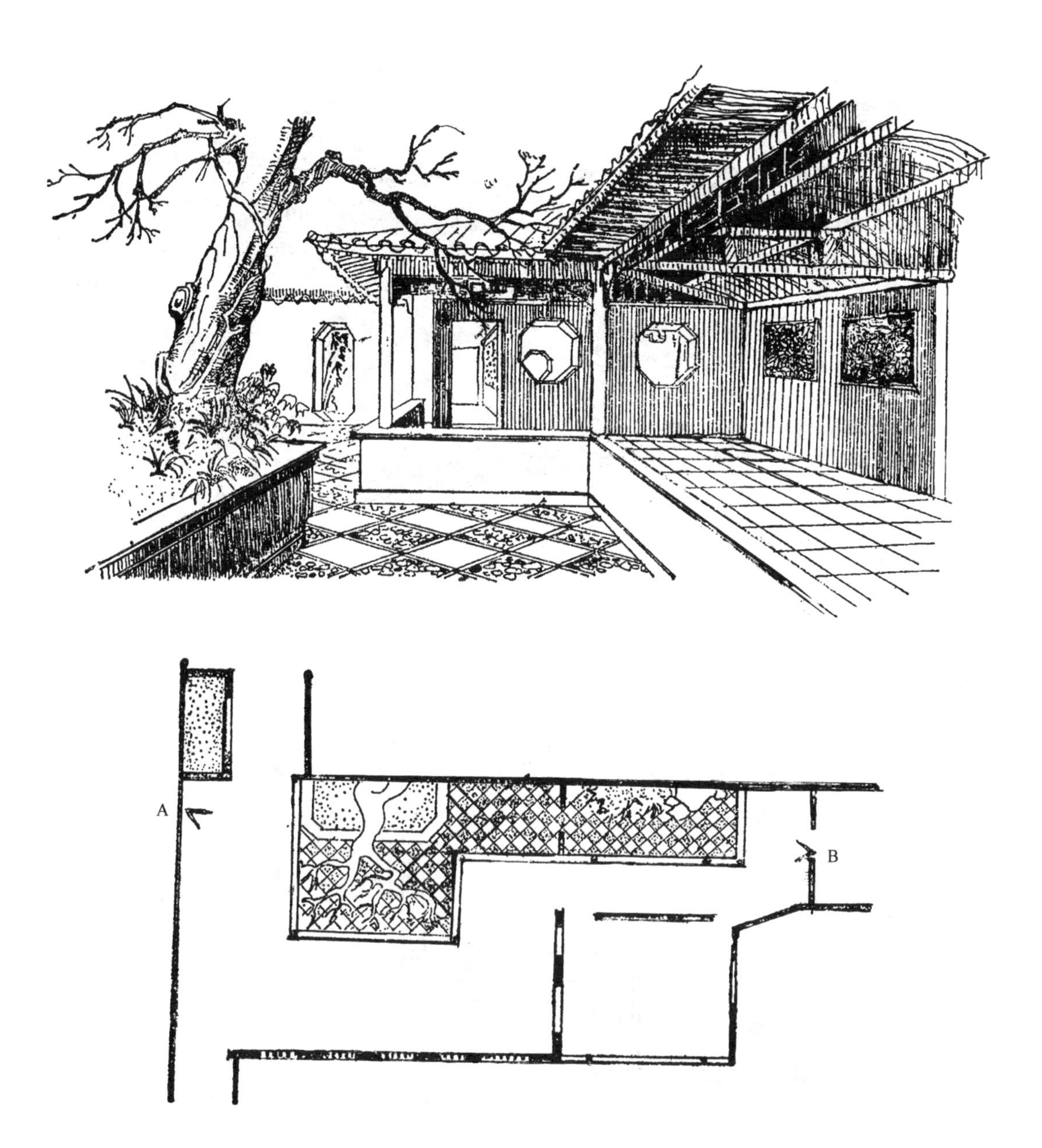

图3-2-97 苏州留园“古木交柯”、“华步小筑”庭院平面与效果

效果图

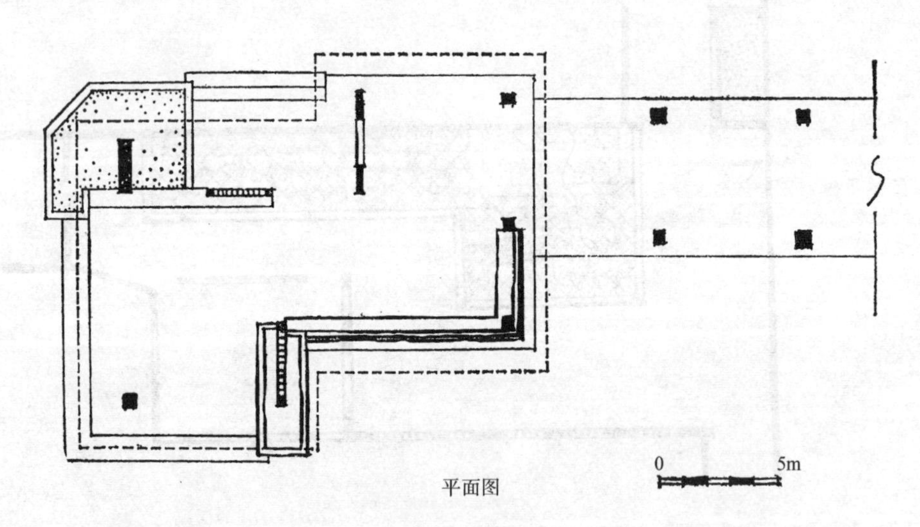

平面图

图3-2-98　上海动物园九曲廊的出入口

图 3-2-99　上海南丹公园花架亭廊

图 3-2-100　亭廊结合

四、花架

（一）花架

花架是园林建筑与植物结合造景的产物。通常顶部为全部或局部漏空，是供藤类作物攀爬，同时能提供休息与连接功能的园林景观建筑。

（二）类型

1. 按柱的支撑方式有：单柱式 、双柱式、圆拱式（图 3-2-101、图 3-2-102）。

2. 按组合形式分为：单片式、独立式 、直廊式 、组合式（图 3-2-103、图 3-2-104）。

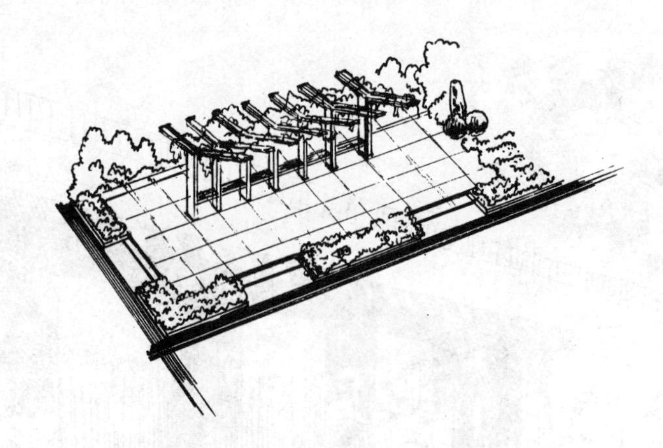

图 3-2-101　单柱式花架组合

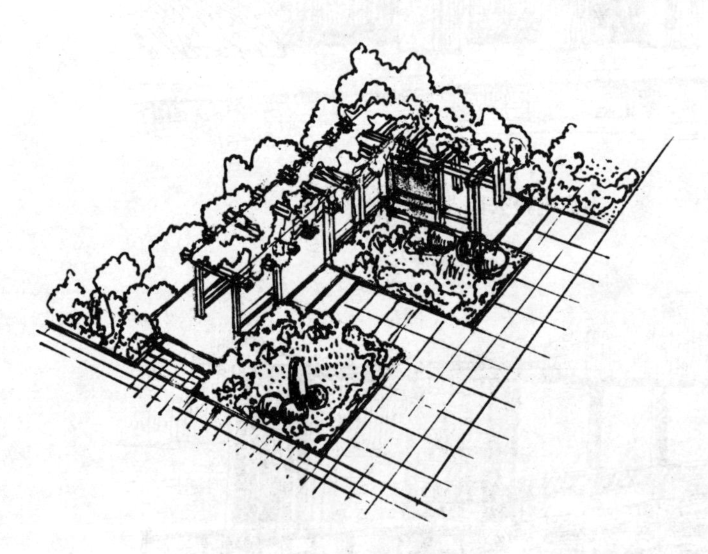

图 3-2-102　双排柱花架

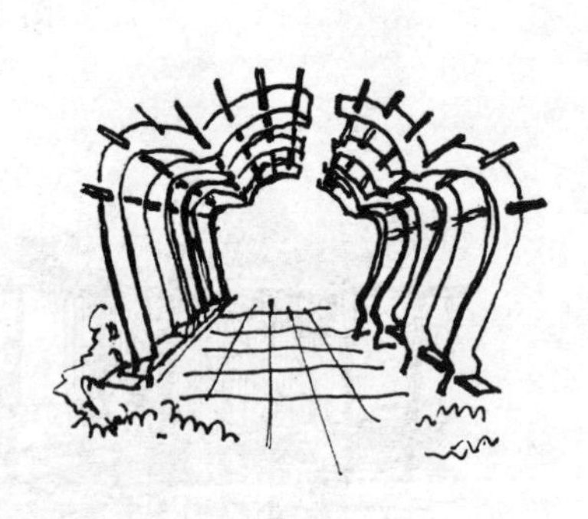

图 3-2-103　单片组合花架——图底式

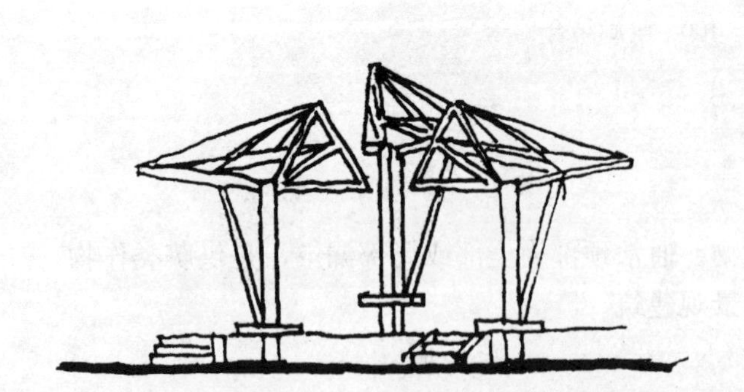

图 3-2-104（1）　独立式花架组合

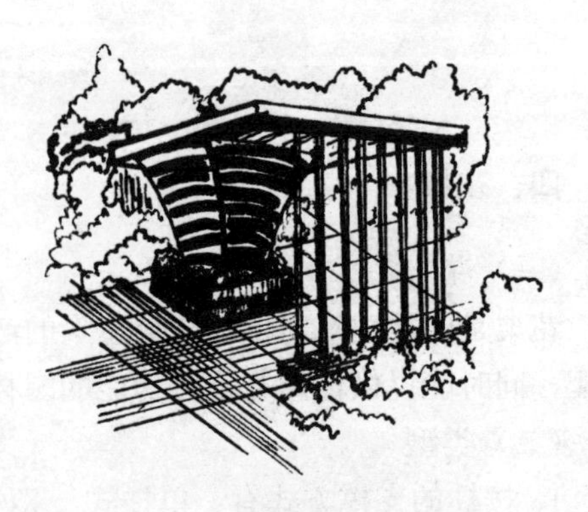

图 3-2-104（2）　柱、架组合（系统化设计）

3. 按廊顶形式分为：平顶式 、坡顶式 、单面坡、两面坡（图 3－2－105、图 3－2－106）。

图 3－2－105　坡顶茅屋式花架

图 3－2－106　平顶式花架

4. 按上部结构受力方式有：

（1）简支式：多用于曲折错落地形，由两根支柱和一根横梁组成；

（2）悬臂式：又分为单挑和双挑，可环绕花坛、水池、湖面为中心而布置成圆环形成花架，忌分散、孤立，可以是条式、板式、板中镂空式；

（3）拱门钢架式：多与环境相协调，如入口、水面等（图 3－2－107）；

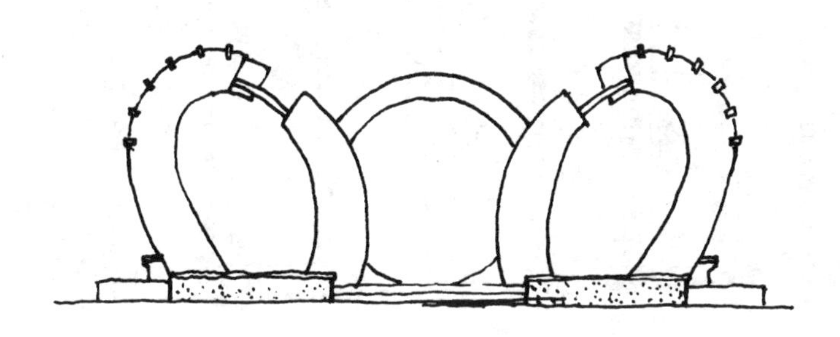

图 3－2－107　拱门钢架入口

（4）组合单体花架。

5. 按垂直支撑方式有：

（1）立柱式：独立式方柱及长方、小八角、海棠截面柱、变化截面柱；

（2）复柱式：平行柱、V 形柱、八字柱等复合柱的支撑等；

（3）花墙式：清水花墙、天然石板墙、水刷或白墙等（图 3－2－108、图3－2－109）。

（三）构成

1. 形态构成：架顶、架身、架基三部分。架条、梁、柱、凳、基础（台阶）种植台等。

花架梁有直线式、曲线式、折线式（如三角形）等形式；梁柱结合方式有邻（接）触

图 3-2-108　南京药物园花架

图 3-2-109　广州某宾馆屋顶花园花架

式、嵌入式，底面有多种处理，主要是面层的处理。

2. 材质构成：木材、竹类、金属类（钢材）、钢筋混凝土、砖、玻璃钢、组合材料、玻璃等。

3. 结构构成：花架条、梁、柱、基础、圈梁、地梁、垫层、面层、种植台结构（饰面、骨架层，常有砖、混凝土、木等）、垫层等。

（四）设计要点

1. 花架设计应与所用植物材料相适应，种植池的位置可灵活地布置在架内或者架外，也可以高低错落，结合地形和植物的特征布置。

2. 花架尺度空间应与场所范围大小，观赏视距相适应。开间与进深适宜。

3. 依设计立意，造型灵活，风格与造型统一。

4. 装饰外表适于近距离观赏。

5. 花架体量尺度设计要点：

（1）高度：2.5～2.8m，一般常用2.3m、2.5m、2.7m等；

（2）开间与进深：开间3～4m之间，进深常用2.7m、3.0m、3.3m；

（3）与植物配合：注意花架、构件及线脚处理。

6. 设计常用手法：

加—加；减—减；联—联；改—改；扩—扩；变—变；反—反等手法。

（五）位置选择

1. 规划上有山地、水面、屋顶、平地等几个部分。

2. 连接交通枢纽处，可以组织交通道路成为过渡性空间。

3. 欣赏景观处，在一定景观空间范围内为所设景观的欣赏创造冬暖夏凉的条件。

（六）作用

1. 连接交通组织游览；

2. 场所景观要素，分隔构成空间；

3. 自身成为景观点；

4. 休息场所，观赏空间。

（七）案例

见图3－2－110、图3－2－111、图3－2－112、图3－2－113。

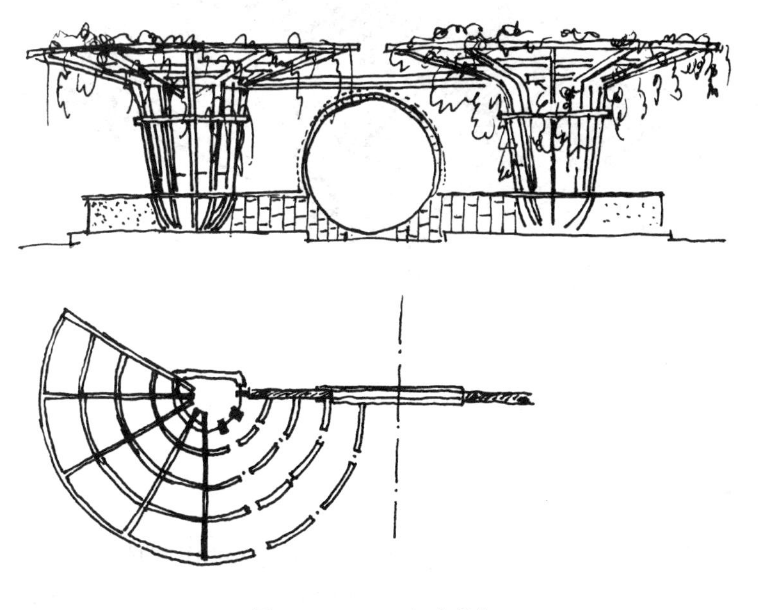

图3－2－110　组合花架

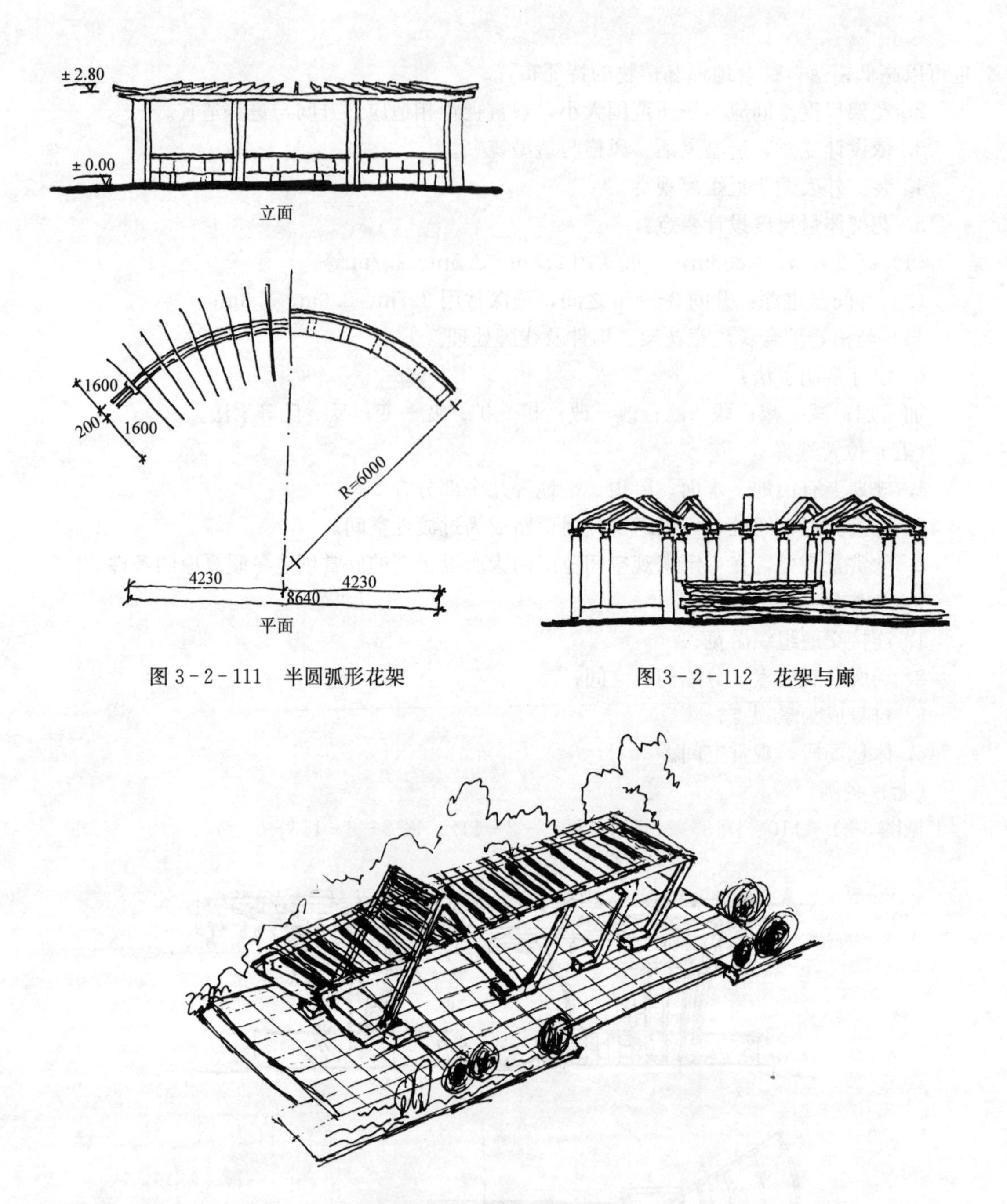

图 3-2-111　半圆弧形花架

图 3-2-112　花架与廊

图 3-2-113　花架与廊、亭结合

五、榭、舫

榭、舫和亭等属于性质相近的园林建筑设施，其共同的作用是满足游人的休息和观赏的功能，同时也起到点景和观景的作用，与自然环境相比它是环境的一部分，但就整个园林景观而言，其自身又具有景观功能，具有一定的视觉和导向作用。榭与舫的建筑风格上也多以轻松、自然为主。二者与亭等的不同之处在于建设选址不同，榭与舫常常建于水边，强调与水的要素的结合。

（一）榭

1. 榭：主要为游人休息和观赏景物而设。同时又可以在此品茶纳凉。通常位于花旁、水旁、山旁等。《园冶》中“榭者，藉也。藉景而成者也。或水边，或花畔，制亦随态。”也就是说榭这种园林建筑设施是凭藉着周围景色而构成的，它的结构根据自然环境的不同而变化，形式多样。

2. 类型：根据建设地点的不同常常分为花榭、水榭、山榭等，见图3-2-114至图3-2-127。

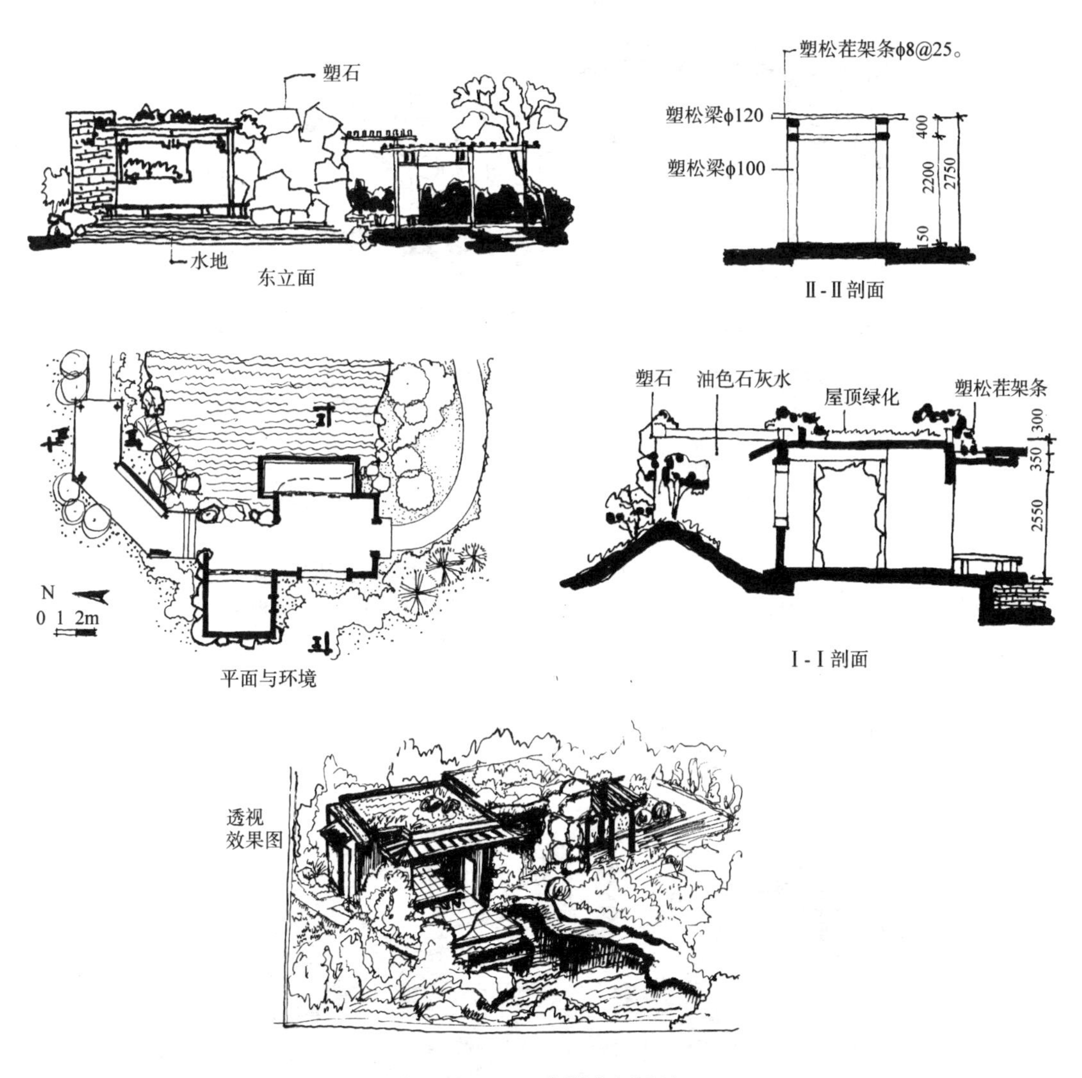

图3-2-114　水榭案例设计1

该水榭位于深圳“锦绣中华”山顶活动区内，内外环境交织体现景观特征，采用立体景观设计理念，唯亲水平台的空间划分显得过于拥挤、狭小。

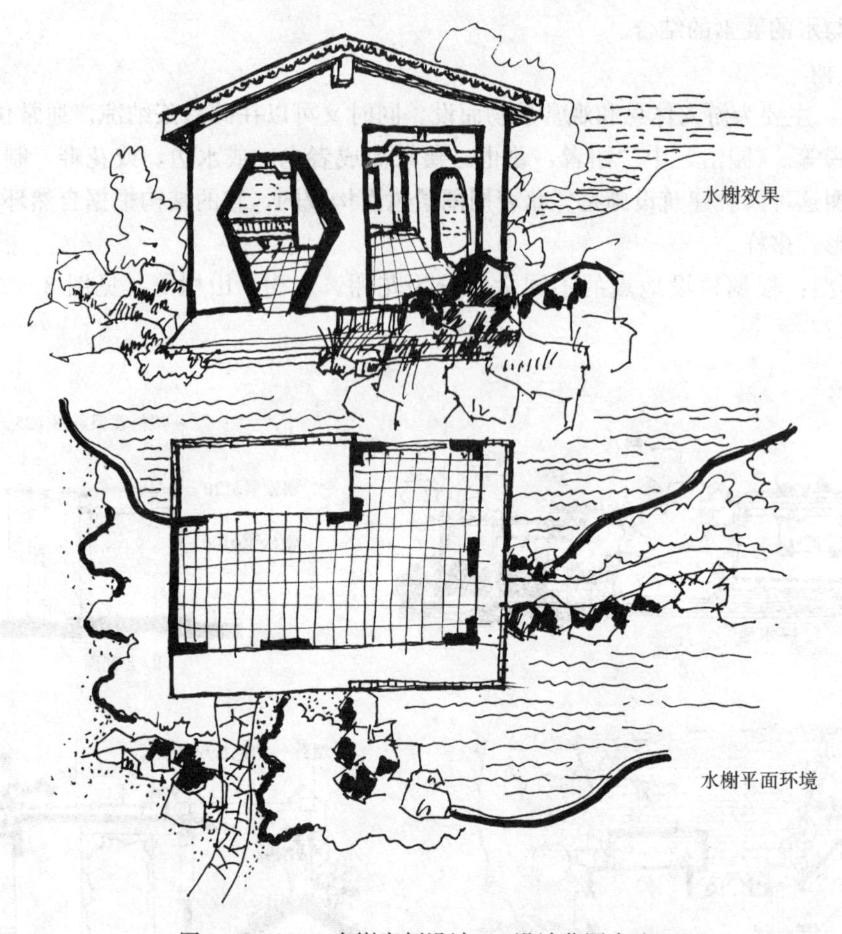

图 3-2-115　水榭案例设计 2（设计草图表达）

该水榭特点是平面构图从简单方形开始，从立面的旋转对称到内外空间安排、流程合理、构形简洁、造型既反映传统风格，又体现现代气息。

图 3-2-116　水榭案例设计 3

水榭设计体现与水环境设计特征，屋顶形式变化灵活、立面活泼、空间变换错落，唯岸边亲水平台安全考虑不够。

图 3-2-117　水榭案例设计 4

该水榭与盆景展览结合，位于南方城市，造型简洁大方，有南方轻盈特色，交通组织较好。

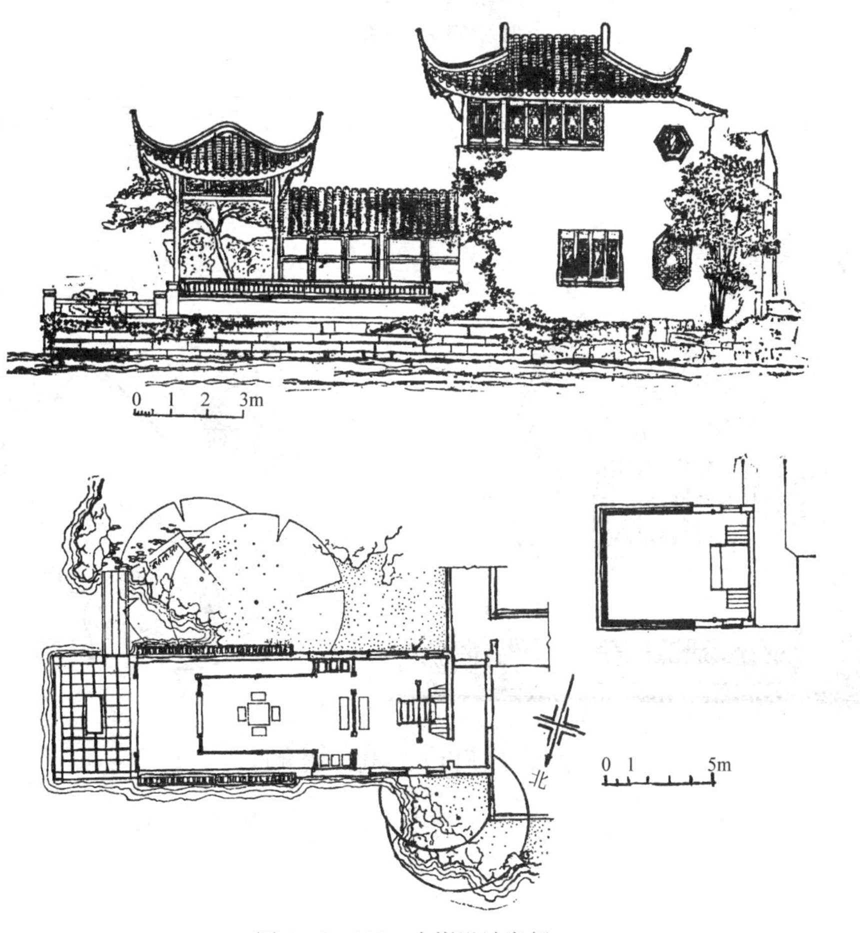

图 3-2-118　水榭设计案例 5

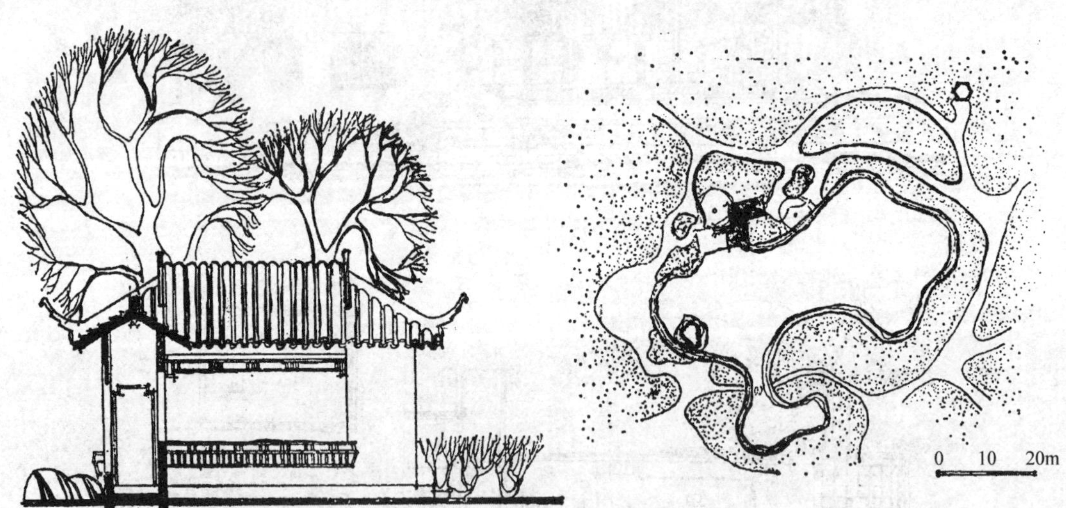

图 3-2-119 水榭设计案例 6

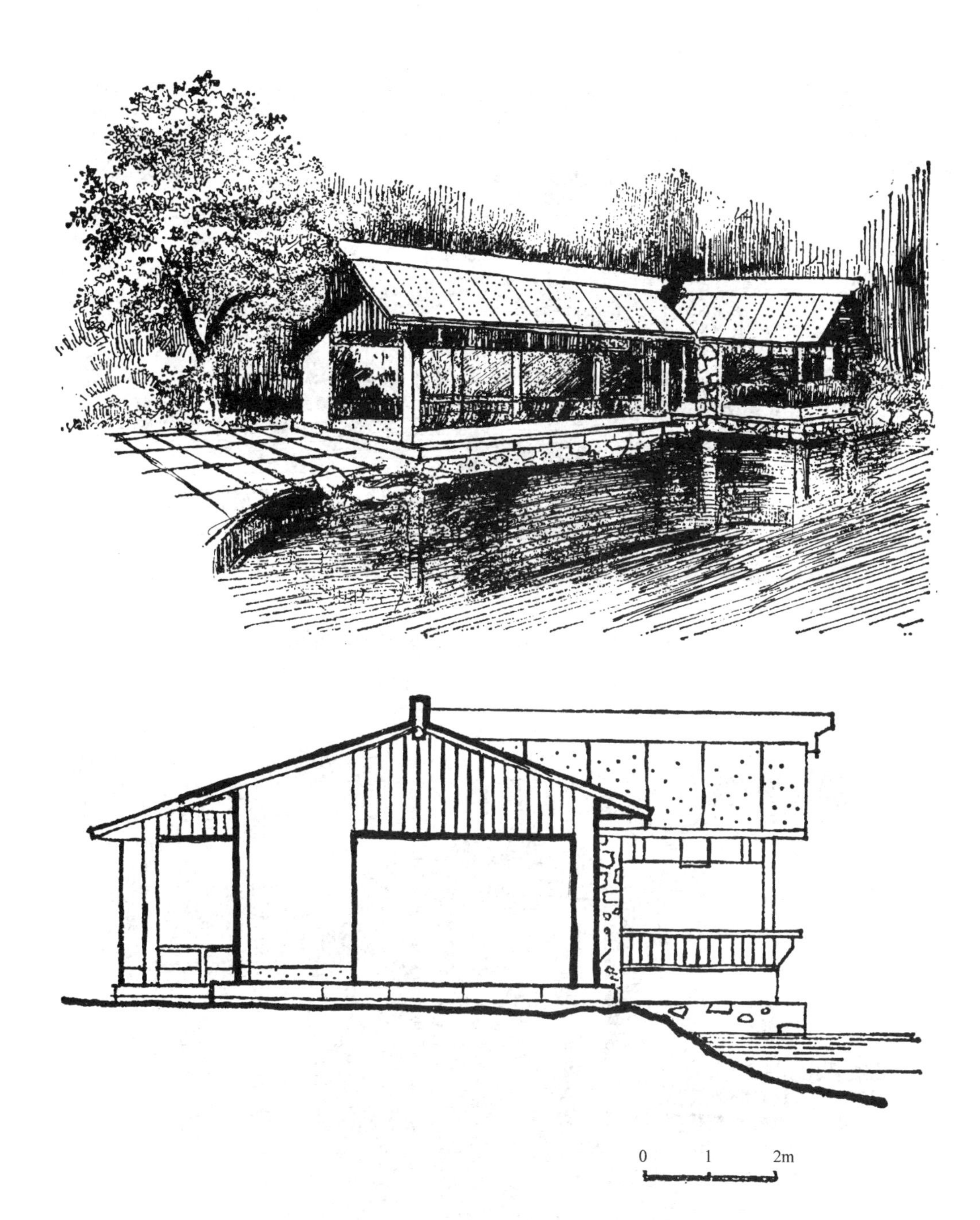

图 3-2-120　水榭设计案例 7

图 3-2-121　水榭设计案例 8（北京颐和园谐趣园水榭）

图 3-2-122　水榭设计案例 9（上海南园水榭）

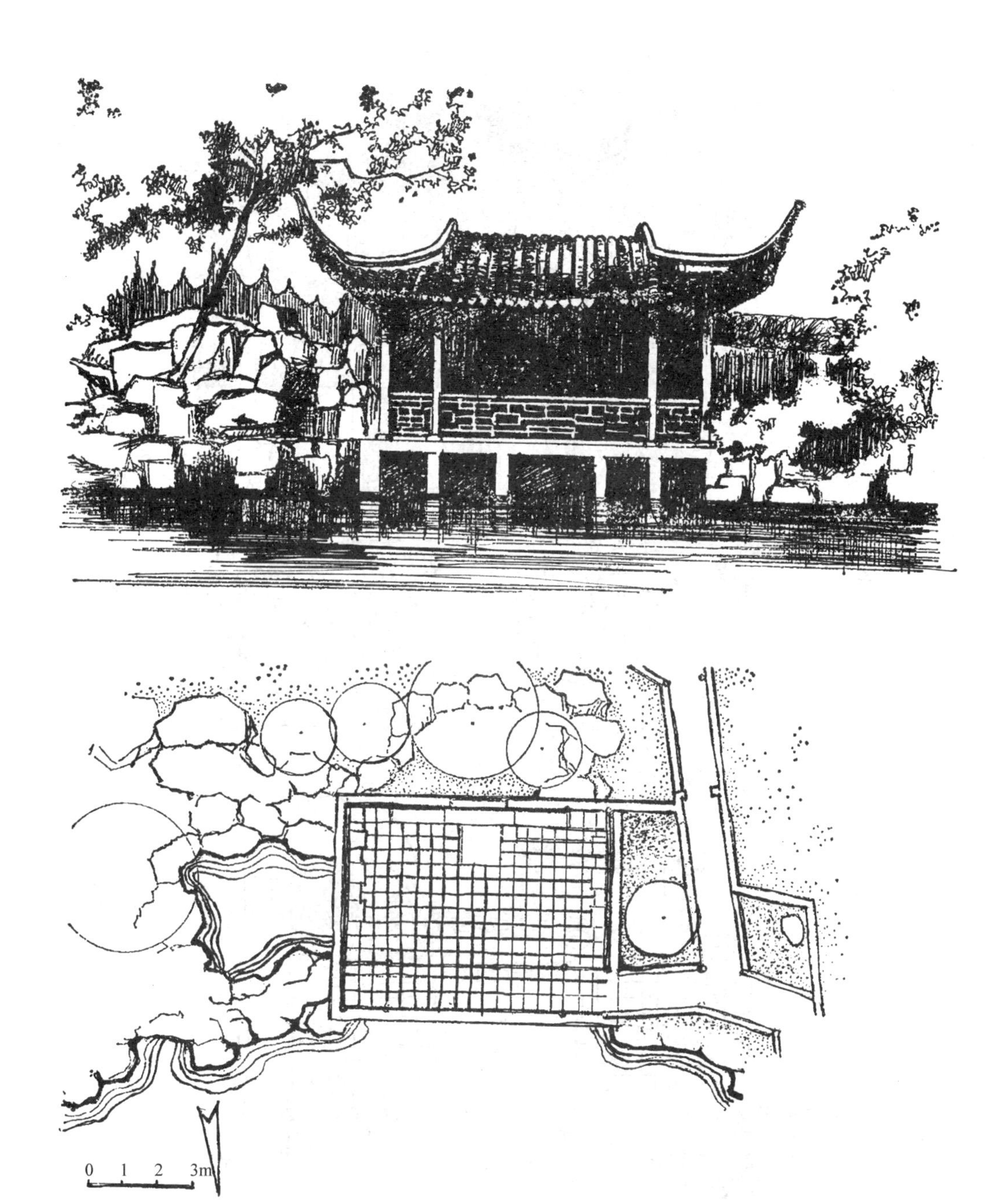

图 3-2-123 水榭设计案例 10

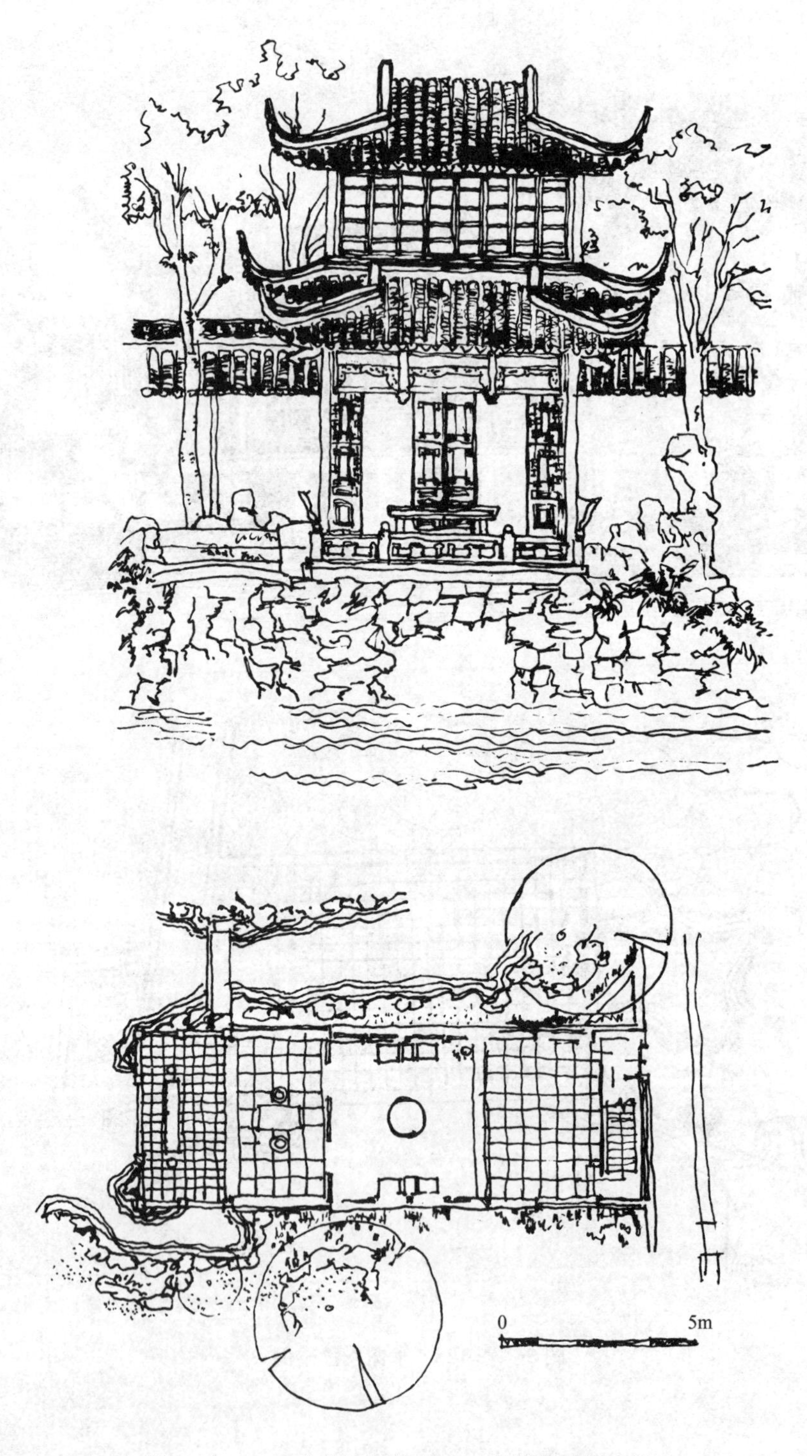

图 3 - 2 - 124　水榭设计案例 11（苏州拙政园香洲）

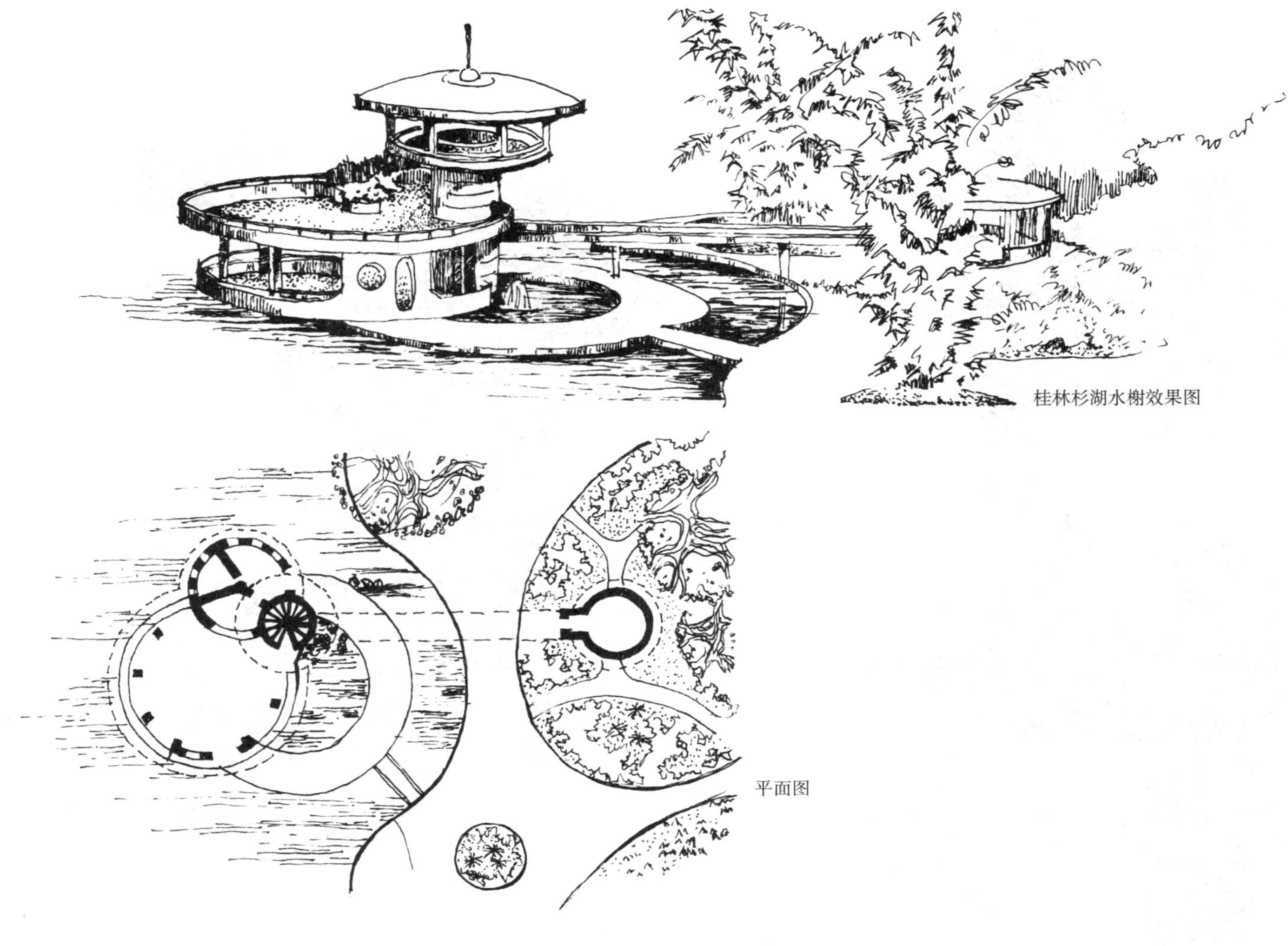

图 3-2-125　水榭设计案例 12

图 3-2-126　某花榭

图 3-2-127　花榭与花架结合

（二）舫

是为游人提供纳凉、消暑、迎风赏月、观花品境、小型餐饮的场所，通常位于水边等有一定视野范围的场所。又有平舫和楼舫等类型，见图 3-2-128 至图 3-2-133。

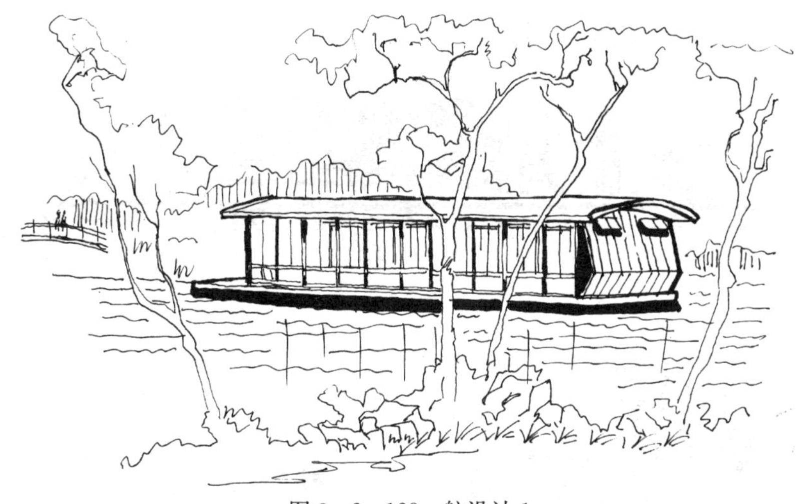

图 3-2-128　舫设计 1

类似船的形式，结合当地船的特点，似飘在水上一般

图 3-2-129　舫设计 2

又称石木系舟，以船造型，具浓厚南方风格，轻灵

图 3-2-130　舫设计 3

石舫，具北方风格

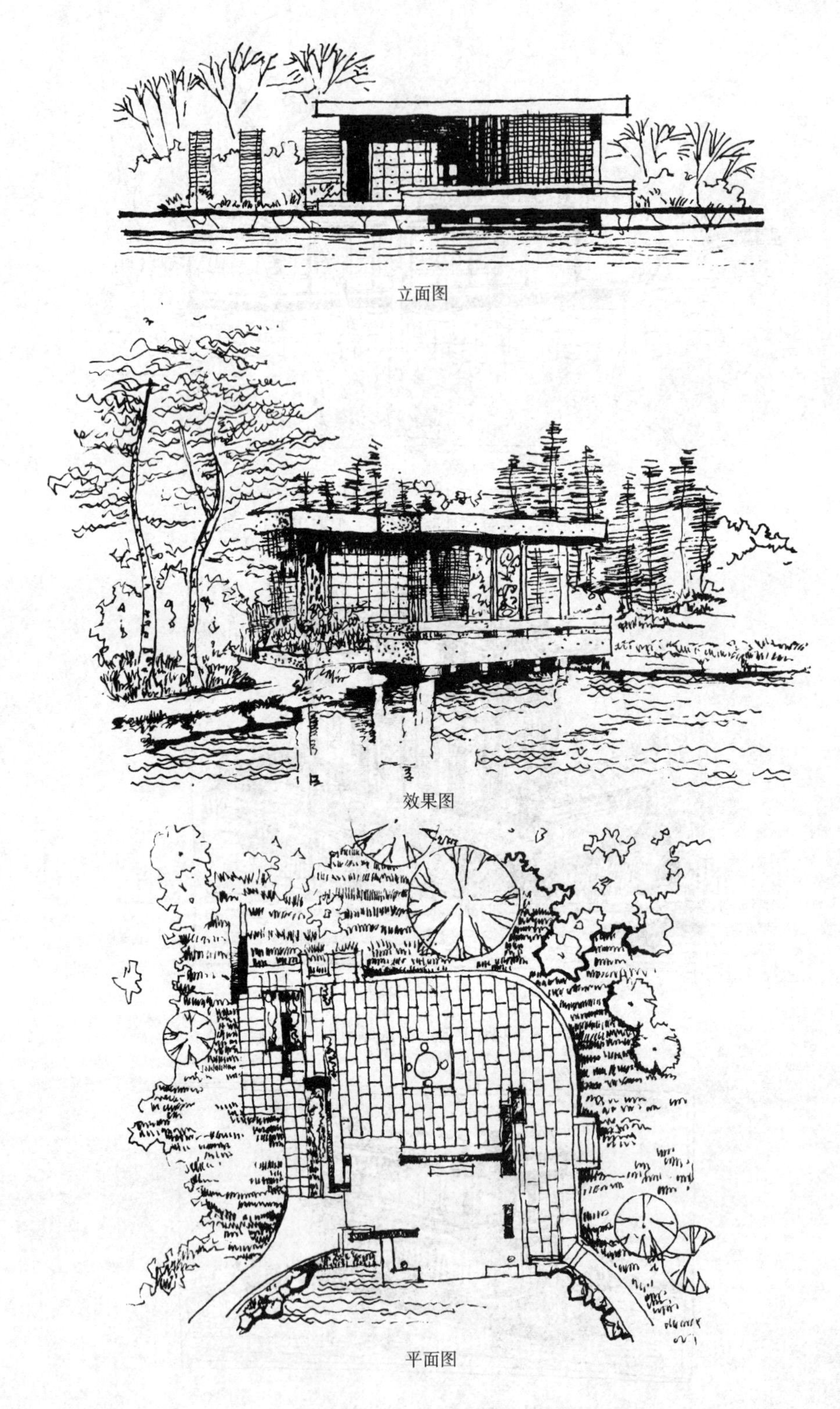

立面图

效果图

平面图

图 3-2-131　舫设计 4，平舫

效果图

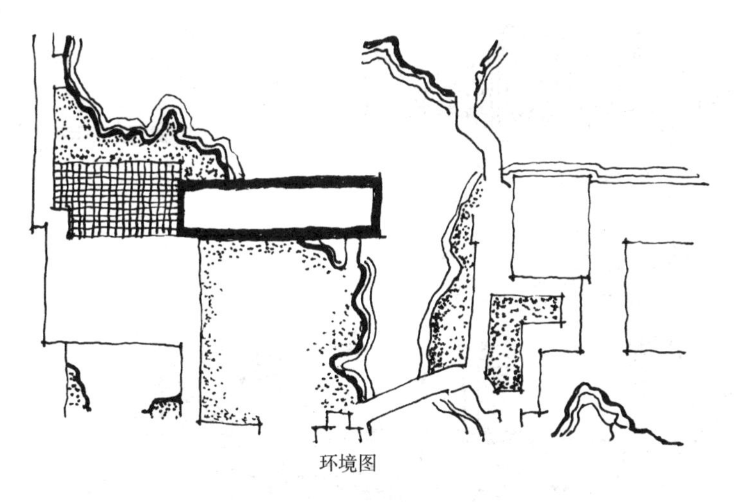

环境图

图 3-2-132　舫设计 5，楼舫

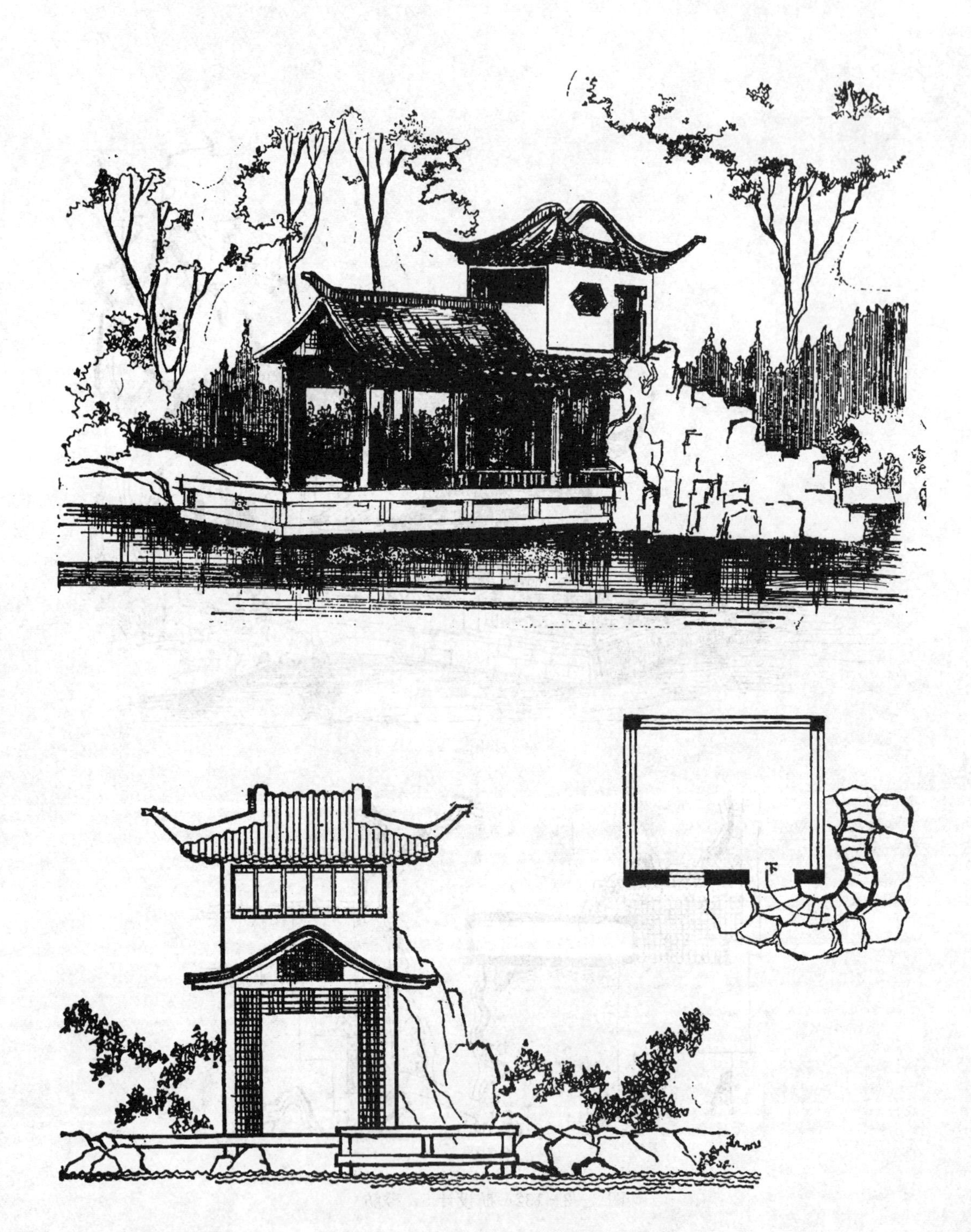

图 3-2-133　舫设计 6，楼舫与山石结合

第三节　景观娱乐设施

一、儿童游乐设施

（一）儿童游乐设施：

供儿童游乐、开心益智、玩耍的设施器具。

（二）类型：

1. 按体量规模分为小型娱乐设施，如沙坑、涉水池、滑梯、网跳、秋千、爬杆、绳具、转盘、迷宫、爬梯，大型娱乐设施如摩天轮、飞机等较为复杂的设施（图 3－3－1 至图 3－3－8）。

图 3－3－1　爬梯

图 3－3－2　攀爬

图 3－3－3　滑梯

图 3－3－4　攀架

图 3－3－5　趣味爬架

图 3-3-6　游戏墙（1）

图 3-3-7　游戏墙（2）

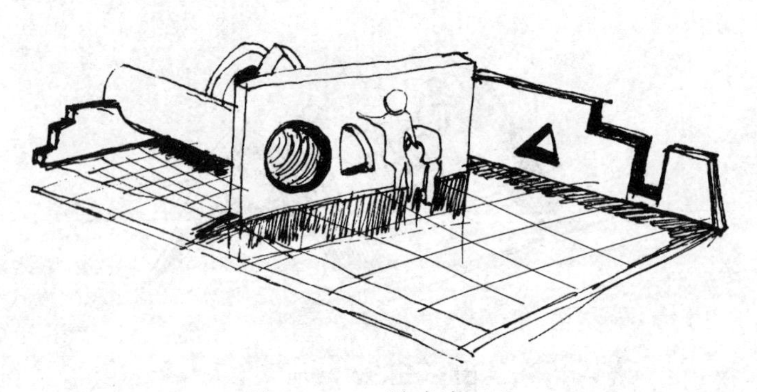

图 3-3-8　游戏墙（3）

2. 按服务用途又可分为益智游戏设施、健体设施、娱乐设施（图 3-3-9 至图 3-3-14）。

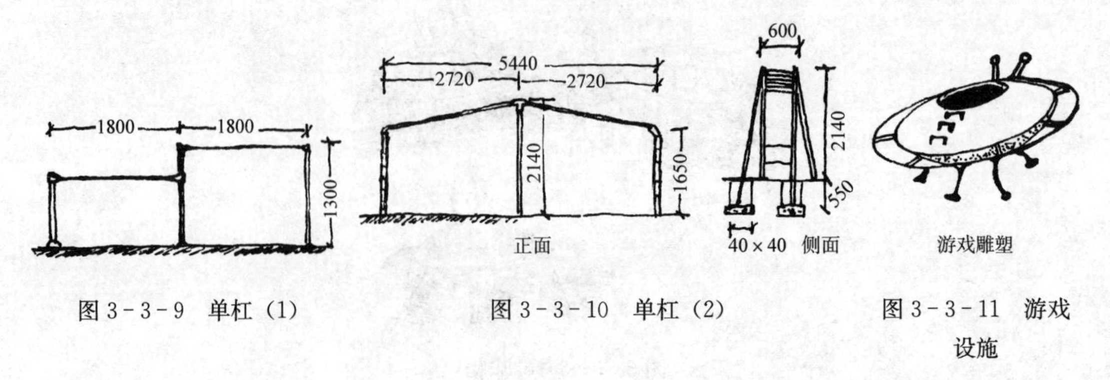

图 3-3-9　单杠（1）　　图 3-3-10　单杠（2）　　图 3-3-11　游戏设施

图 3－3－12　爬杆

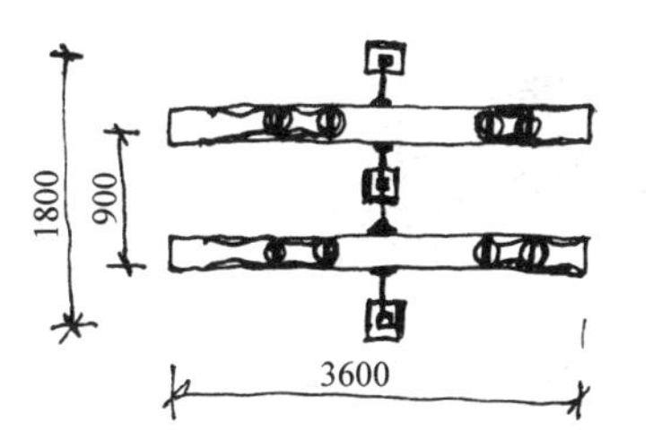

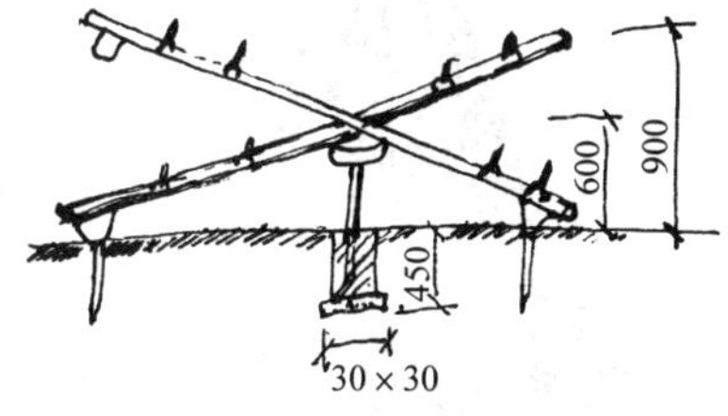

图 3－3－13　跷跷板

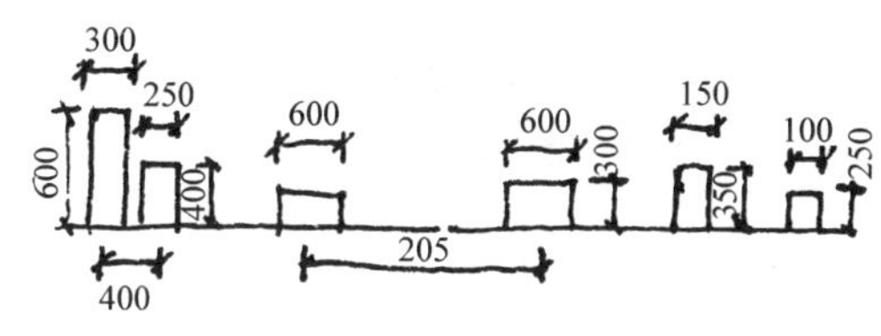

图 3－3－14　游戏桩步

（三）构成：

1. 形态构成：形态多奇特，色彩鲜艳。

2. 材料构成：钢材、铁、木、竹、玻璃钢、石、植物、绳、网等（图 3－3－15 至图 3－3－21）。

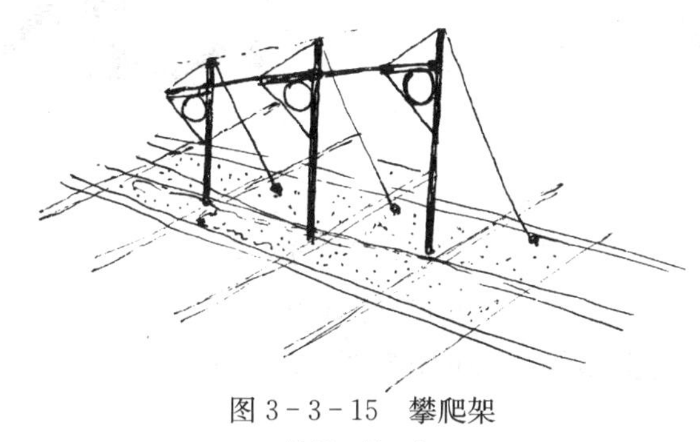

图 3－3－15　攀爬架

材料：铁、钢

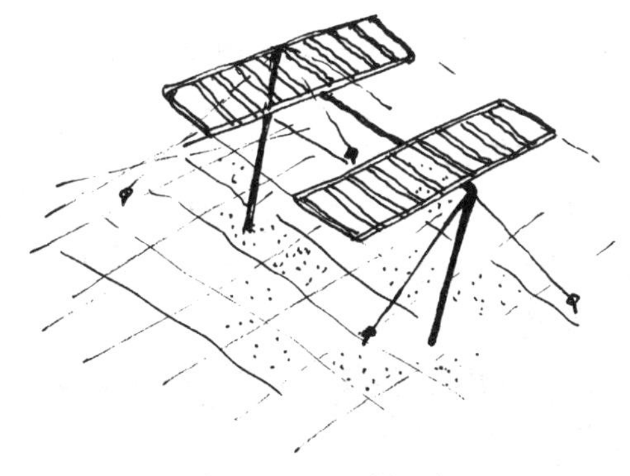

图 3－3－16　攀爬架

材料：铁、钢或木材

图 3－3－17　仿生攀爬架

材料：玻璃钢

图 3-3-18　迷宫攀爬（益智）
材料：玻璃钢、铁

图 3-3-19　爬网
材料：钢、铁、绳

图 3-3-20　智力攀爬
材料：钢、铁、绳

图 3-3-21　滑梯与攀爬结合
材料：钢、铁、玻璃钢

3. 结构构成：地上部分，地下固定部分。

（四）设计要点：

1. 设计要符合儿童行为及心理尺寸（参见儿童身体基本尺寸表 3-4）。

2. 符合儿童生理要求：身体发育的需要；神经系统能力发展需要；内脏器官能力的发育。

3. 智力要求：冒险、韵律、超越、征服、好奇、感觉。

4. 情绪要求：耐性、精神紧张、松弛、锻炼（图 3-3-22、图 3-3-23）。

5. 社会价值与道德修养：思考、判断、独立、责任、义务。

6. 充分考虑设施规格化、生产工厂化及经济性能优良。

7. 考虑安全问题：根据儿童行为的特点以及反应缓慢特性器械设计要充分考虑安全。如器具棱角的圆滑处理、地面铺装的软质材料等（图 3-3-24）。

8. 材料耐久、安全、稳定（图 3-3-25）。

9. 单一功能向多功能发展（图 3-3-26）。

儿童身体基本尺寸表（cm） **表 3-4**

测定部位 \ 年龄			3岁	4岁	5岁	3～5岁	
			平均值	平均值	平均值	最大	最小
直立姿势	身长	男	97.8	103.9	110.5	112.1	97.7
		女	97.7	103.5	109.1	110.7	94.1
	眼睛高度	男	82.5	88.9	93.8	94.2	81.9
		女	82.6	87.6	92.4	93.0	82.3
	肩高度	男	77.0	81.3	88.2	89.5	76.0
		女	76.7	83.3	86.5	88.5	73.0
	臀高度	男	54.3	58.8	62.8	63.1	53.6
		女	54.8	58.8	62.5	62.5	53.3
	腰高度	男	53.2	58.8	61.7	64.5	52.0
		女	54.0	58.2	61.3	63.0	51.5
	膝高度	男	28.7	31.2	32.3	33.0	28.5
		女	28.0	30.7	32.0	34.0	26.0
坐于椅上	坐高	男	61.3	66.7	68.3	72.5	60.0
		女	62.2	61.7	66.0	67.5	57.5
	眼睛高度	男	43.8	46.6	48.6	48.9	43.5
		女	43.6	46.0	48.4	48.8	42.9
	臀高度	男	16.0	16.7	17.8	18.3	15.8
		女	15.9	16.9	18.1	18.6	15.2
	椅子高度	男	23.6	24.5	25.7	26.5	22.8
		女	23.3	24.3	26.2	26.3	22.3
宽度	头宽度	男	18.3	16.5	17.5	19.5	16.0
		女	17.0	16.3	17.3	18.0	15.0
	肩部宽度	男	23.8	23.5	27.3	28.0	23.0
		女	23.2	22.7	24.8	26.5	22.0
	胸部宽度	男	20.3	19.2	21.7	23.0	18.5
		女	19.7	19.3	21.0	22.0	18.0

注：本表数据为日本有关方面测得，仅供参考。

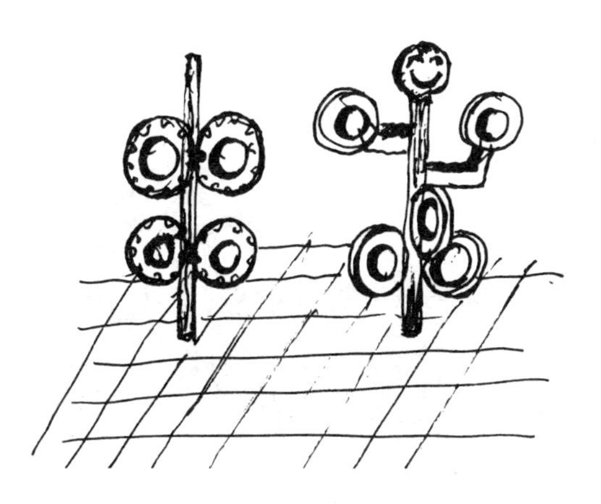

图 3-3-22　废轮胎爬梯

图 3-3-23　荡椅

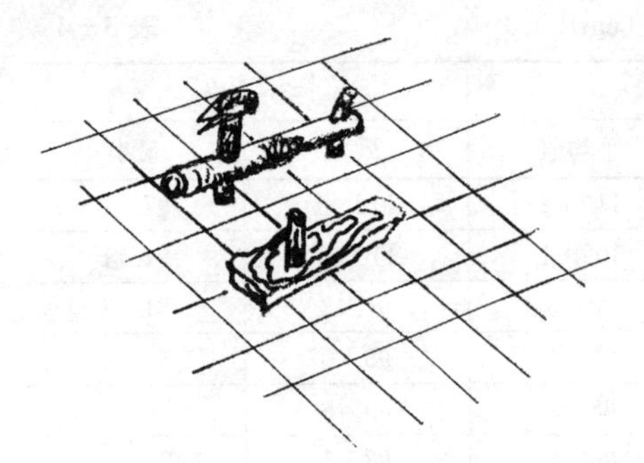

图 3-3-24 仿生小凳

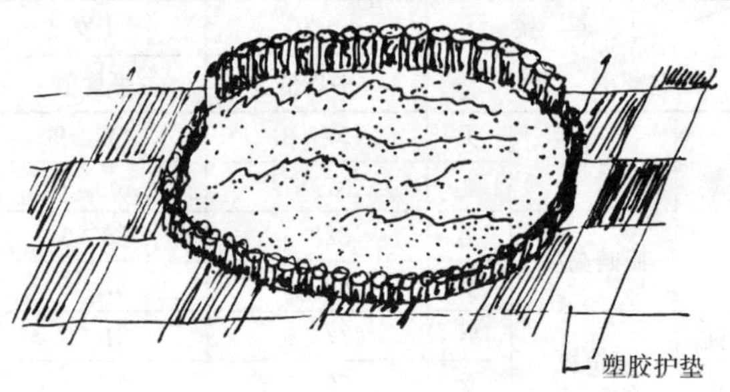

图 3-3-25 沙坑

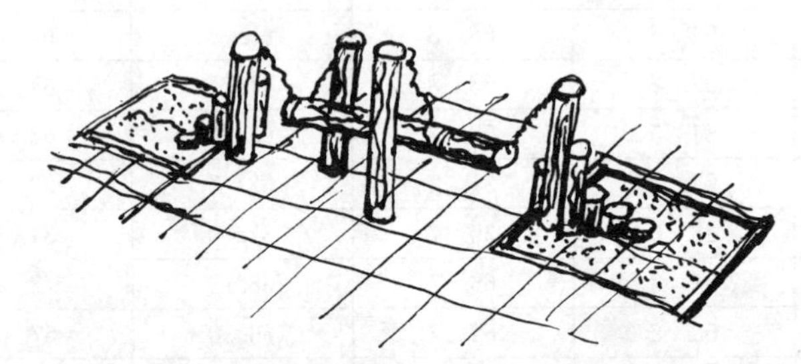

图 3-3-26 沙坑、荡木、爬架组合

10. 选取便于维护的构造材料。

11. 满足单体和群体活动需要（图 3-3-27、图 3-3-28、图 3-3-29）。

图 3-3-27 滑梯与沙坑组合

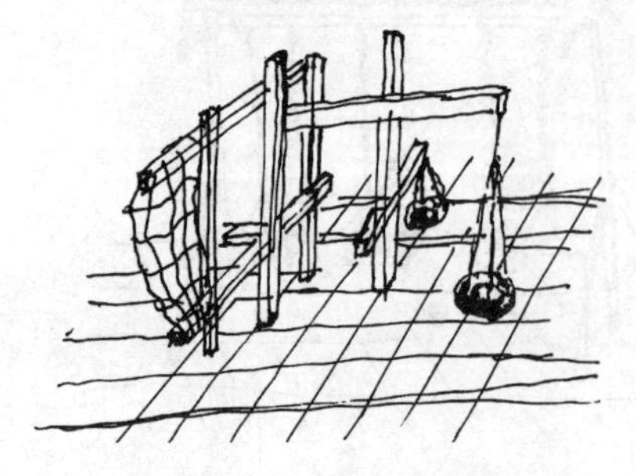

图 3-3-28 组合游戏设施

图 3-3-29 组合攀架

（五）场址选择：

1. 要在监护人易于看到的视野范围内。

2. 安全性：勿靠近车道旁边，周围应有防护绿篱，地面不宜太硬（图 3－3－30、图 3－3－31）。

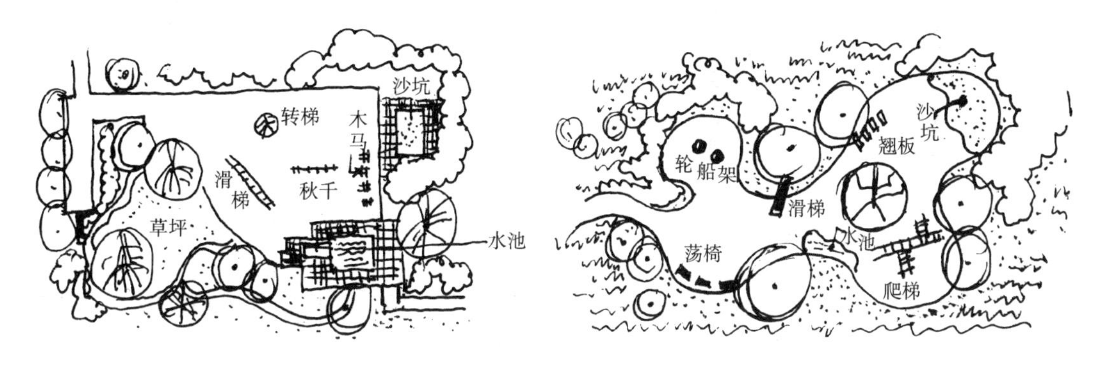

图 3－3－30　游戏场设计（1）　　图 3－3－31　游戏场设计（2）——自由式

3. 避免冲突性：与成年人活动的场所，如篮排球等剧烈运动的活动场地相隔离。

4. 集中性：可以将相似活动性质的各种设施集中布置，不同性质可分散或分类布置。

二、成年人健身、娱乐设施

（一）界定：

是供成年人健身、娱乐而用的设备。

（二）类型：

1. 轻型和重型：

轻型的如随时可供健身的压腿、锻炼胳膊、腰等身体部位的器材，其简单、易造、占地小，可批量布置于景观环境中，其无噪声影响，可于路边环境空间、广场边缘、游园一角皆可安排（图 3－3－32 至图 3－3－35）。

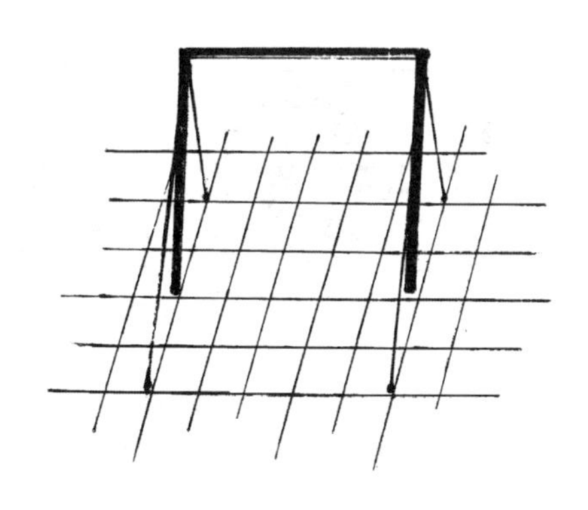

图 3－3－32　成人健身游戏单杠

图 3－3－33　成人游戏双杠

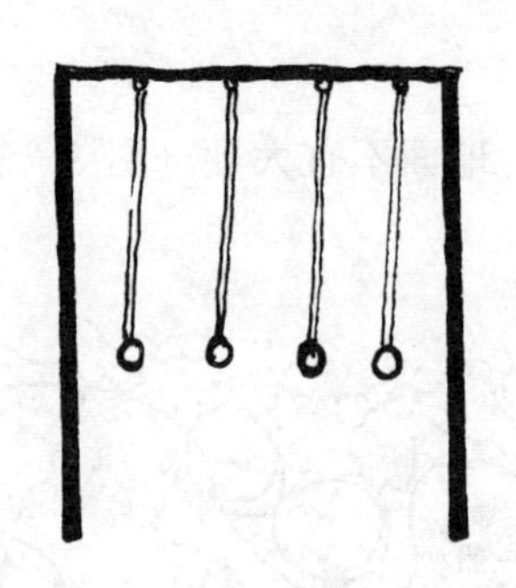

图 3-3-34　成人游戏吊环

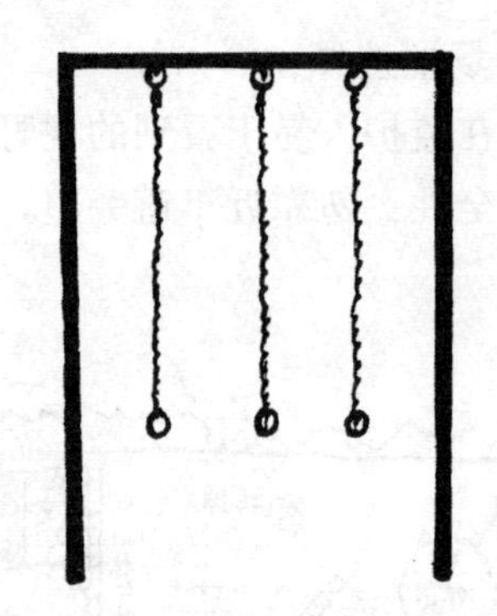

图 3-3-35　（双、单）手秋千

大型或重型的娱乐设施宜集中布置，如网球场、篮球场、乒乓球等运动设施，尤其是过山车、摩天轮等大型设施需要与其他空间相隔离。

2. 健身、益智型和刺激冒险型：

健身、益智型设施如摇轮、躺椅、动作协调等设施，刺激冒险型如射击打靶、空中滑翔、冲浪、蹦极等有一定的危险性的活动设施，这样的设施需要有专业人员的培训与示范并单独设置（图 3-3-36、图 3-3-37、图 3-3-38、图 3-3-39）。

图 3-3-36　磨棒

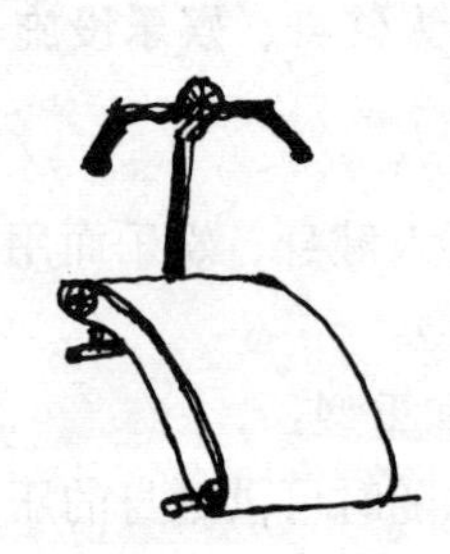

图 3-3-37　跑步机

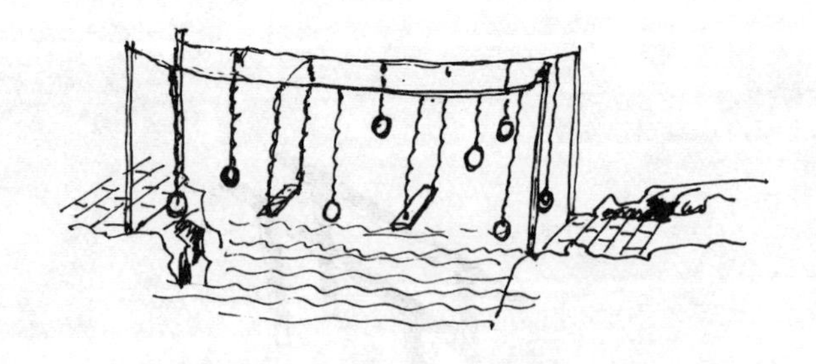

图 3-3-38　组合环荡桥

图 3-3-39　太空球漂渡

（三）构成：

1. 形态构成：造型优美、简洁、有趣、实用（图 3-3-40）

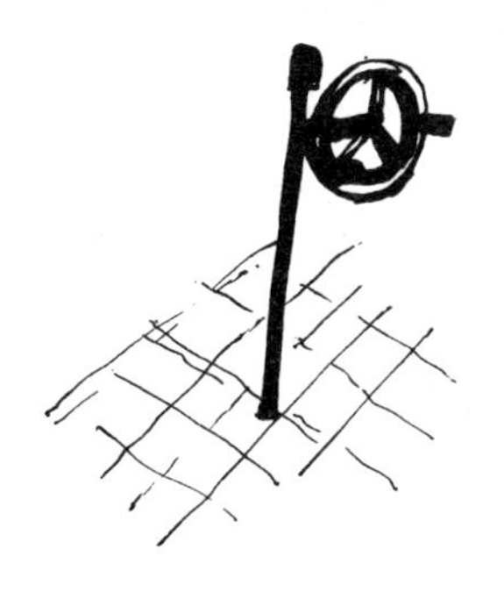

图 3-3-40　转轮

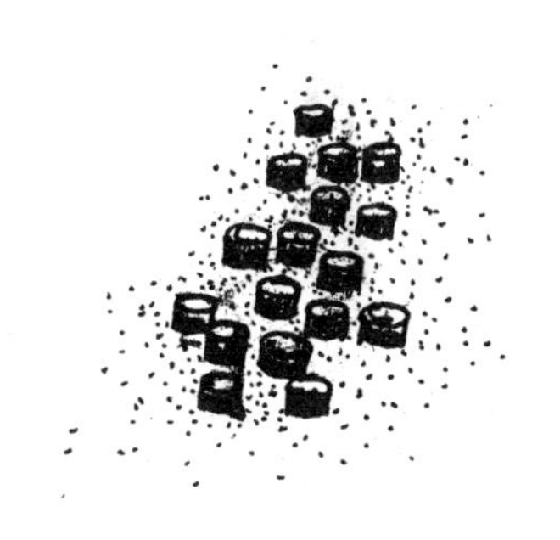

图 3-3-41　梅花太极桩

2. 材质构成：钢架、木、玻璃钢、铁、绳、网等耐久性好的材料（图 3-3-41、图 3-3-42）。

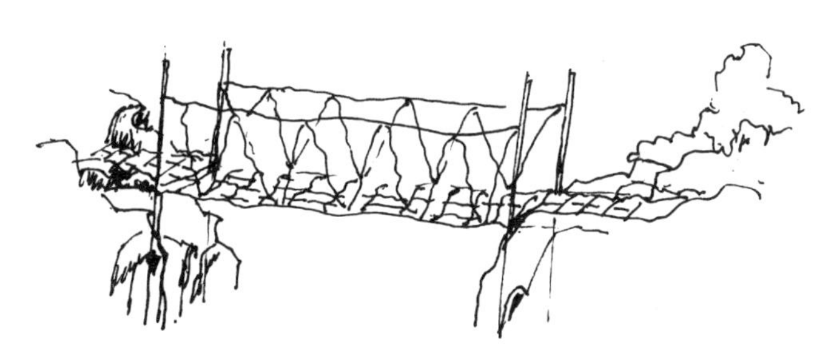

图 3-3-42　探险网桥

3. 结构构成：设施相对构造复杂。地上部分已属比较复杂的结构形式因为成年动作行为幅度大应十分注意安全、可靠，地下部分更是以安全、牢固为要（图 3-3-43）。

图 3-3-43　健腰机

（四）设计要点：

1. 遵循成年人活动心理如群炼、单炼（图 3-3-44）；

2. 遵循成年人活动行为尺寸（人体工程学）（图 3-3-45）；

图 3-3-44　荡板（成人游戏）

图 3-3-45　脚踏机

图 3-3-46　成人游戏攀架

3. 遵循安全原则，保证锻炼者的安全；

4. 遵循成年人审美情趣，符合大众的品位，不宜奇异（图 3-3-46）；

5. 设施占据的面积要比儿童的大得多，根据设施的简易及安全度要求及活动人数有机布置；

6. 对身体有强烈影响的设施活动，如蹦极、滑轮等必须有醒目警告牌，以确保安全；

7. 活动设施的音响（如音乐）不要选用声音大、恐怖及不健康的音乐；

8. 场地要开阔。

（五）场址选择：

1. 易于到达，且与其他活动尤其是安静空间不相邻或采取隔离处理；

2. 不宜建于居民住宅附近以免影响居民休息；

3. 可成片集中布置，利用场地条件不太好的如不适宜种植的劣质土层地段。

（六）案例：

见图 3-3-47、图 3-3-48、图 3-3-49。

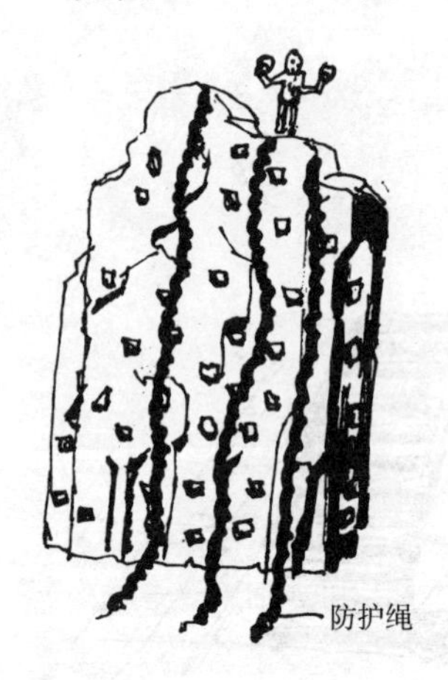

图 3-3-47　攀崖

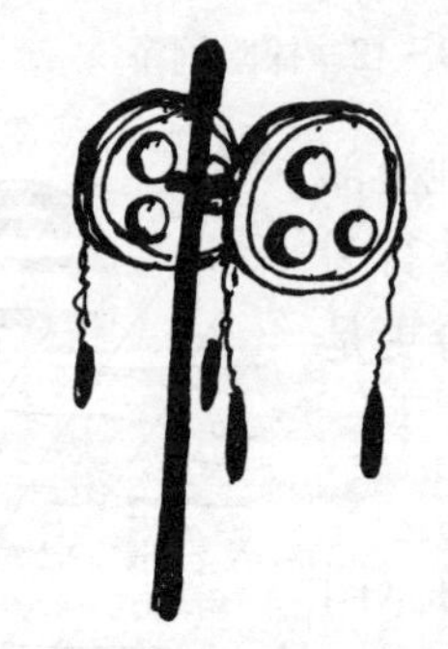
图 3-3-48　拉手器

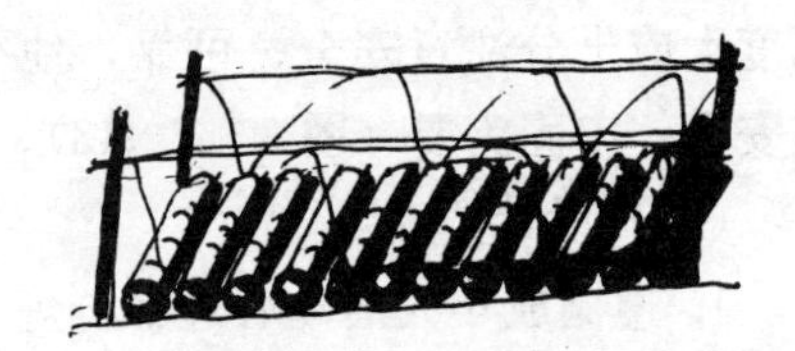
图 3-3-49　滚筒桥

第四节　景观服务设施

一、文化类服务设施

（一）文化类服务设施

包含文化宣传、文化杂志、书报，提供相关文化宣传及文化用品售卖服务的设施，如书报亭、纪念品专卖店、古玩摊、宣传栏、展览室。通常有购买空间、销售空间和贮藏空间。

（二）书报亭、宣传栏

1. 内涵：

书报亭（礼品店）：是用来提供读书看报需要的设施，与一般休息亭有明显区别。其功能性更强、造型灵活，宜简洁，需有服务专项性的标识。

宣传栏：为宣传报道环境景观中的有关政策、导游常识、新闻等的设施，功能明确，造型简洁明快流畅。

2. 功能：

（1）宣传教育及文化服务：宣传教育，提供文化读物、看报需求；

（2）视觉导引作用：设施本身造型有地域标志的作用，导引视觉；

（3）点景作用：自身成景，与环境相互辉映。

3. 位置选择：

（1）书报亭、宣传栏等设在人流停留较多地段如广场等；

（2）不同空间转换与过渡区域（图 3－4－1）；

（3）应选择于游人视觉易达且空间相对较大的地点，以利于进行相关活动如售卖、阅读等；

（4）空间及心理安全的地点；

（5）朝向以朝南或朝北为好，避免东西向的阳光直射，影响宣传展览效果，降低利用率；

图 3－4－1　坐式宣传栏

材料：玻璃、混凝土

（6）地面的高度与宣传栏的高度相差不可以太大，以免造成反光影响效果。

4. 构成：

（1）形态构成：书报亭、纪念品亭等设施的形态比较灵活，根据环境及景观内涵可以与休息亭有相通的地方，可以是传统形式也可以是现代形式，材料也是如此。书报、纪念品亭通常形态有亭顶、亭身、亭基三部分。亭顶满足排水、景观、遮荫、防雨等功能；亭身满足书报阅读、售卖、展览等内容；亭基满足亭的固定、休息及与环境的融合需要，同时留出供游人流动的空间，总的体量要小，以近人为主（图 3－4－2、图 3－4－3）。展览宣传类的设施形态由基础与墙柱部分、展览部分、顶部（灯光、遮荫）及灯光设备等构成。不同材料及不同用途的展览宣传设施的繁简程度不同（图 3－4－4）。

图 3－4－2　宣传栏

材料：金属

图 3－4－3　书报亭

材料：不锈钢、玻璃、塑料

图 3－4－4　墙挂式宣传栏

材料：木材或金属、玻璃

（2）材质构成：木材、竹类、混凝土、玻璃钢、钢结构、拉膜等（图 3－4－5）。

（3）结构构成：地上部分（外观）、地下部分（固定）、连接和基础部分。基座与墙柱是展览类设施的主体结构，有条形基础或柱墩式基础形成框架结构，展览台及展窗设于承重墙或构架上，利于开启；顶部满足防水、防日晒的要求，同时考虑排水方向，一般避免排向参观展览一面。灯光设备宜隐蔽，注意设通风孔以降低温度。

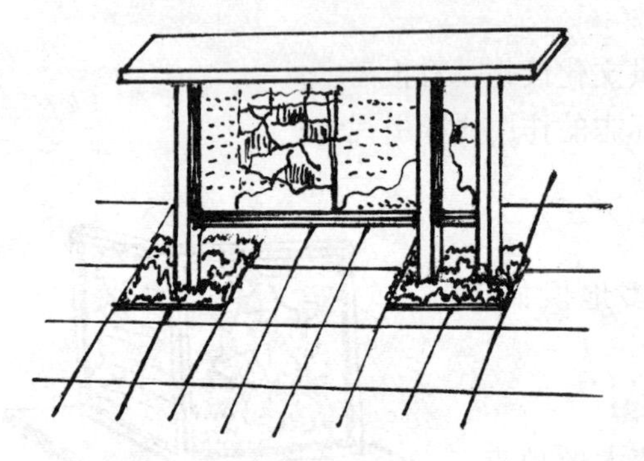

图 3-4-5　宣传栏与花坛结合

材料：混凝土、玻璃

图 3-4-6　圆柱式书报亭

材料：塑钢

5. 设计要点：

(1) 场地选择避免与其他空间冲突，如人流干扰；

(2) 地势要求平坦，以利于行为活动；

(3) 周围最好有体育设施，以构成空间满足行为需要；

(4) 造型应与环境密切结合（图 3-4-6）；

(5) 布局与环境因地制宜，窄长环境中采用部分靠边布置，以充分利用空间，景物优美的环境宜用灵巧、通透的布局与造型（图3-4-7）；

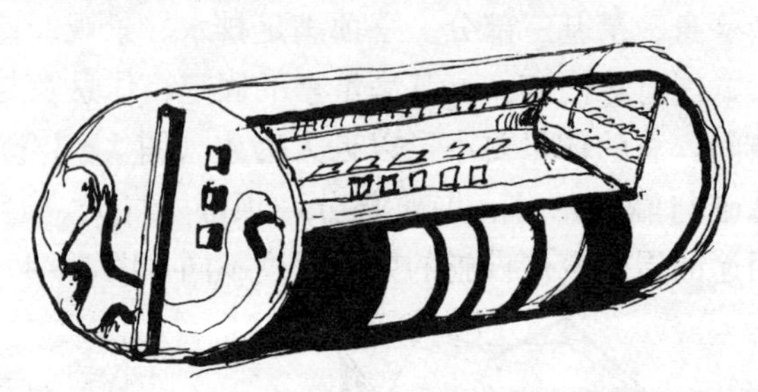

图 3-4-7　小品式书报亭

材料：木材、金属、玻璃，适于公园、海边等

图 3-4-8　小品式宣传栏

材料：金属、玻璃

(6) 尺寸大小以宜人亲切为主，满足行为视觉要求（图 3-4-8）；

(7) 宣传展览要考虑必要照明，照明既要增加夜晚景观又要避免眩光，常以间接光源为主。书报亭、纪念品亭的照明要求以能满足阅读为准，通风也要满足人的生理要求，同时防止书报等及纪念品受潮受损；

(8) 大型展览室则要因展览内容不同而异，其人流安排尤为重要，要避免不同人流冲突。

6. 案例

见图 3－4－9、图 3－4－10、图 3－4－11。

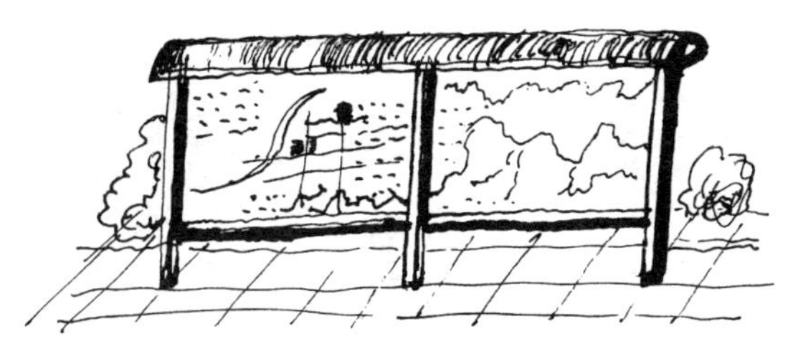

图 3－4－9　宣传栏（多个）

材料：不锈钢、玻璃

图 3－4－10　折式宣传栏

材料：玻璃、不锈钢

图 3－4－11　书报亭（适于人流大的地方）

材料：塑钢、有机玻璃或仿木

（三）电话亭

1. 电话亭：用来提供电话服务的设施。

2. 功能：

满足固定电话通话服务；具有环境景观雕塑、标志与小品的功能；有视觉引导功能（色彩、造型、质感）和空间转换与界定暗示的景观功能。

3. 位置选择：

(1) 游览路线沿途；

(2) 人们容易到达；

(3) 空间转换处、人流较多处、广场等处；

(4) 需要满足报警等易发生呼救的地方，如监警、火警、急救等；

(5) 不宜选择人迹罕至或不易被发现的地方，以免有自身场

图 3－4－12　电话亭 1

柱挂式

图 3-4-13　电话亭 2

“亭”式

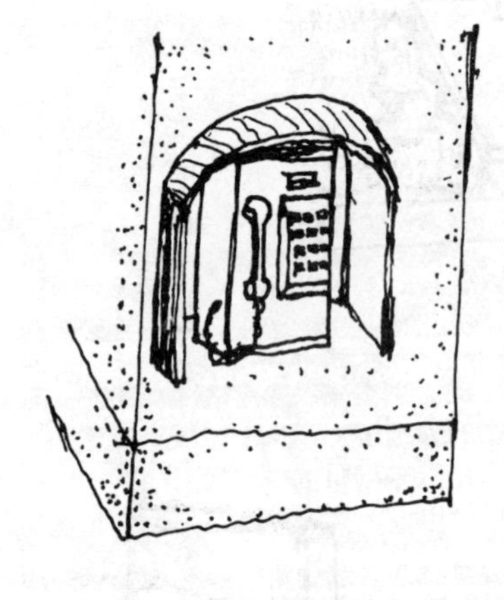

图 3-4-14　电话亭 3

墙挂式

所的先天隐患。

4. 构成：

(1) 形态构成上：顶部、亭身、亭基等，各部要统一，造型简洁，可提供完美服务。亭顶部防日晒雨淋。照明满足人们的心理感受。亭身还可满足存放物品及使用者倚靠身体需要。亭基是电话亭和地基连接的部分（图 3-4-12）。

(2) 材料构成：所有现代可用的材料均可，如玻璃、木、竹、石、钢、玻璃钢、砖，但常用的是玻璃与钢管材料的组合。

(3) 结构构成：常用框架结构，地上为景观形态部分，地下为基础固定部分。

5. 类型：

电话亭按固定方式可分为挂式（即挂于墙上或其他构筑物上）、独立式（即独立支撑式存在于环境中）(图 3-4-13、图 3-4-14)。

按造型分：直线形（以直线为主）、曲线形（以曲线为主）、混合式（以混合线条为主）(图 3-4-15、图3-4-16、图 3-4-17)；

按支撑方式分为：柱式（大部分）、箱式（整体造型做成一个箱子或盒子形式）(图 3-4-18、图 3-4-19)；

按电话行为方式又可分为站式电话亭（站着打电话）、坐式电话亭（坐着打电话）(图 3-4-20)。

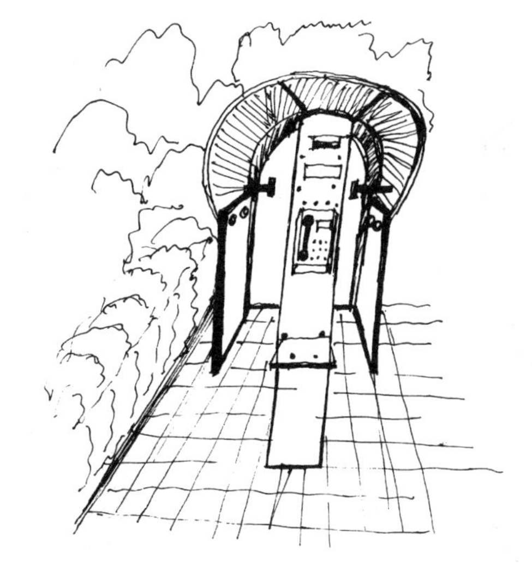

图 3-4-15　电话亭 4

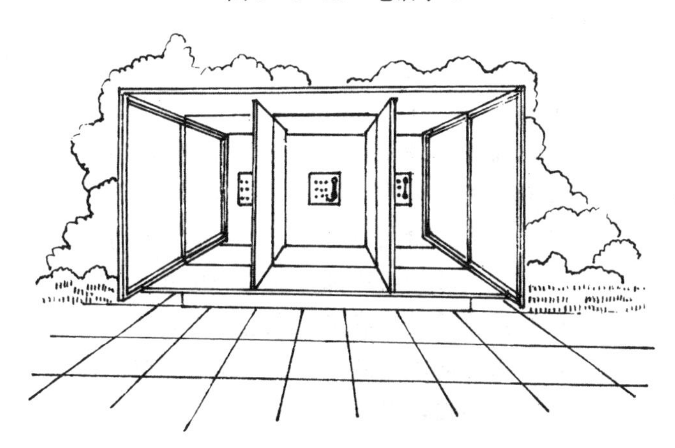

图 3-4-16　电话亭 5

“房式”电话亭，设计灵活有创意

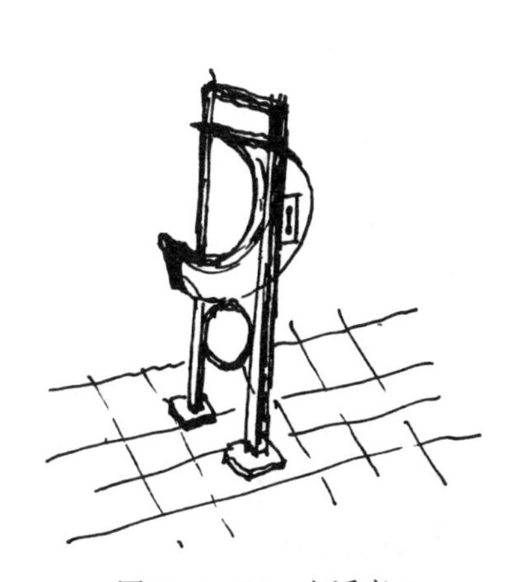

图 3-4-17　电话亭 6

现代材料、方与弧结合

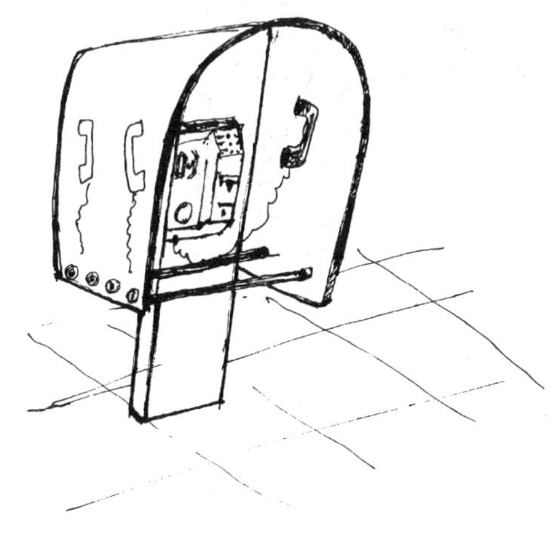

图 3-4-18　电话亭 7

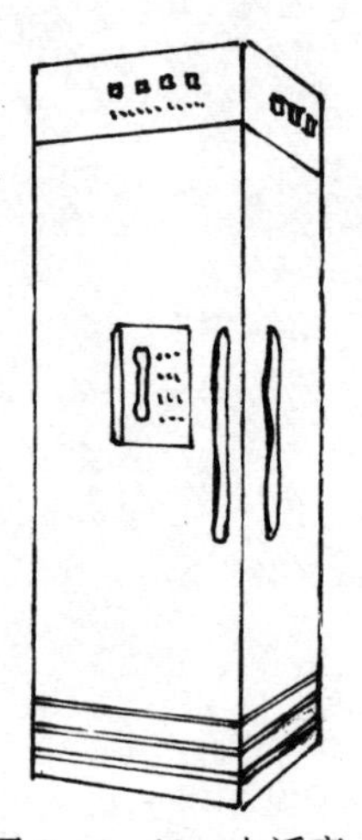

图 3-4-19　电话亭 8

柜、盒式

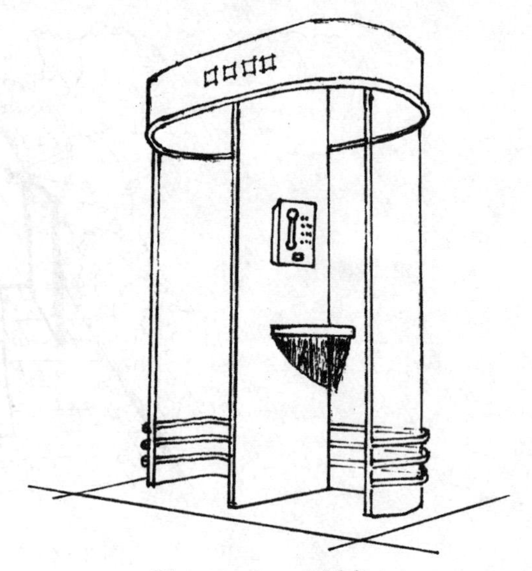

图 3-4-20　电话亭 9

挂式独立、有顶、可坐

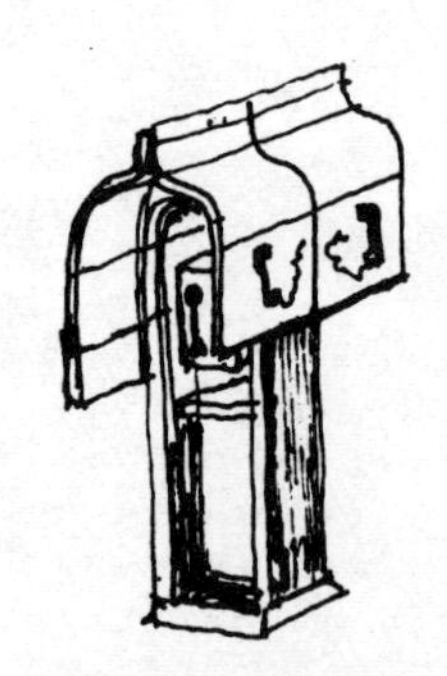

图 3-4-21　电话亭 10

现代式（坎肩型）

色彩与造型体现时代性

6. 设计要点：

（1）位置选择要恰当以提高使用率。在广场等人流集中的空间场所要充分考虑人流数量来设置电话亭数量。

（2）尺度符合人体（电话）行为工程学需要，如站、坐打电话，电话机与人的腰等身体部位倚靠的尺寸等。

（3）造型简洁，满足景观造型需要。

（4）考虑防晒、防噪声、防雨淋需要。

（5）材料要经济，与环境相协调。

7. 案例

见图 3-4-21、图 3-4-22、图 3-4-23。

图 3-4-22　电话亭 11

伞式

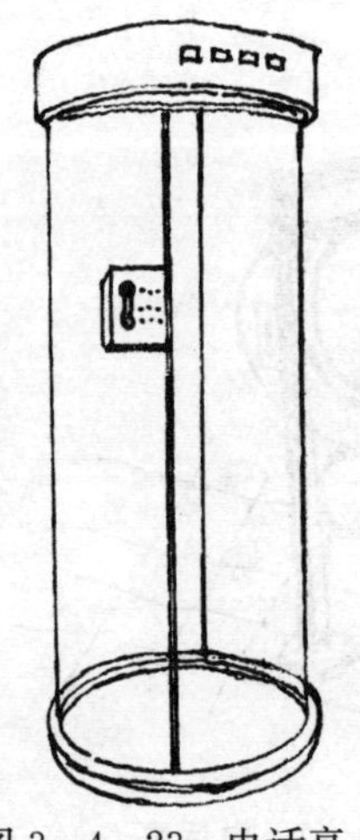

图 3-4-23　电话亭 12

柱式

二、餐饮类服务设施

(一) 总论

1. 餐饮类服务设施:

是为景观环境中提供餐饮服务的相关设施，如宾馆、茶室、餐厅、小卖部等。

2. 类型:

(1) 按服务内容又分茶室等休闲类餐饮以及宾馆、餐厅、小吃等食宿服务类设施以及便利携带类服务设施，如小卖、冷饮等。

(2) 按设施体量又可分为大型和小型即便利型。

3. 功能:

(1) 提供食、宿、饮类服务;

(2) 人流集中、组织、空间构成;

(3) 景观特色、标志性、视觉导引。

4. 选址:

(1) 场址选择在人流集中空间，中心周边，路边;

(2) 不影响景观环境又与环境很好地结合;

(3) 出于安全考虑，不应选在易塌方、泥石流及基层不稳定的场地;

(4) 较为开阔、人容易到达的地域。

5. 设计要点:

(1) 与地形地貌结合，满足服务功能。

(2) 内部流程畅通。

(3) 与客人流量相适应，根据游人数量设计设施类型数量。

(4) 材料因地制宜，突出地方、时代特色。

(二) 小型服务设施

1. 小型服务设施:

是指经营糖果、饮料、小食品、花鸟等小型服务设施，特点是体量小，数量大，如小卖部、冷饮店等。

2. 构成:

(1) 功能构成:

营业空间 (柜台): 是指销售营业的基本空间，可以结合环境、气候、地形进行室内、外空间设置;

管理空间: 供工作人员使用、工作的空间;

厕所及更衣空间: 供工作人员及顾客使用;

储藏空间: 供储存货物及杂物使用;

简易加工间: 供进行简单加工的空间，如冲洗加工、包装等，也可以和柜台营业空间结合使用;

杂务空间: 堆积杂物、供接收货物、存放瓶、箱等使用。空间一般应以视线隐蔽及保管安全为要。

上述各种构成部分可以全有，也可以部分，依设施体量大小及服务内容而定。

各部分构成功能图如图 3-4-24：

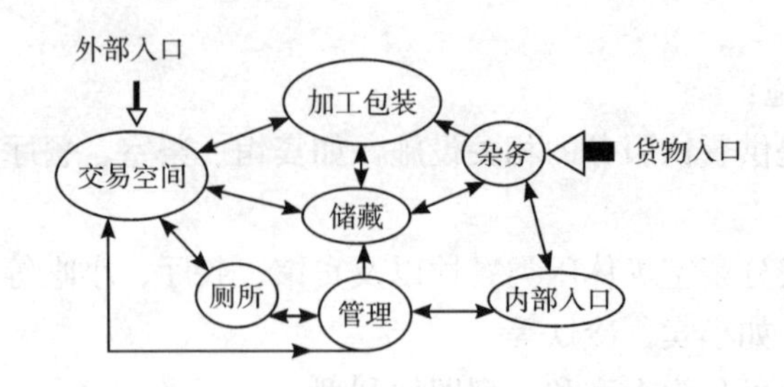

图 3-4-24　小型设施功能流程图

(2) 形态构成：

依据功能构成及景观特色进行外部形态设计，通常分为顶部、中部、下部三部分，同时有前、后、左、右几个立面形态，形态通常灵活多变，因地制宜，如仿生、古典、现代、变异等。

(3) 材料构成：

木、钢、玻璃、玻璃钢、塑钢、砖、混凝土、竹、膜，或单独一种或几种材料组合，依所在及要反映的地域文脉不同而不同。

3. 设计要点：

(1) 布局考虑整个景观环境规划意图及游客数量确定布局位置及数量；

(2) 依据道路分区、游人数量及景点布局从游人方便角度统筹考虑；

(3) 便于货物供应运输；要有专用运输货物通道而且做好隐蔽以顾及景观视线及环境污染；

(4) 便于灵活机动、因时因地调整以提高利用率。景观环境中游人数量随季节、节假日不同而变化，服务设施因游人数量多少而有余或不足，因而设计时要充分考虑可调整性，有利于提高效率。如夏季建筑可面水经营，冬季又可转为南向；旺季可利用室外空间环境，冬季进入室内等等（图 3-4-25）。

(三) 较大型服务设施

1. 茶室、餐厅：

是为游人提供餐饮及休息赏景的场所，可为会客、休息、赏景提供条件，停留时间相对较长。通常设于景观环境中的茶室、餐厅规模较小，单层为多，一般不超过 2～3 层。

2. 构成：茶室、餐厅是功能相对较复杂的服务设施，因而其构成相对复杂，通常分为：

(1) 经营性空间和辅助性空间：

经营性空间是主要空间，要求有良好的通风、采光（好朝向），人流流程通畅，外界进入方便，桌椅布置应全面考虑客人数量及服务人员所需空间。就餐、休息，消费与服务流程应明确流畅，互不干扰。

(2) 辅助性空间：

辅助经营性空间是完成其辅助功能的空间，要求隐蔽，同时有单独通道供应运输货物

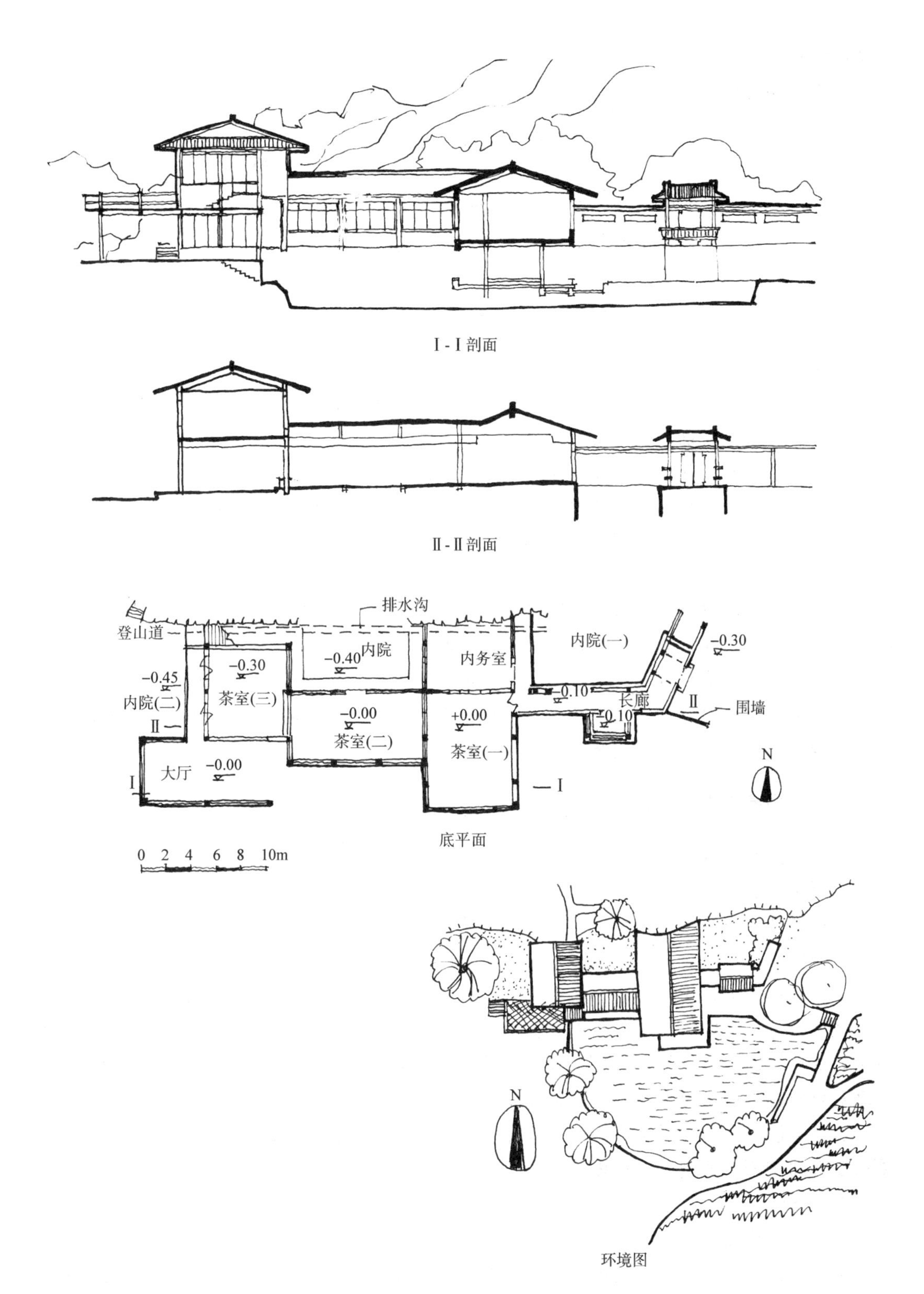

图 3-4-25 茶室设计 1

该茶室位于桂林隐山，是采用传统民居风格，设计结合自然与水体、山体结合较好

及所需的物品。

其基本功能组成如图 3－4－26 所示：

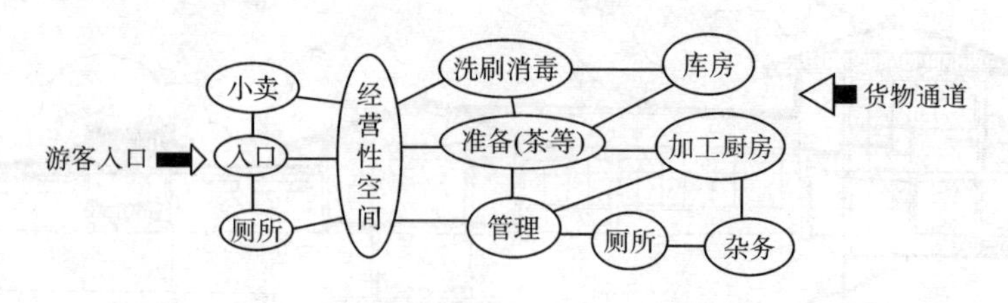

图 3－4－26　大型设施功能流程图

3. 设计要点：

(1) 场址选择要求在人流集中、交通方便的景点附近；

(2) 考虑自身成景的景观要求；

(3) 对于大型景观环境可以分布在多处主景点处设置；

(4) 注意地坪与地形关系及道路的高差处理，以避免不良视觉景观进入视界；

(5) 注意室内外空间之间的互相渗透；

(6) 室内装饰室外化，以突出景观特征及场址环境地域感；

(7) 造型处理方面，其风格、体量大小与整体规划相适应，同时注意对景观环境的保护，各个部分之间的通透开敞与隐蔽应根据各部分功能而定；

(8) 对排放系统及电力等供应系统的处理，上下水、垃圾及废物处理要注意对景观环境避免污染。建筑以靠近上下水及电力、热力系统为宜。设施所需加工服务的能源最好选用污染少、能耗低的种类（图 3－4－27）。

三、废物流通排放设施

(一) 总论

1. 废物流通排放设施：

是指景观环境系统中人类行为直接或间接利用形成的废物排放所需要的设施。

2. 类型：

(1) 依据人类行为可分为：直接型设施，如人类自身生理系统的代谢排放所需的设施，如厕所等；间接型设施，指人类除生理性代谢排放外的行为活动形成废物排放所需的设施，如垃圾筒等（包括可以回收废纸、电池、塑料等），以及人类在餐饮、文化、体育活动对物质的利用等过程中形成的废物。

(2) 从设施安置方式又分为固定式和移动式设施，如轮式垃圾筒、垃圾车等，移动式厕所及普通的固定式厕所、垃圾筒等。

3. 构成：

(1) 形态构成：

形态上设计构成以突出功能、灵活多样、简洁为好，可以是仿生形，也可以是理性，也可以是规则或不规则，要求功能特征明确，避免造成歧义。如某植物园的餐馆旁写道，“此处不是厕所”，就明显地在设计形态中将人们习惯的形态印象混用了，因此在形态上也

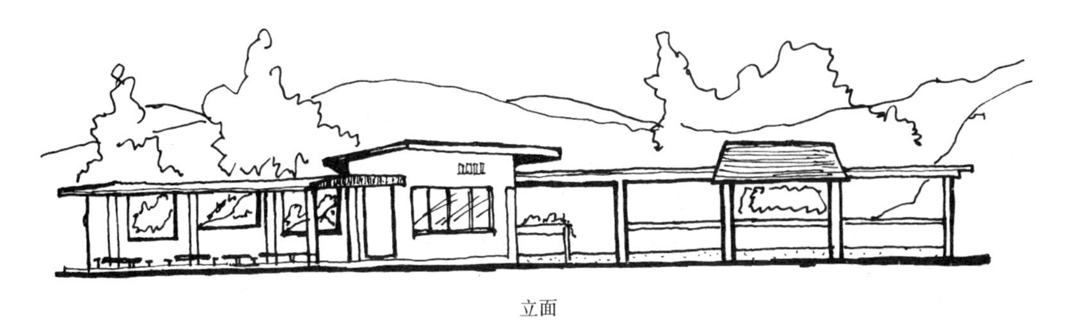

立面

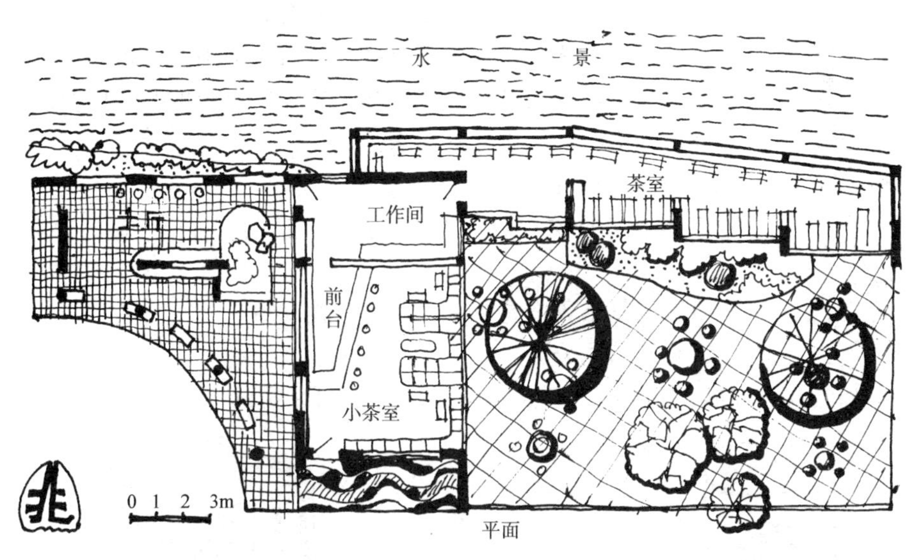

平面

图 3-4-27　茶室设计 2

该茶室位于广东阳春县龙宫岩风景区洞口旁水边，地理位置选择好，既便于休息，又不干扰功能、
茶室空间内外结合，符合茶室景观特点，赏息贯穿

要符合人们的行为心理习惯、印象。

构成基本上由三部分组成：入口部分和内部的功能性空间及输出空间，如厕所出入口、垃圾输出空间、垃圾筒的投放口和掏排口。

（2）功能构成：

废物排放设施的功能方面主要有：废物投放空间、废物存放空间、废物输出空间、移动部分或固定部分、废物冲刷空间。

（3）材料构成：

石、砖、木、竹、玻璃钢、不锈钢、铁、玻璃等单一或组合而成。

4. 位置选择：

（1）统筹规划，按整个景观环境系统的规划确定其位置布局；

（2）依景观环境的客人数量合理选择场址布局；

（3）场所宜隐蔽，但要有明显的视觉引导；

（4）合理的距离分布，在人流比较集中的场所，休息座椅等休息空间要多一些。

5. 设计要点：

(1) 设施数量依据整个景观系统范围及游人集中程度合理布置；

(2) 注意不良气味的处理，尤其是夏季时厕所的气味及垃圾的气味及由此引起的环境污染，以免影响景观环境质量；

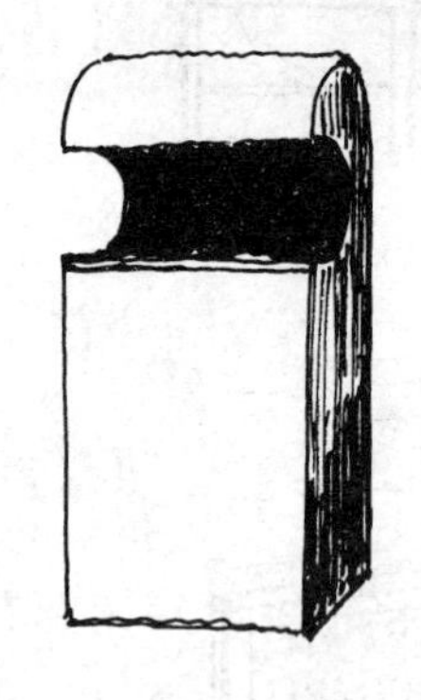

图 3-4-28 垃圾筒（侧口式）材料（金属或塑料）

(3) 造型因地形、地貌制宜；

(4) 材料因地制宜并要分地方性；

(5) 以方便使用功能为主，不可为造型奇异而妨碍功能使用；

(6) 可以与园林小品的景观功能结合，但要有明确的功能暗示；

(7) 即时行为活动可以密集些而厕所类的则可稀疏些；

(8) 注意功能复杂的设施，如厕所需要有合理的流程设计；

(9) 考虑无障碍设计的需求。

（二）垃圾（筒）排放设施

1. 是用于收集存放各种生活及行为活动所排出垃圾的设施。

2. 类型：

(1) 按复杂程度有单一式、组合式（图 3-4-28）；

(2) 按形式分为：

规则式，如盒式、方形、棱柱形（图 3-4-29、图 3-4-30）；

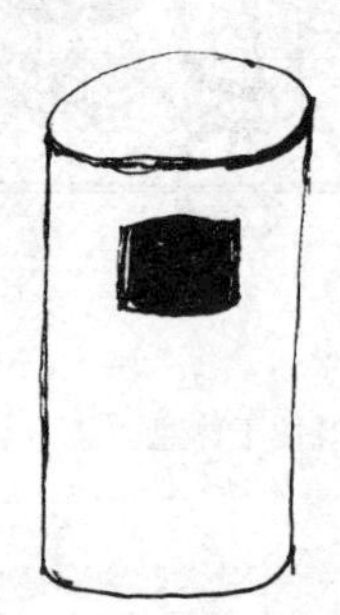

图 3-4-29 垃圾筒圆柱形（侧开口）
材料：金属或塑料

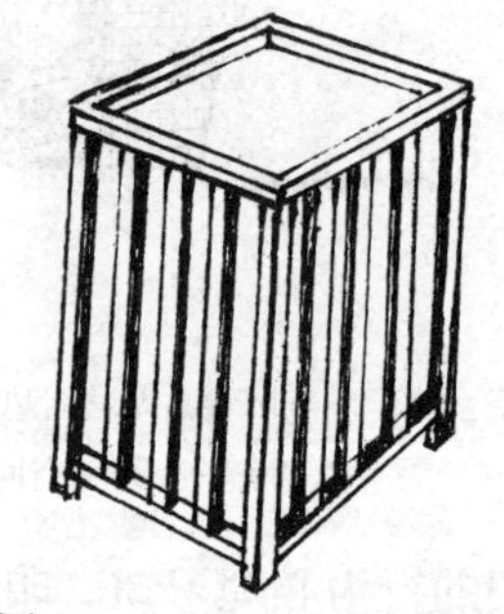

图 3-4-30 方形垃圾筒
材料：木材

不规则形，如直线式、各种流线形设计（图 3-4-31）；

直线与曲线结合式；

仿生形，模拟各种生物形态（图 3-4-32、图 3-4-33、图 3-4-34）。

(3) 按垃圾投放形式分为：

直接口：投放口比较明显，容易观察，投放直接，但对美观影响及气味较大（图 3-4-35）；

隐藏口：抽屉式、推式、摇摆式（图 3-4-36）；

抽屉式：投入口、自动式（脚踏、摇摆式）、推式（直接口）。

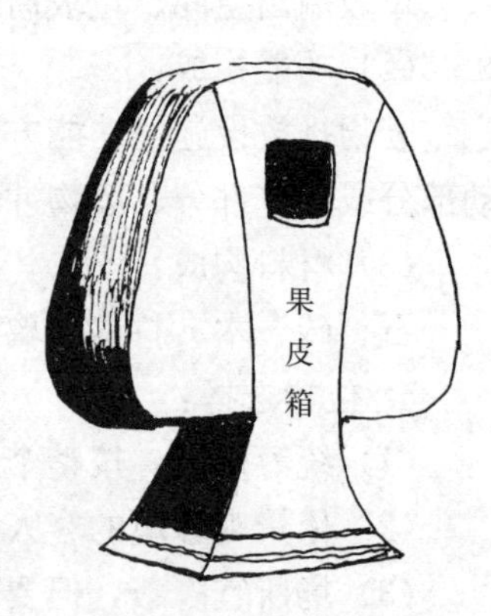

图 3-4-31 垃圾筒（仿生式）
材料：塑料

(4) 按设计风格分为功能型、抽象型、具体型（图

3－4－37、图 3－4－38)。

图 3－4－32　仿生式蘑菇垃圾筒
材料：塑料、混凝土、金属

图 3－4－33　仿生式垃圾筒
材料：塑料、金属

图 3－4－34　仿生（竹）
材料：塑料、混凝土

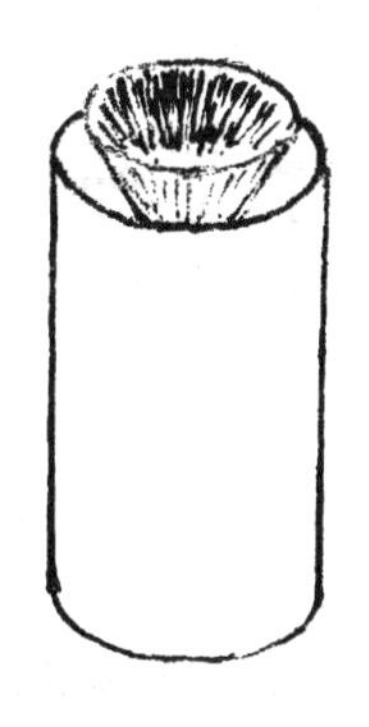

图 3－4－35　垃圾筒圆柱形（上开口）
材料：金属

图 3－4－36　机械盖式垃圾筒
材料：塑料、金属

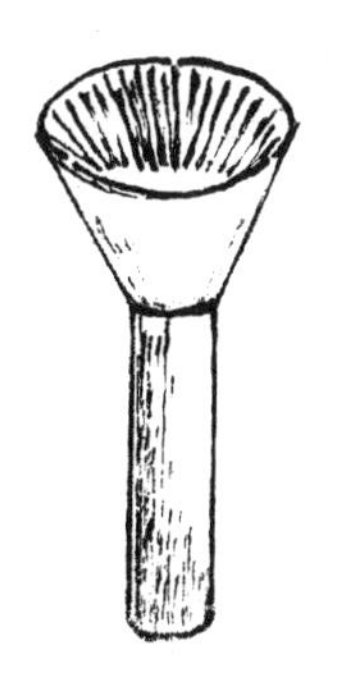

图 3－4－37　竖式垃圾筒
材料：金属

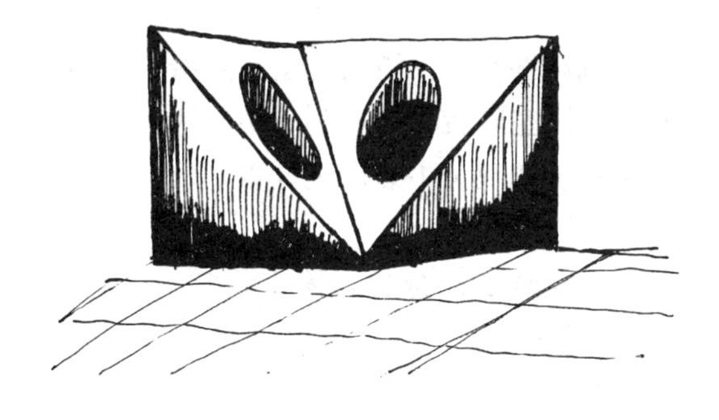

图 3－4－38　垃圾筒（小品式）
材料：金属或塑料

（5）按投入方式分为上下模式，视有盖和无盖而定或开启式或旋转式（图 3－4－39）。

（6）按废物取出方式分为回转式、抽屉式以及拆除配件开关后人工清除、拆盖、清理下部方式等等。

图 3-4-39　垃圾筒（古典式）（上开口）
材料：金属

3. 构成：

（1）材料构成：

由于垃圾特点不宜用透明材料如玻璃等，因而大部分选不透明材料，如玻璃钢、铁、不锈钢、木、竹、混凝土或混凝土仿生等，通常用一种或几种材料结合。

（2）形态构成：

常设成较为封闭的存放空间，在整体外观上以停放垃圾不露天为主，投放和排出上都比较隐蔽，但投放口又易于找到，使用方便。

（3）结构构成：

支撑部分（基础部分），如固定形式（柜式、架式）移动形式（轮式）等；存放结构（常以自身内部结构支撑）（图 3-4-40、图 3-4-41）。

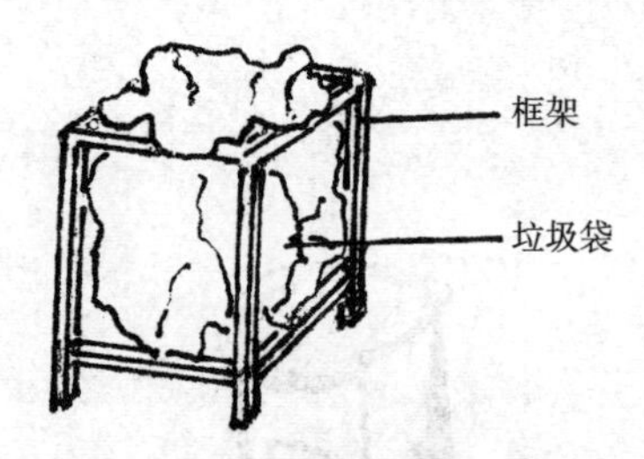

图 3-4-40　垃圾筒（框架式）
材料：木材、金属

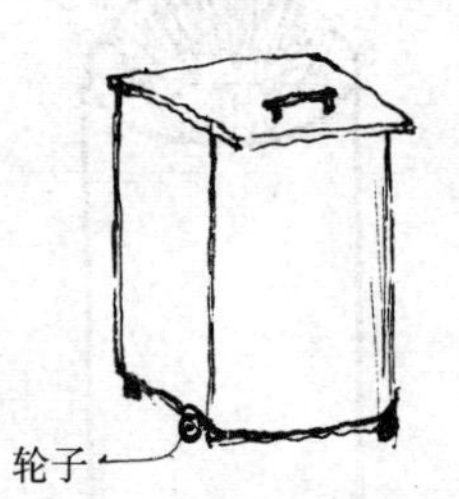

图 3-4-41　可移动式垃圾筒
材料：塑料、金属

4. 场址选择：

（1）人流活动集中的广场、景点、休息廊、座椅旁（固定式空间）；

（2）流动性空间，游人游览路线旁，并取适中间距，通常为 500m 左右；

（3）不同空间转折处，利于不同活动的废物排放；

（4）易于发现又不妨碍视觉景观。

5. 设计要点：

（1）体量宜小并符合人体工程学，考虑服务人群：成人、小孩常用高 700mm 左右，宽 400mm 左右；

（2）色彩、材质、造型能结合环境，少量也和小品如椅、凳结合，属于隐藏式或危害式的场所，且有适当的操作指示；

（3）属于特类景观小品的设计；

（4）考虑垃圾类型的不同及环保的要求、材料的运用、经济、景观等要求，可以设计成组合式分类垃圾筒。

（三）厕所

1. 厕所：

主要是指景观环境中服务于游人直接生理行为排放的设施。

2. 类型：

按固定方式可分为固定式和便利移动式（图 3－4－42、图 3－4－43、图 3－4－44）；

图 3－4－42　厕所 1

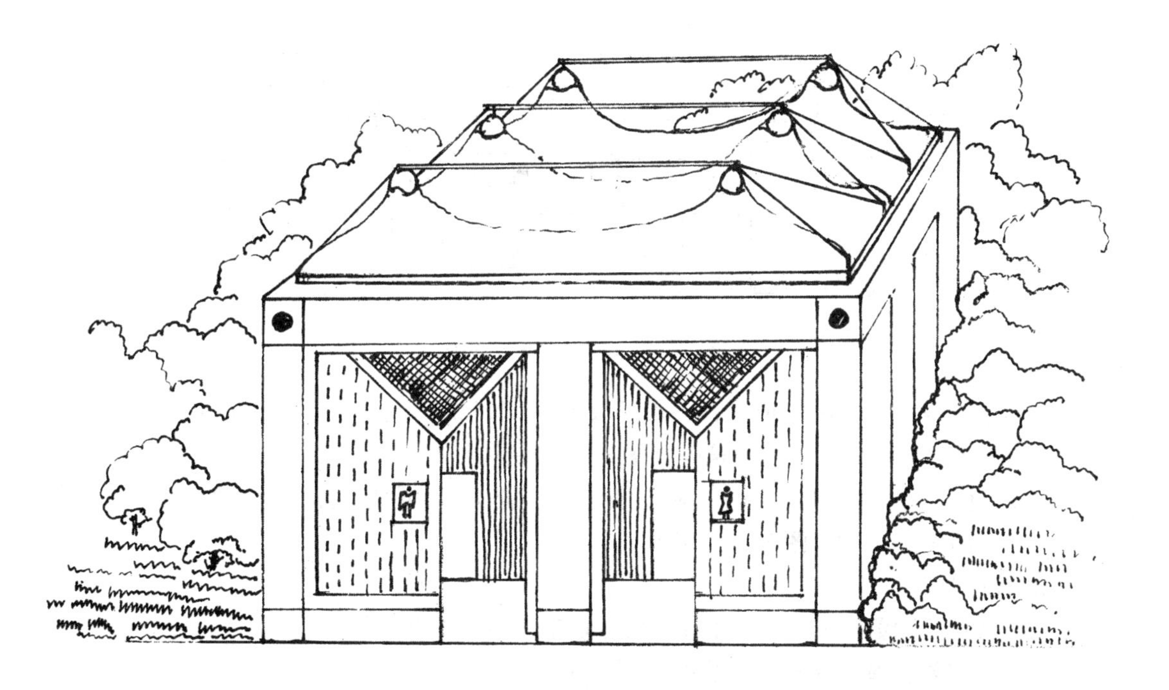

图 3－4－43　厕所 2

按服务功能可分为高级服务方式和拆卸式、简易便利式（图 3－4－45）。

图 3-4-44　厕所 3（可移动式）

图 3-4-45　厕所 4

3. 构成：

(1) 布局构成：入口、行为空间、废物临时存贮、废物出口、洗漱空间，行为空间中又有附属即时冲刷、挂放行李物品等必须设施（图 3-4-46）。

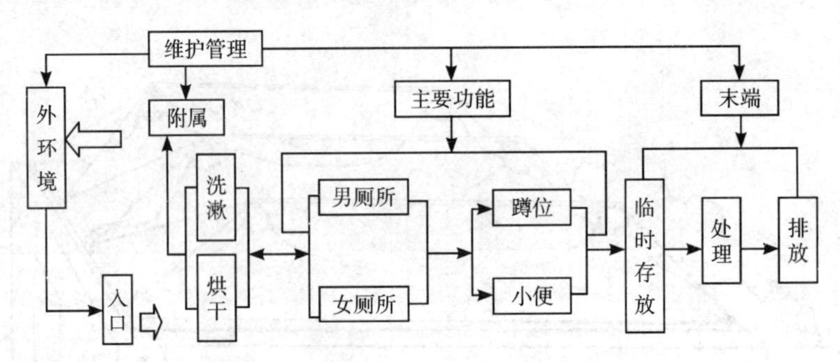

图 3-4-46　厕所布局构成

(2) 形态构成：无固定形式，一般男女厕所同时统一设计外观整体，常有顶部、体部、基部三部分，可归入小型建筑类（图 3-4-47、图 3-4-48）。

(3) 材质构成：木材、竹、砖、石、草、玻璃、不锈钢、铝合金等组合（图 3-4-49、图 3-4-50、图 3-4-51）。

4. 设计要点：

(1) 选址要隐蔽以及人流集中或主要流动空间中或附近；

(2) 流程要合理、流畅（参见图 3-4-46）；

(3) 内部装饰要考虑防滑等安全因素，同时考虑残疾人等弱势人群的使用（即无障碍设计）；

(4) 从入口到各种空间安全考虑照明设计；

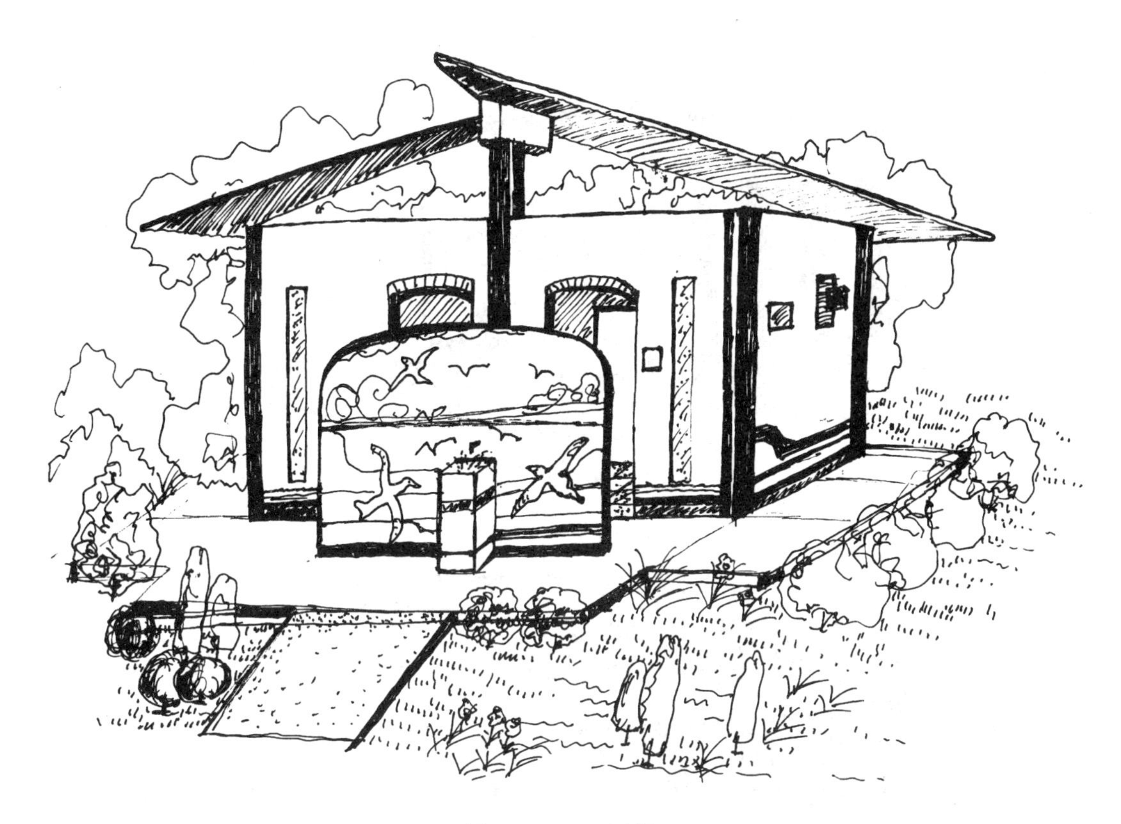

图 3-4-47　厕所 5

图 3-4-48　厕所 6

图 3-4-49　厕所 7

图 3-4-50　厕所 8

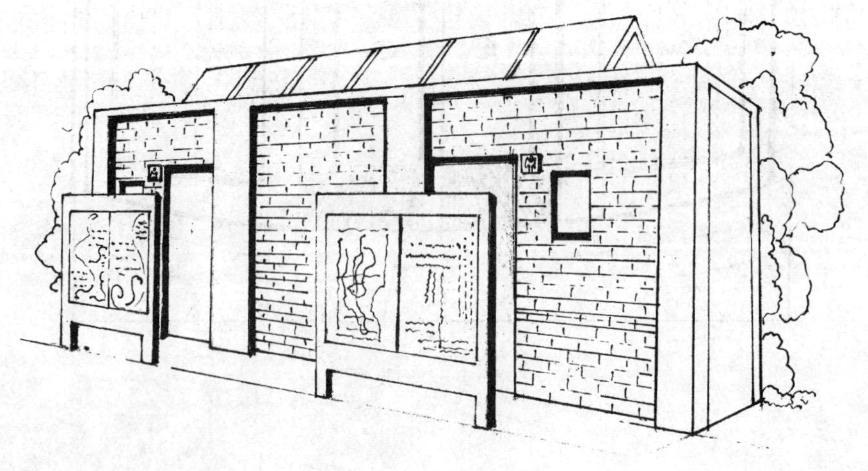

图 3-4-51　厕所 9

(5) 蹲位数量按经验数字并依据景观环境的最大客流量设计；

(6) 要考虑经济与景观因素；

(7) 要符合一般建筑规范，考虑通风、卫生条件；

(8) 即使同一景观环境中不同人流集聚区厕所的繁简程度可以不同，以经济实用为要。

5. 案例

见图 3－4－52、图 3－4－53、图 3－4－54。

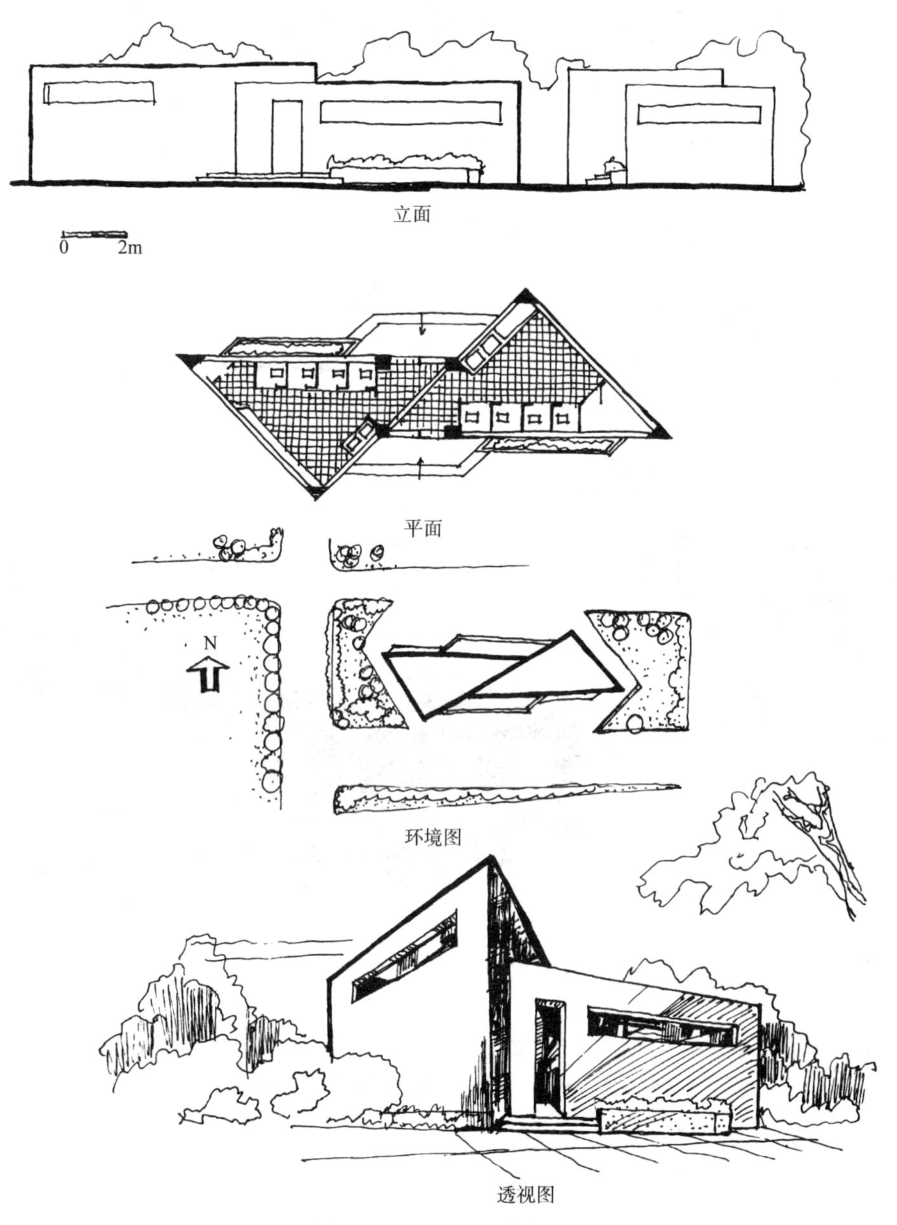

图 3－4－52　厕所案例 1

该厕所位于厂区、造型大气、平面构思有新意，具有构成现代气息，具有雕塑感，缺点是欠考虑无障碍设计、厕所功能的标识性应加强

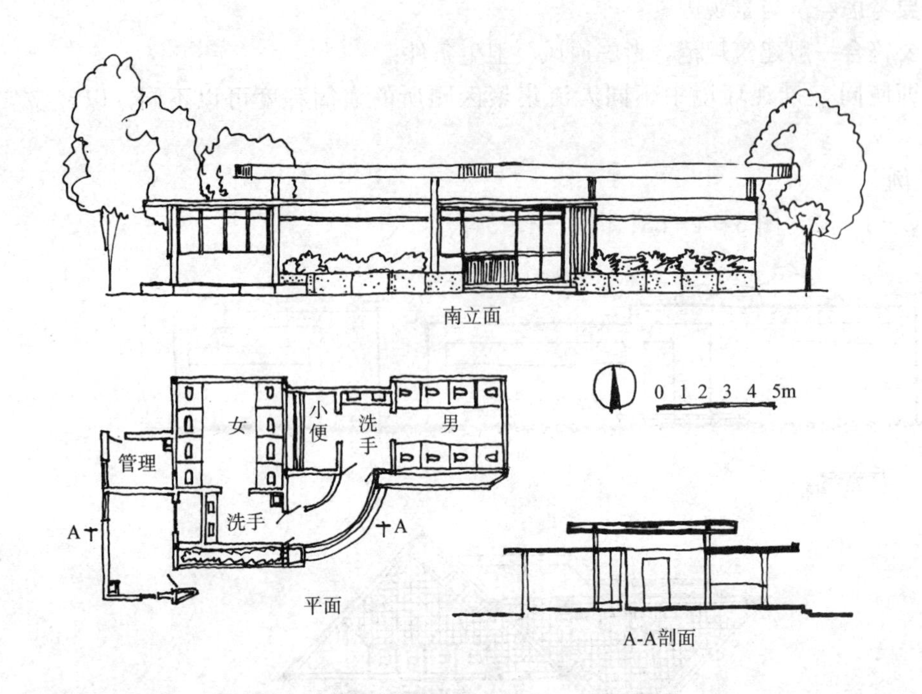

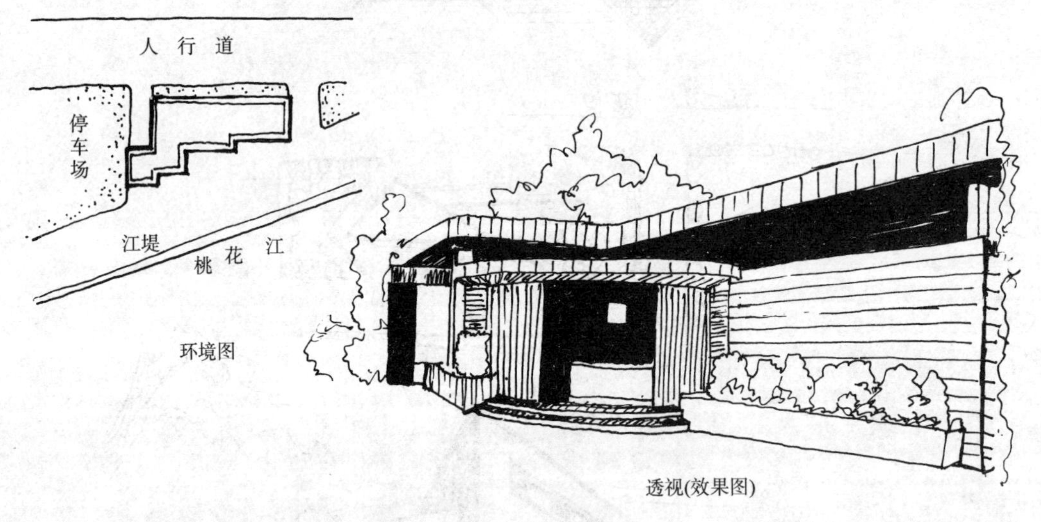

图3-4-53 厕所案例2

该厕所位于桂林市南门桥河边干道旁三角地，整体设计因地制宜，流程基本合理，图面表达全面，但考虑无障碍设计不足，管理用房流程需要完善

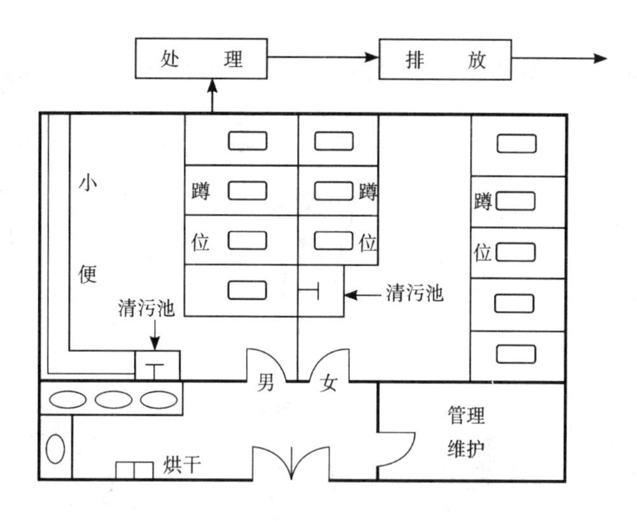

图 3-4-54　厕所平面设计案例

四、饮水器、洗手台

(一) 饮水器

是景观环境系统中方便游人饮水、洗漱的设施，可设于广场、步行街、公园中（图 3-4-55、图 3-4-56）。

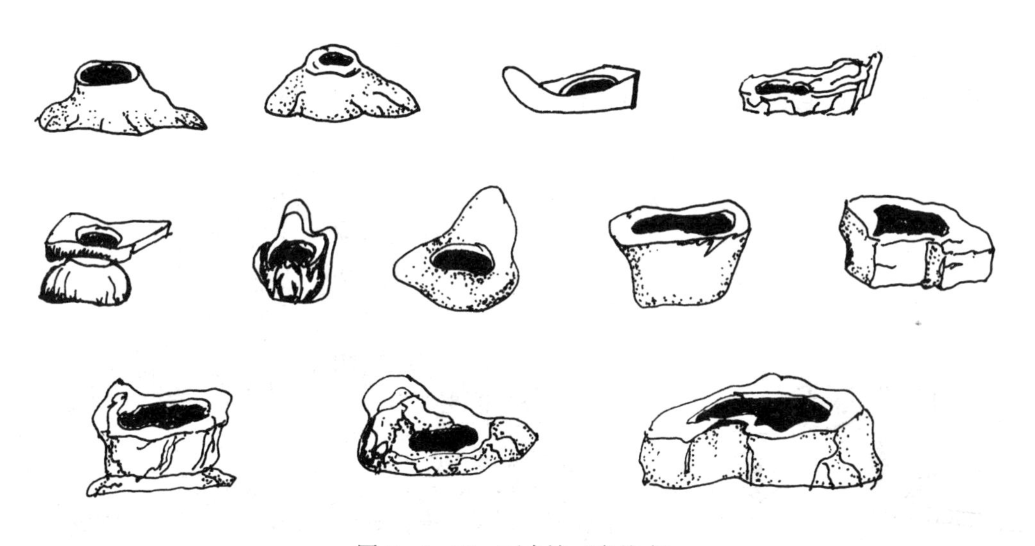

图 3-4-55　石水钵（自然式）

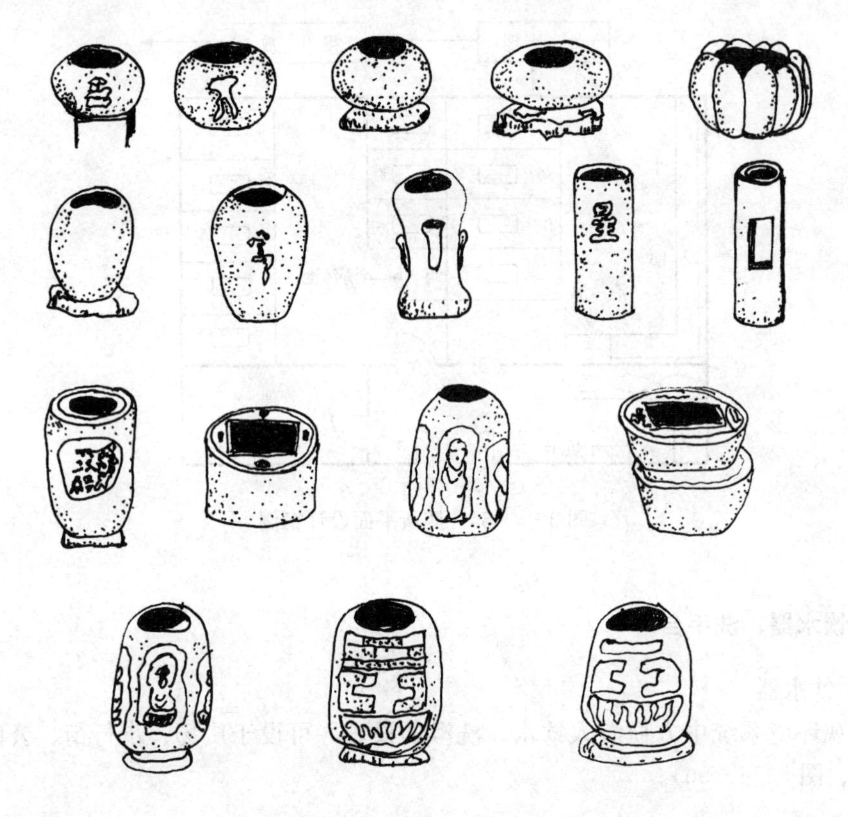

图 3-4-56　石水钵（人工式）

（二）类型：

按水龙头多少可分为单体和联体（图 3-4-57、图 3-4-58）；

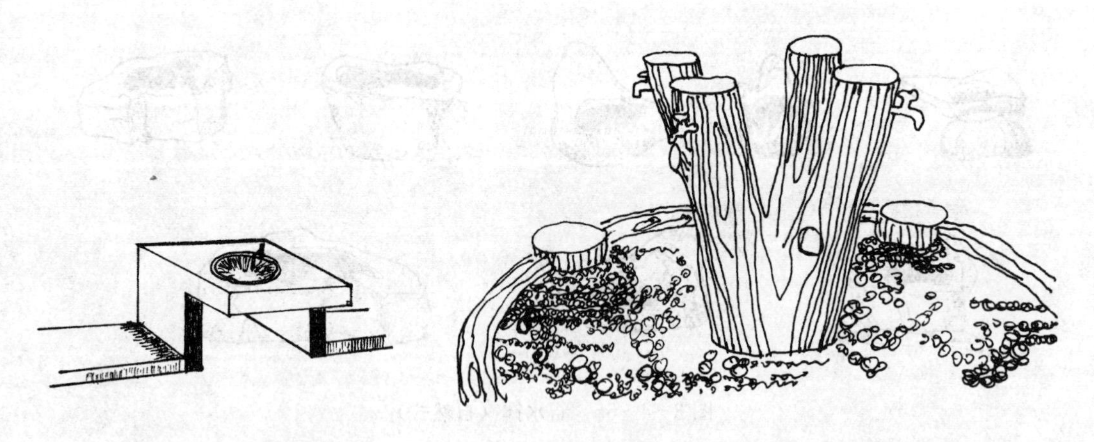

图 3-4-57　饮水器　　　　图 3-4-58　饮水台——多龙头联体式

按有无顶棚可分为有棚式和无棚式（图 3-4-59、图 3-4-60）；

按年龄分为成人式和儿童式（图 3-4-61）。

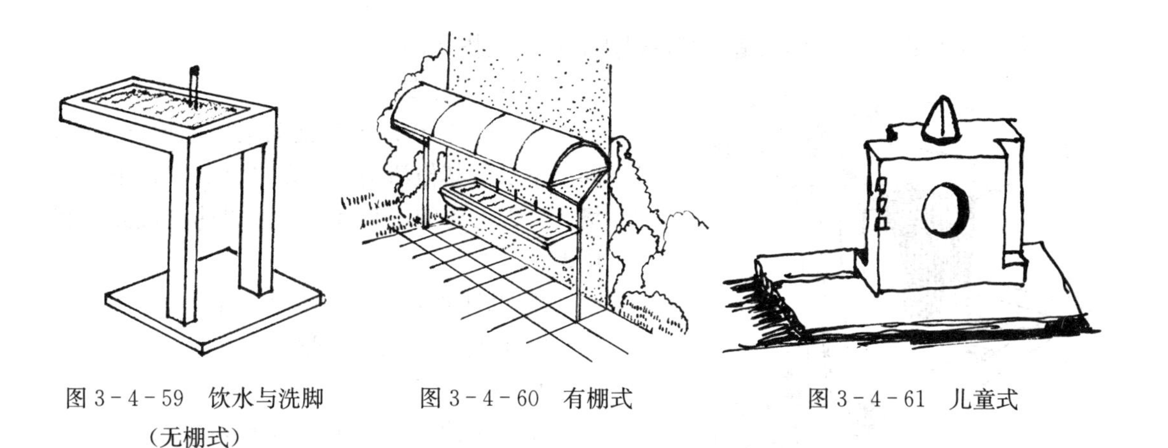

图 3-4-59 饮水与洗脚（无棚式）　　图 3-4-60 有棚式　　图 3-4-61 儿童式

（三）构成：

1. 形态上无固定形式，可以是纯功能式、抽象式、具象式，基本上都由水龙头、盛水部分、支撑部分组成（图 3-4-62、图 3-4-63）。

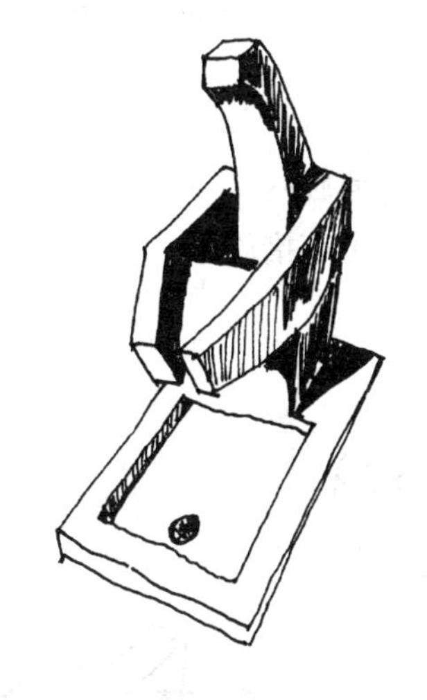

图 3-4-62 饮水台（仿生式）

图 3-4-63 饮水台（具象式）

2. 材料构成上有大理石、不锈钢、混凝土、混凝土仿生等（图 3-4-64、图 3-4-65）。

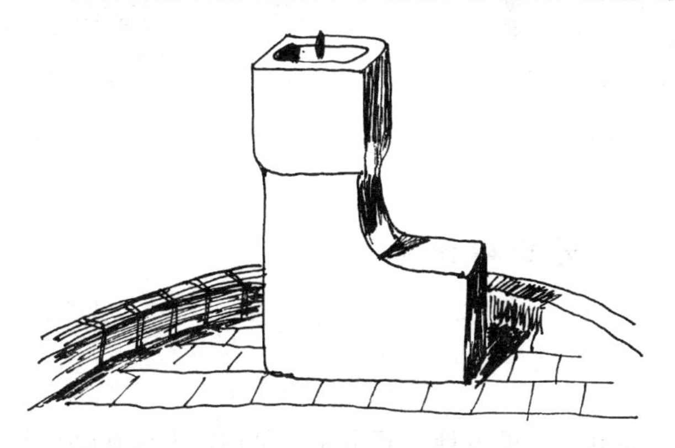

图 3-4-64 饮水台（大理石）

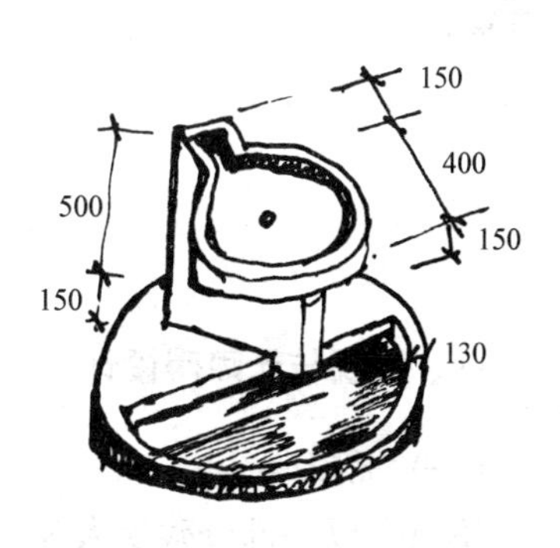

图 3-4-65 饮水台（混凝土）

3. 结构上可以分为外部构造、管道供水、内部支撑几部分。

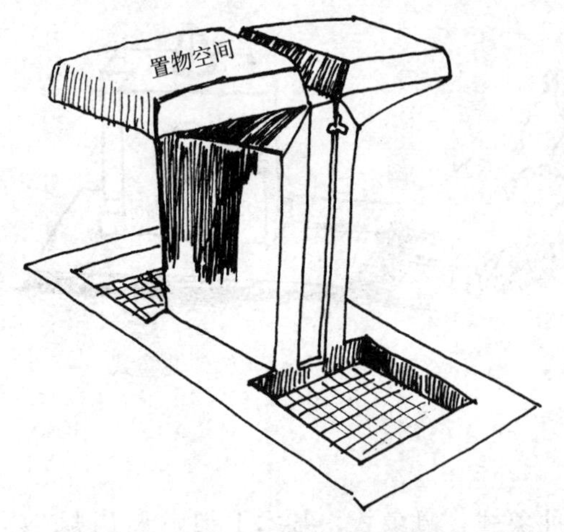

图 3－4－66 饮水台（设有放物空间）

（四）设计要点：

1. 位置选择以人流活动集中的地方为主，同时不妨碍其他活动，可以是路旁、树下、广场等，即考虑使用频度、人数以达到最高的利用率；

2. 设计要方便游人使用、看到；

3. 尺度适合人体工学；

4. 注意安全；

5. 注意节约水，使用节水型龙头；

6. 注意水的排放及安全，尤其是冬季水的结冰防滑及防止水外溅的设计（图3－4－66）；

7. 考虑无障碍设计；

8. 按数量多少布置房间，规模统筹考虑；

9. 防止水池污染，如尘土废物等落入水中；

10. 管道布置统一考虑就近，以便省工省力；

11. 龙头采用伸缩式、嵌入式等以实用、美观、防污为原则；

12. 在北方注意冬季管道的保护（如及时放水、包扎管道等措施）。

（五）案例

见图 3－4－67、图 3－4－68、图 3－4－69。

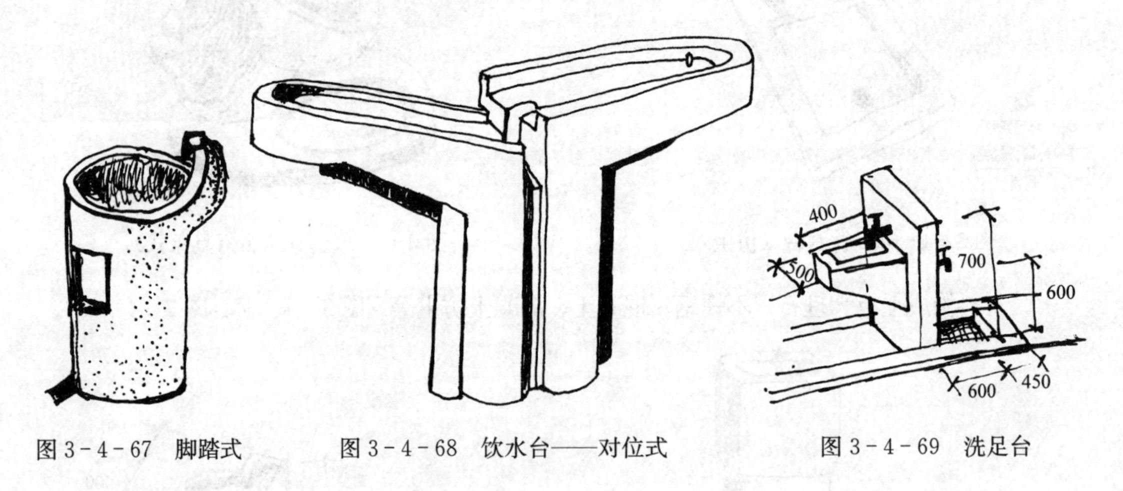

图 3－4－67 脚踏式　　图 3－4－68 饮水台——对位式　　图 3－4－69 洗足台

第五节　无障碍设施

一、景观与无障碍设计

（一）无障碍

不只是以一部分残疾人为对象的建筑和城市的设计，而是无论是谁，无论在哪里都要使大家使用方便的设计，方便身体行为有障碍的人使用的无障碍环境景观设施的设计。

（二）无障碍设计

主要是针对行为有障碍的人使用的设施设计。

（三）残疾障碍的种类与特点

1. 残疾种类：

下肢、上肢、感觉、精神残疾；

视觉有残疾：盲人、弱视、视野狭窄者；

听觉有障碍：完全缺陷、部分缺陷；

行动有障碍：上肢、下肢；

老年人。

2. 特点：

行为残疾：下肢残疾是指步行方面有障碍，其中有使用拐杖的人和使用轮椅的人；

上肢残疾是指手或臂膀有缺陷或不能自由支配的人；

知觉残疾者：是指在知觉上发生了障碍的人，主要指视觉障碍和听觉障碍者；

精神残疾者：有精神衰弱者和其他的精神障碍者，一般要由正常监护人监护，因此主要从环境色彩等刺激方面需予以减弱；

其他：有疾病者、年老体弱者也列为残障者。

老年人随年龄增长，身心机能减退，出现综合性障碍，尤其是对长时间行走不适应，也被包含在残疾人之列，如需使用拐杖、助听器等；

幼儿对成年人使用的产品难以适应，有时也被包含于障碍之中；

孕产妇及持有大件行李的人，在一段时间里也被认为是有障碍者；

临时性障碍者指在一定时间内行动或其他方面有障碍的人，如动手术者、病人、伤者、孕产妇及持有大件行李物品者。

通常以轮椅使用者和视觉障碍者为无障碍设计基准，因为其要求通常最难以达到。

（四）人的行动特征与无障碍设计要求

1. 步行：

即使健康人在非常光滑的硬质地面上也不易正常行走；

幼儿边玩边走，需要周围的人注意并伴他一起走，有婴儿推车时需要防滑和保持一定宽度的空间；

老年人腿脚不好，容易摔跤；

使用拐杖的人体重集中在拐杖端部，容易滑倒。另外，由于行走时利用拐杖的特点，占据空间较大；

轮椅、婴儿车拐弯时需要一定宽度；

视觉障碍者需要导盲和更多参考物引导，尤其是交叉路口更是如此（图 3-5-1 至图 3-5-9）。

2. 坡道或台阶（跨越高差）：

坡度过大行走不安全同时更应该注意季节性的防滑（雨水或冰冻），对于缓坡而言台阶危险性更大，即使健康人也要小心 ，因此需要扶手协助。视觉障碍者不易发现台阶而且台阶宽度易造成误导和麻烦。

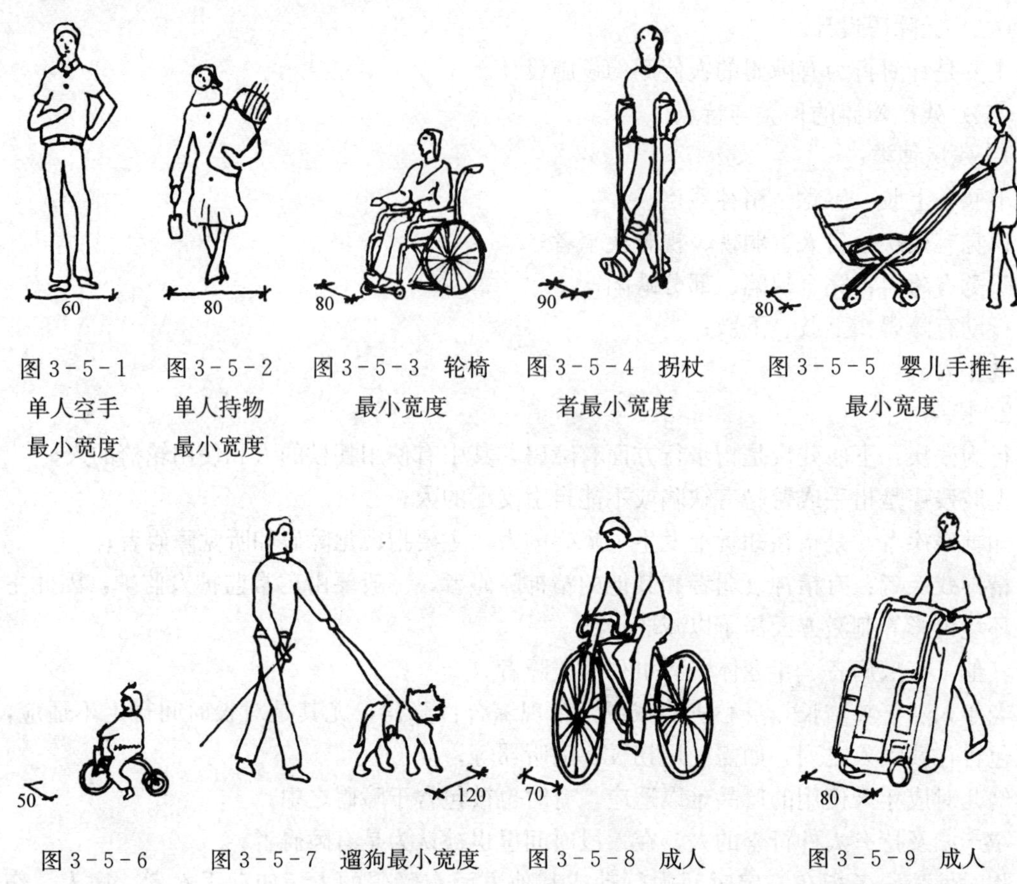

图3-5-1 单人空手最小宽度

图3-5-2 单人持物最小宽度

图3-5-3 轮椅最小宽度

图3-5-4 拐杖者最小宽度

图3-5-5 婴儿手推车最小宽度

图3-5-6 儿童自行车最小宽度

图3-5-7 遛狗最小宽度

图3-5-8 成人自行车最小宽度

图3-5-9 成人提货车最小宽度

3. 坐息：

对正常人而言，坐得高些可以看得远些，但不安稳；坐得低些比较安稳，但又不易活动；

老年人长时间坐着或者从较低座位站起来时比较困难，需要扶手等帮助，轮椅可以直接就坐，但其他桌子或设施可能因其或太高或太低或活动时候使用不方便，如大树底下的休息桌椅等，因而需要有专用设施。

视觉残疾者不易找到座位，尤其对不熟悉环境更是如此，因此需要辅助设施。婴幼儿常常无合适的座位可坐，如果爬上或爬下成年人座椅、凳则不安全。

4. 混合交通：

在景观环境中虽然车流不如城市中那么大，但也是不能忽视的问题，尤其是人流、车流比较集中的出入口，即使正常人也不能掉以轻心；

幼儿常环顾左右而不注意车道周围情况需特别看护；

听觉障碍者对汽车的笛声及警示难以发觉；

视觉障碍者对各种警示牌发现不了，需用文字、语言以外的方式（如声音）来提示。

（五）景观与无障碍设计

1. 景观环境设计必须服从于环境功能使用的需求，尤其是无障碍设计。

2. 无障碍设计在满足使用要求基础上亦需考虑景观特征，如在盲道设计时可以借助颜色来增强景观特征。

3. 无障碍设计优先于健康人的空间利用设计，如在有限尺寸空间中可以只采取健康人的下限使用要求，因为健康人也可以利用无障碍设计空间。

二、景观环境视觉障碍设施设计

（一）视觉障碍者：

主要指视觉方面有障碍的人，视觉完全缺陷（盲人）、视弱或色弱及视野狭窄等。

（二）视觉障碍者的行为障碍及要求（设计要点）

1. 视觉障碍者无法凭借记忆往返通过行为空间，若穿越公共空间、反复转换方向就会发生定位困难；

2. 在很窄空间中不宜过多设置设施，以防止出现搞乱方向影响行动；

3. 为易于取向辨认效果，要充分考虑照明和色彩设计；

4. 为避免空间冲突，将出口和不同性质的空间分开设置，并进行立体导向设计；

5. 步行通道上的设施不宜经常搬动，而且不要临时停放汽车、自行车等物品，以防阻碍通行，给导向道造成混乱；

6. 立体空间竖向设计中，柱子及墙壁上尽量不设突出物，在地面不出现高差急剧变化，如下沉或升起、抬高，对于空中垂吊物以及旁侧突出物的设置都要在设计中慎重考虑；

7. 充分考虑对视觉障碍者其他知觉方面的利用，如触觉方面设置扶手，设置盲道以及声音、温度及气味的变化的设计，如音乐声、鸟叫声、人的说话声及饭店、食品的香味或花的香味等；

8. 考虑辅助行为的辅助范围，如拐杖使用，要考虑在拐杖接触的范围内设置有效的导向系统；

9. 对弱视、色弱、视野狭窄者应从色彩明暗度、大小体量方面加以突出并易于辨认；

10. 人行道上的设施要注意不要侵占人行道宽度。

（三）视觉障碍设施种类：

1. 利用声音进行导引，如乐曲、感应语音器（一定距离内）及广播。

2. 地面铺装如盲道采用专用砖铺砌（转弯处用点字地砖，右行用竖条地砖），人行与车行交叉点处进行微高差处理（常以坡道形式）并予以加宽，人行横道可以适当拓宽，以便于行人等待信号。

3. 辅助设施（如使用电磁波感应器）在台阶、坡道、引导路上设置也可以引导视觉障碍者。但扶手设计时要注意两端和中间的区别，以利于暗示使用者终端的到来。

4. 对弱视者等不完全视觉障碍者在指示牌和照明上予以强化，以方便辨识。

三、景观环境行动障碍设施

设置人行道时，考虑健康与残疾人正常使用情况，因此设计时须最先考虑行动障碍辅助行动设施的尺寸。

（一）行动障碍者：

主要指由于肢体残疾造成行动不便或由于临时性生理行动功能丧失而障碍行动的人。

（二）行动障碍者种类：

1. 按缺陷部位可分为：

（1）上肢残疾缺陷；

（2）下肢残疾缺陷。

2. 按缺陷程度可分为：

（1）能自理地使用辅助设施；

（2）需要他人看护者。

3. 按辅助行动设施又可分为：

轮椅辅助行动者和拐杖辅助行动者。

（三）景观环境行动障碍设计要点

1. 人行道：

（1）宽度要求：通常轮椅宽度为 65cm 左右，一台轮椅通过所需宽度为 120cm，以 135cm 最好（轮椅使用者与步行者错身而过所需宽度）。若两台轮椅错开通行则最少需 165cm，达到 180cm 最好（图 3－5－10）；

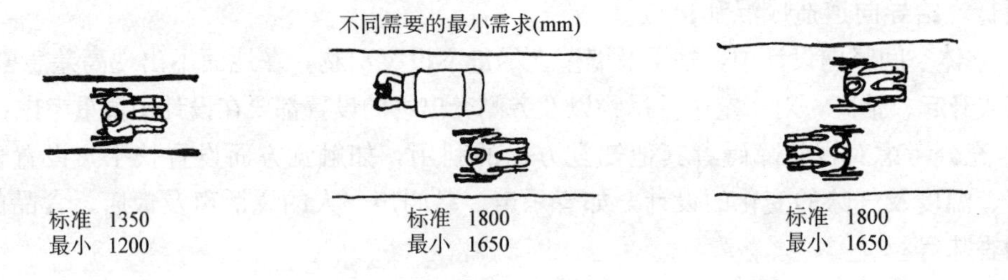

图 3－5－10　不同情况下人行道要求（mm）

图 3－5－11　人行道、车行道、坡道

（2）附属设施：附属设施的设计如邮电箱、电话亭、小卖、路灯等不要侵占街道空间，而且最好靠一侧设计；

（3）人行道与自行车道宜分离，以区分不同速度和要求使用者互不干扰；

（4）人行横道：设计时不宜设高差，道路太宽应设安全岛；

（5）路边石：人行道与车行道交叉路边石宜低置，高差控制在 2cm 以下（图 3－5－11）；

（6）下水箅子：应考虑轮椅，车轮不要卡在箅子空隙中，空隙宽应在 2cm 以下；

（7）路面铺装：尽量平坦，坡度要小（图 3－5－12、图 3－5－13）。

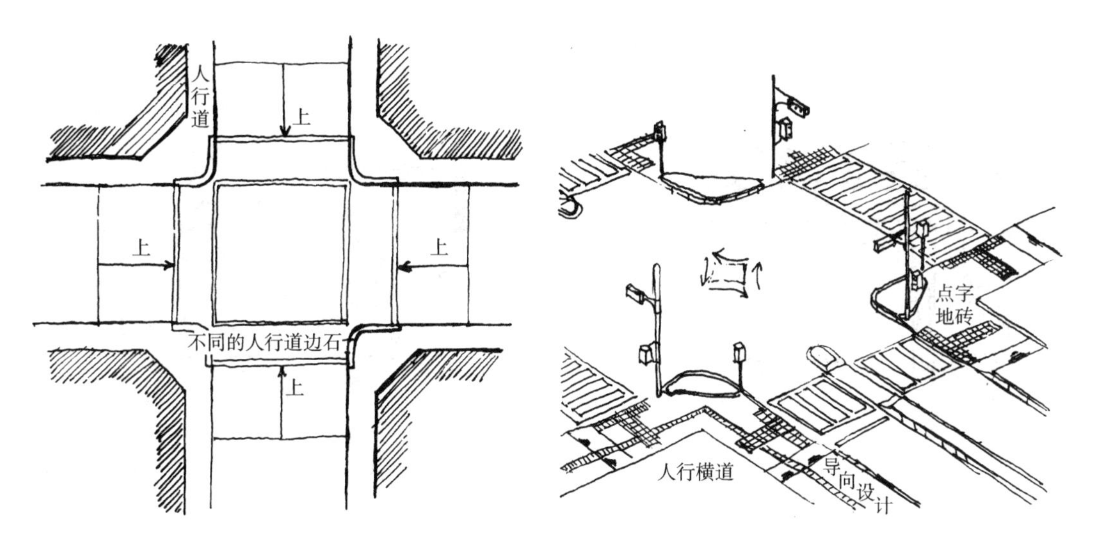

图 3－5－12　人行横道凸起与人行道同水平方便障碍者做法示意

图 3－5－13　十字路口的导向设计

2. 环境景观入口：

随着科技发展和人们环境意识的提高，到景观环境中享受阳光、享受自然已经成为一种潮流而且也越发容易做到，对残疾人更是如此。

作为一般公园、游乐场所应该考虑到残疾人的使用，而不宜为其设置专用的设备或场所，以免因突出其生理弱点（缺陷）而使其扫兴（图 3－5－14、图 3－5－15）。

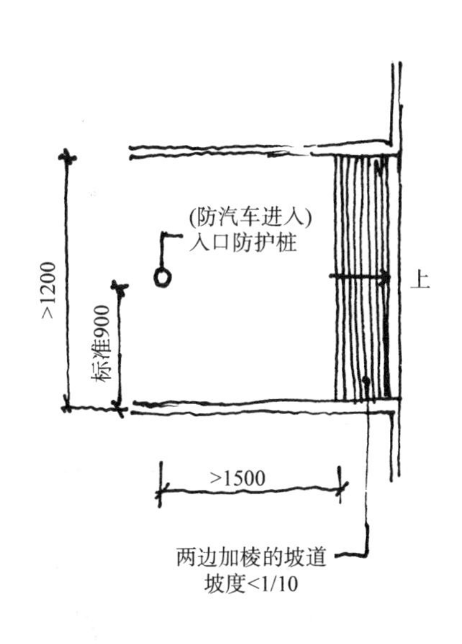

图 3－5－14　公园入口

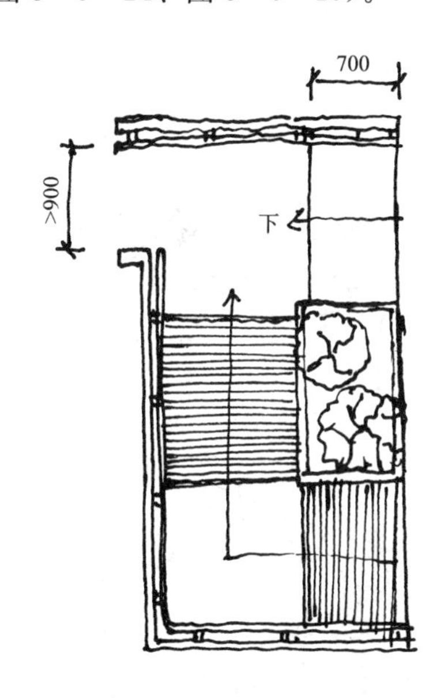

图 3－5－15　公园出口

出入口的设置首先考虑宽度≥120cm，这对一般景观环境设计很容易满足。两边加棱的坡道的坡度在 10％以下并具备防滑功能，高差必须有利于轮椅通过（图 3－5－16 至图

3－5－20）。

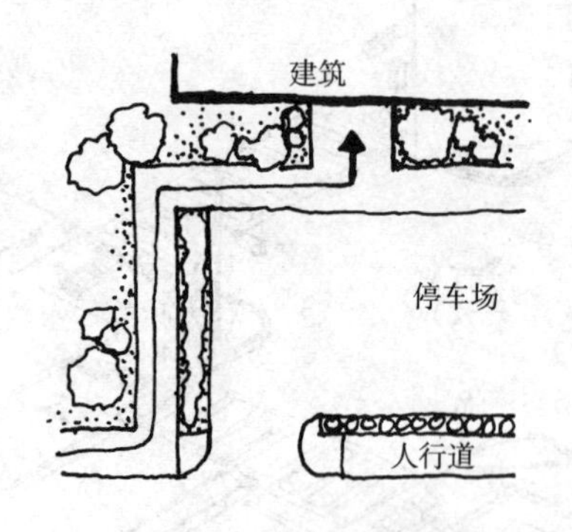

图 3－5－16　人行道与建筑物入口衔接

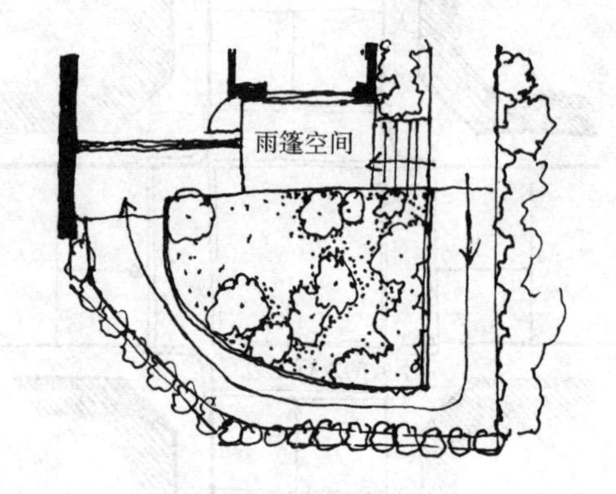

图 3－5－17　绿地高于道路时的无障碍车道

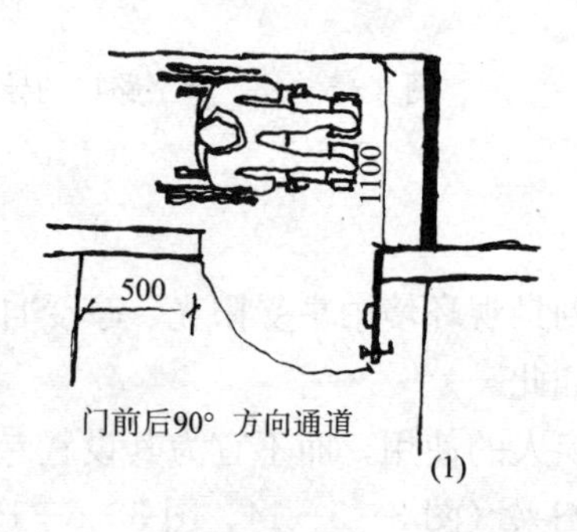

图 3－5－18

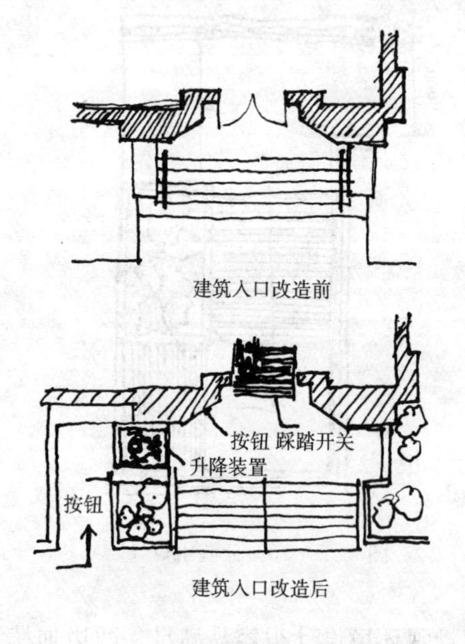

图 3－5－19

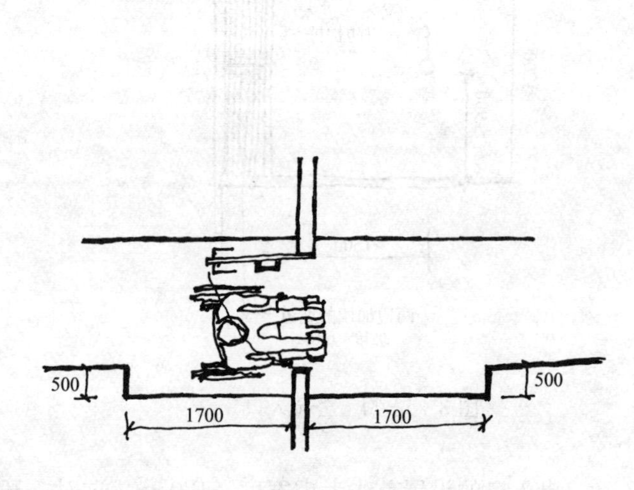

图 3－5－20　直线通过门时前后设置距离

3. 园路：

以残疾人需求为基准，可以扩大但是不可以缩小，路宽≥120cm，无高差，纵断面坡度<4%，若坡度很大时，每 50m 设至少 150cm 的水平面供休息，同时应考虑路面防滑且没有凹凸，不宜设石子路，以利于轮椅通行，不致颠簸（图 3-5-21、图 3-5-22）。

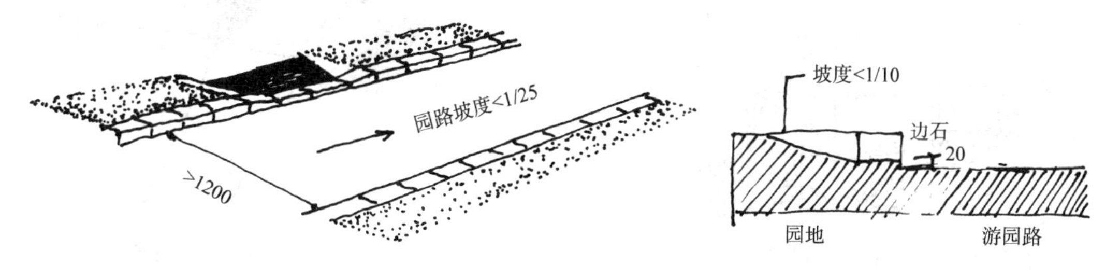

图 3-5-21　游园路无障碍设计

图 3-5-22　园地与园路设计示意

4. 高差处理：

处理高差可用坡道或台阶。台阶不利于轮椅通过，可以考虑同时设台阶和坡道且两旁设扶手或至少有一面有扶手。

坡道始末端>180cm，最大纵向断面坡度小于 5%，必须设高差时，纵向断面坡度≤8%，当纵向断面坡度 4%到 3.5%时，边缘要有防护，以防轮椅轮子掉下去而且至少设单面扶手，始末端扶手应水平延长 30cm，中间尽量不断开。

对借助拐杖等可以行走的台阶，踏步（宽大于 35cm 小于 50cm），踢步（高大于 10cm 小于 16cm），踢脚部分<3cm，梯段宽度>90cm，起始点宽度≥120cm，水平休息台两侧设扶手，并注意照明设计（图 3-5-23 至图 3-5-28）。

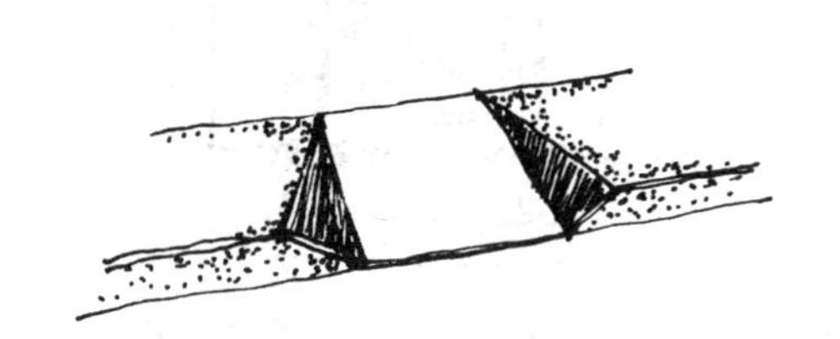

图 3-5-23　拓宽的坡道

图 3-5-24　切割坡道

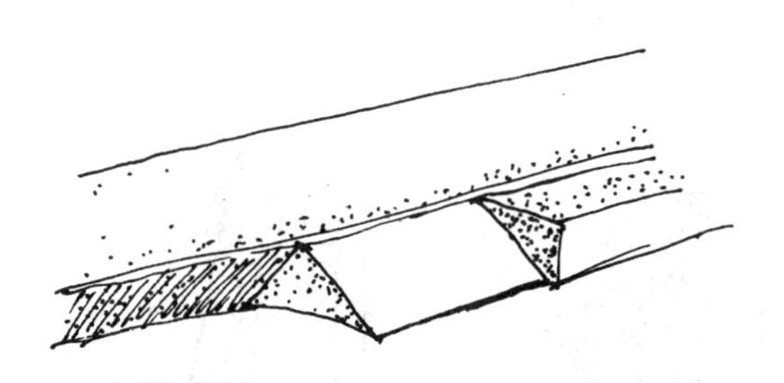

图 3-5-25　延长坡道

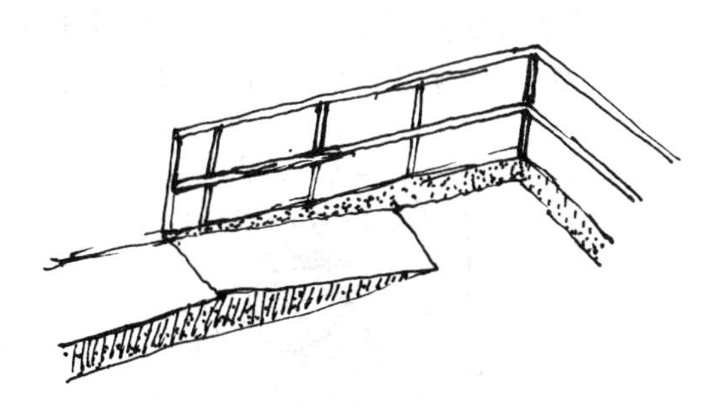

图 3-5-26　平行坡道

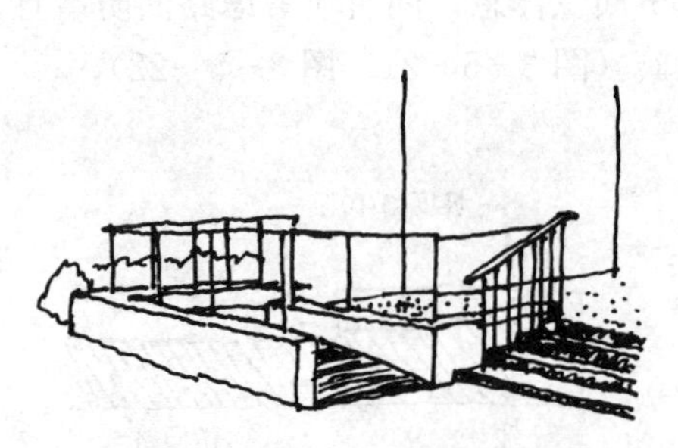
图 3－5－27　门厅周围坡道

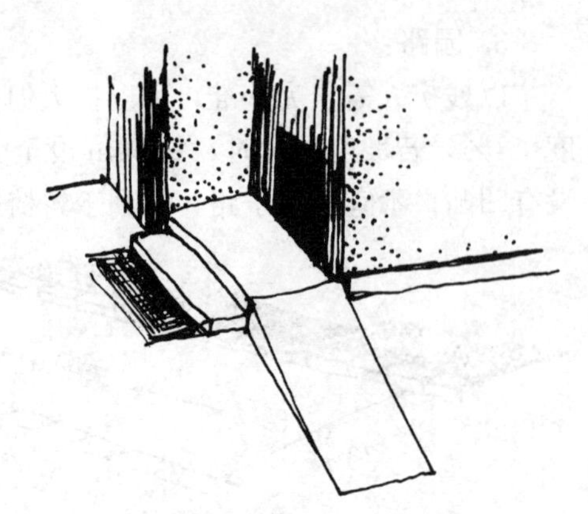
图 3－5－28　入口坡道

5. 扶手：

扶手高度以大人 80cm，幼儿 60cm 为宜，可以同时设置。为便于使用应距墙面（有墙面时）至少 3.5cm，扶手半径为 3.5～4.8cm 为好。扶手断面宜圆滑，以碰到上面不易受伤为好，如采用圆或弯曲状，同时为利于视觉障碍者使用可在扶手设盲文说明（图3－5－29）。

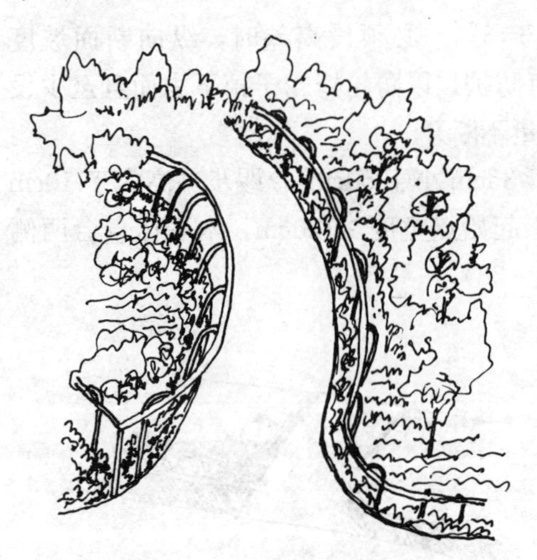
图 3－5－29　坡道与扶手

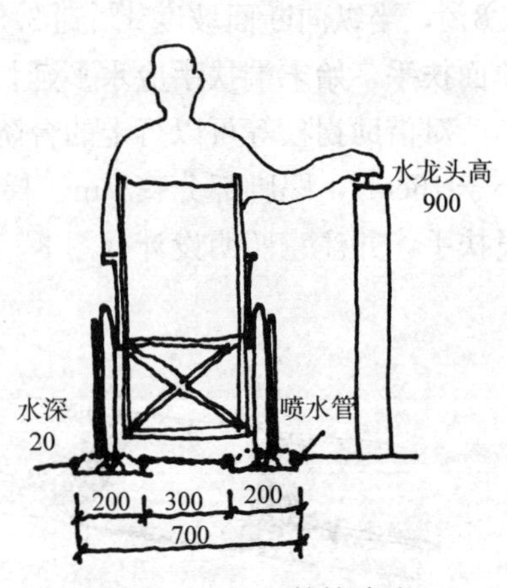

图 3－5－30　轮椅清洗

6. 玩水、砂、土设施

为便于残疾人玩水、砂、土，可将座椅及饮水器，桌、椅等设计成易于残疾人接近的，有些砂、土游戏可以在桌上开展（图 3－5－30、图3－5－31）。

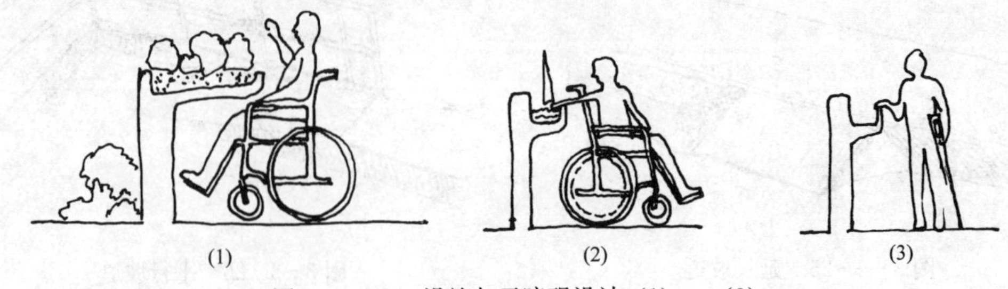

图 3－5－31　设施与无障碍设计（1）—（3）

四、案例

见图 3-5-32 至图 3-5-35。

图 3-5-32　设施与无障碍参与

图 3-5-33　公厕与无障碍设计

图 3-5-34　观景台与无障碍设计

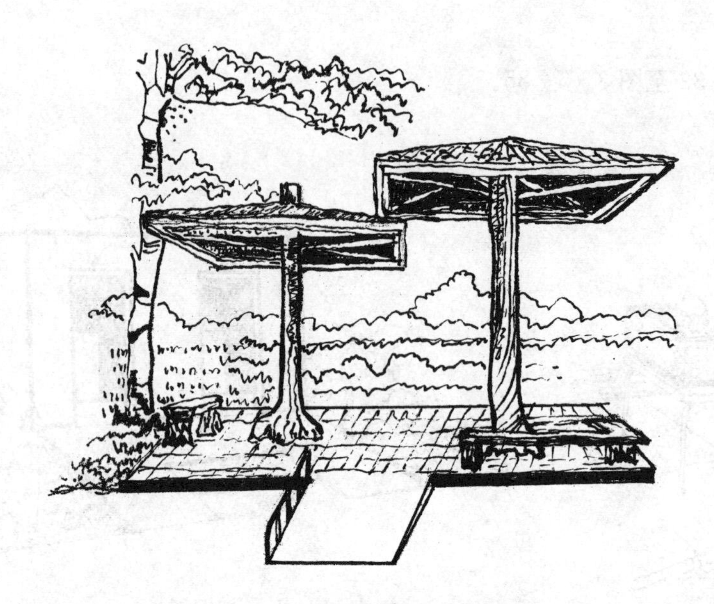

图 3-5-35　亭与无障碍设计

第六节　标 识 设 施

一、标识设施

（一）标识

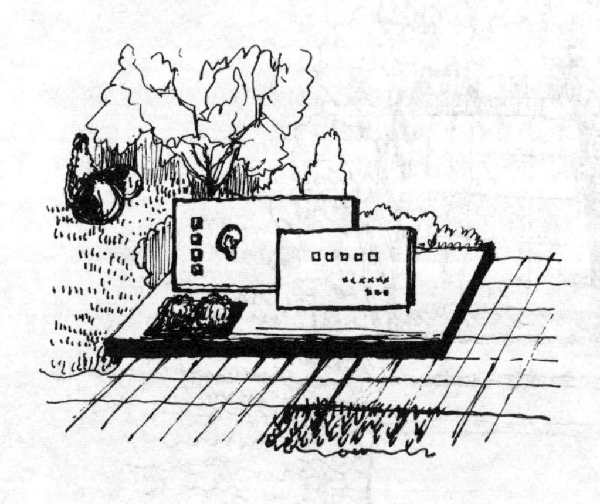

平面示意

图 3-6-1　标牌（指示地名、场所）
材料：不锈钢或混凝土、理石或玻璃

标注与识别之意，即标注特定环境内的特点，识别特定地域。

标识设施就是景观环境中用于识别、注释特定环境的设施。

（二）功能

1. 用来帮助识别特定地域。

2. 赋予特定地域文化或视觉特征即地域文脉。

3. 导引不同地域环境空间的过渡。

4. 提醒、警示环境行为主体——人的活动行为。

5. 自成景观，使其成为环境景观系统构成要素。

（三）类型

从标识的范畴区分：地域性标识、局部领域性标识、过渡性标识（图 3-6-1、图3-6-2）；

图 3-6-2　标牌局部地域标识

材料：理石或玻璃，或石材，或不锈钢

从标识的体量区分：有巨型标识、一般标识、微型标识（图 3-6-3）；
从标识的内容区分：有解说型、纪念型、警示型（图 3-6-4）；

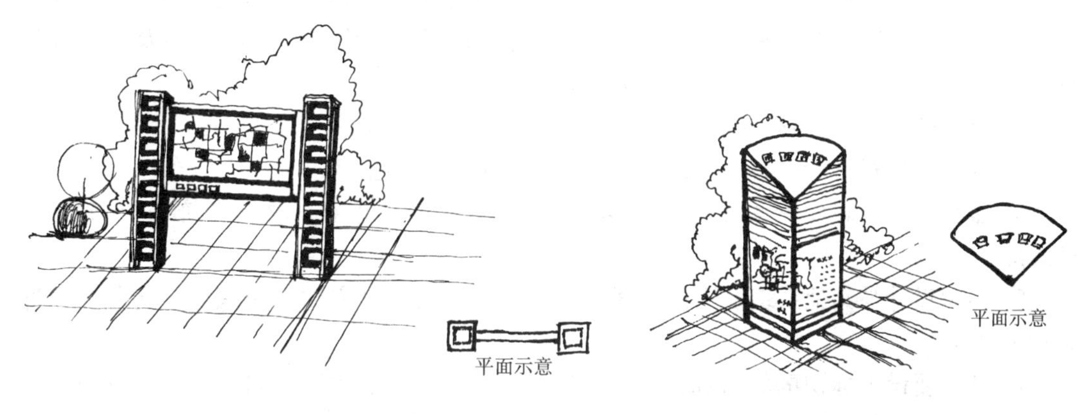

图 3-6-3　标牌（解释说明）——大型

材料：可以木材、混凝土或不锈钢

图 3-6-4　标牌（解释说明型）

材料：石材或玻璃、木材

从标识的年代区分：有文物型、新建型；
从标识的形态区分：有功能型、抽象型、具象型（仿生等）（图 3-6-5）；

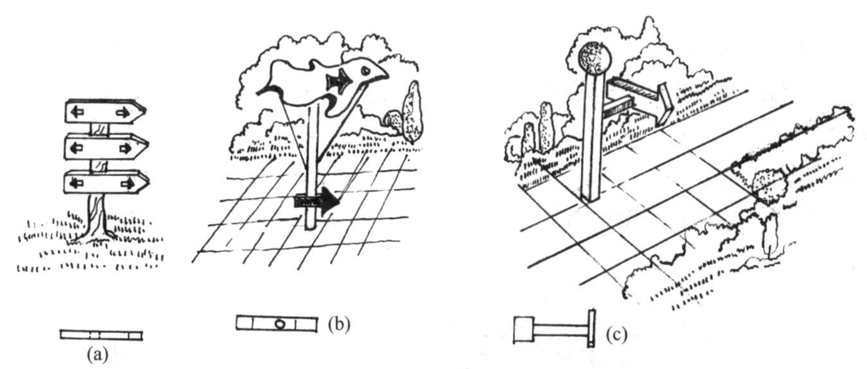

图 3-6-5　标牌（导向指示）——不同形态

材料：木材、金属、有机玻璃

从标识的文化区分：有文脉型、视觉导向型、空间界定型（图 3-6-6）；

从标识放置位置区分：有室外标识和室内标识，室内主要指景观环境中的园林建筑，如展览馆等；

从标识的放置方式区分：有独立式、悬挂式、附贴式、嵌入式。

（四）场址选择（设计要点）：

1. 依据标识的具体特征和作用选择场址，如地域中心、领域性。在空间的入口处、转折处、过渡性空间及达到标识目的处。

2. 依据标识的目的可以进行空中、地面等立体标识设置，利用视觉的可达性及优先性进行平视、仰视、远观、近观以达到目的。

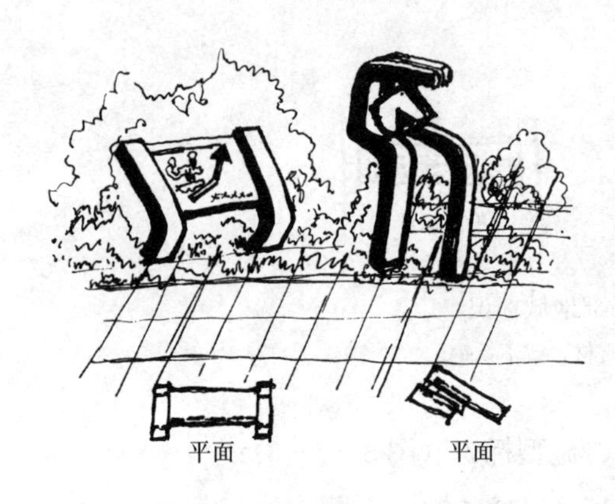

图 3-6-6　标牌（导向指示）

材料：金属、木材

3. 标识的体量、色彩、材质与场址的范畴都要相互协调。

4. 标识的立意设计要与场所的文脉相适应并反映出特色。

5. 服从整个景观环境系统的统一规划，数量、体量、色彩、材质在统一中求变化，忌紊乱。

6. 标识设计与其他系统设施在空间、地面、地下的安排方面要协调好，避免相互冲突和重复施工。

7. 凡需要设置标识的场所如广场、游园、入口、大门、水边、路口、林下座椅等都要依实际需要和特点安排，但所有设计应成一完整系统设计。

8. 材料选择上千变万化，应本着地方特色、文脉、经济、实用、景观、功能性为原则。可以是玻璃钢、混凝土仿木、竹、木、钢、不锈钢、铝、膜材、石、砖等单一材料或组合而成。

二、标牌等局部设施

（一）标牌导向设施

用于游览线路场所指示、解说注释、提醒警示、劝告等环境景观设施。

（二）类型：

1. 按功能作用分：

（1）视觉引导类：主要用于游览导引，吸引驻足和人流分流（图 3-6-7）。

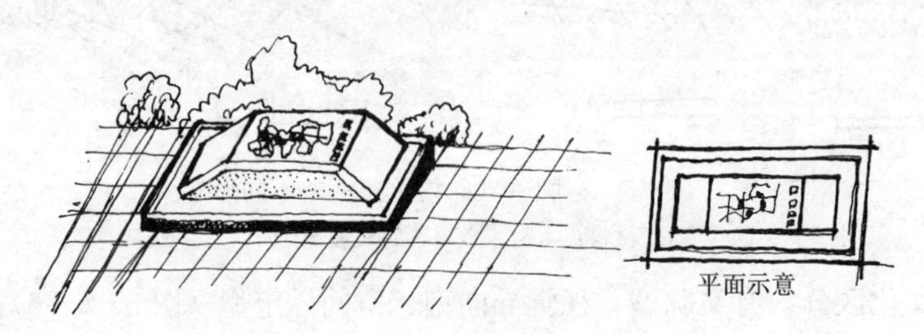

图 3-6-7　标牌（标识说明）——游览导引

材料：理石或玻璃或不锈钢

（2）解说注释说明类：用于建筑和景观的说明，如历史渊源、年代、意义等（图 3－6－8）。

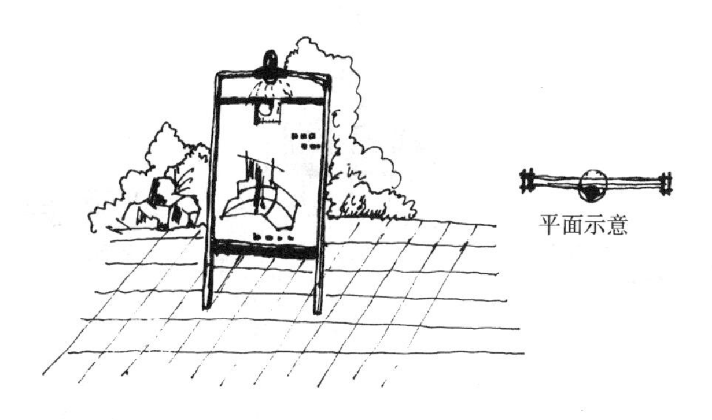

图 3－6－8　标牌（与灯具结合）——解说
材料：不锈钢或玻璃

图 3－6－9　标牌（卡通小品式）——特别告诫
材料：金属、玻璃

（3）警示劝告类：用于特别要求的环境景观注意事项，如禁止攀爬，不准钓鱼、涉水、随意践踏草坪等（图 3－6－9）。

2. 按分布位置分：

（1）空中布局型：如悬挂、悬吊（图 3－6－10）。

图 3－6－10　标牌（与灯具组合）——悬吊型
材料：不锈钢、玻璃、木材

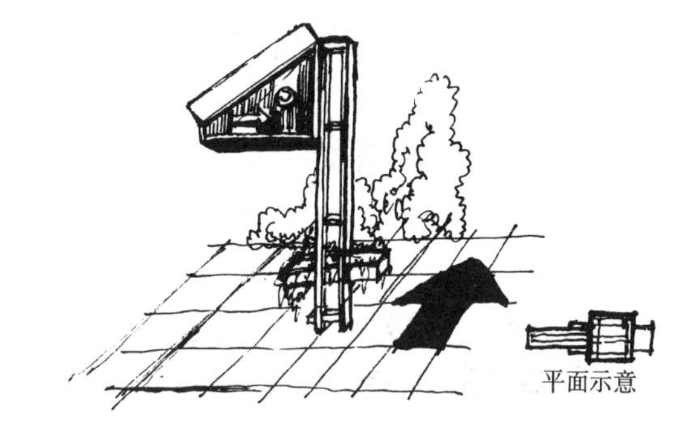

图 3－6－11　标牌（导向指示）——地面指示
材料：金属、玻璃

（2）地面指示导引：利用人对路面关注进行导引（图 3－6－11）。

3. 按独立程度分：

（1）独立支撑型如独立支柱与基座支撑（图 3－6－12）。

（2）镶嵌壁挂型，附挂于墙壁、电线杆或嵌入其他物体等（图 3－6－13）。

4. 按作用复杂程度分：

（1）单一标识型，如纯装饰型和导引型（图 3－6－14）。

（2）多重功能型，如既有导引标识作用又有设施作用，如座椅、垃圾筒（图 3－6－15）。

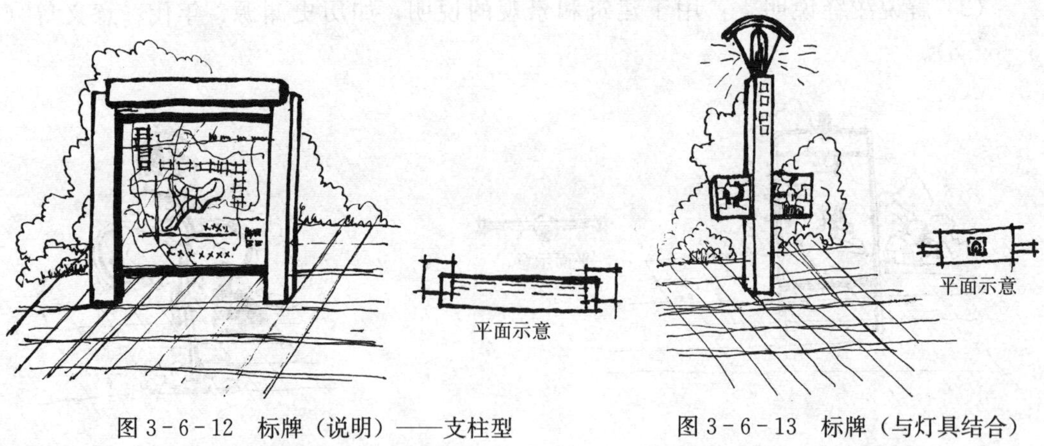

图 3-6-12　标牌（说明）——支柱型

材料：有机玻璃或不锈钢

图 3-6-13　标牌（与灯具结合）——镶嵌型

材料：不锈钢、木材、玻璃

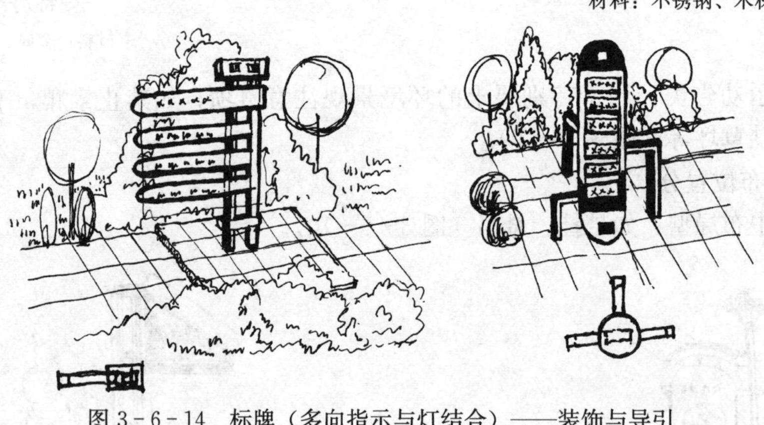

图 3-6-14　标牌（多向指示与灯结合）——装饰与导引

材料：木材或金属

5. 按服务对象分：

（1）道路交通型标牌导向设施（图 3-6-16）。

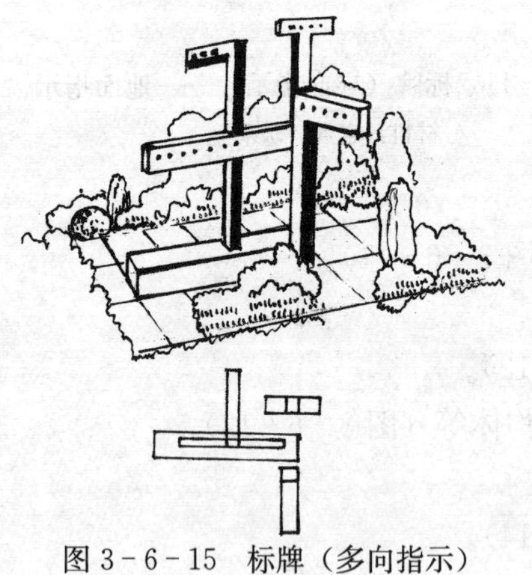

图 3-6-15　标牌（多向指示）——多功能

材料：木材或金属

图 3-6-16　标牌（多向指示·艺术化）——交通型

材料：金属、玻璃、木材

（2）公共空间型标识导向设施（图 3-6-17）。

（3）特殊空间型标识导向设施。

6. 按有意识无意识（即意识主动程度）分：

（1）灯光导引，如路灯本身沿路成线状，就是一种导引属于无形导引，还有如河流流向等。

（2）标牌导引设施属于有形导引。

图 3-6-17　标牌（小品化指示）——公共空间导引

材料：不锈钢、玻璃

（三）功能作用

1. 视觉导引，导引人流从一空间到另一空间（布于道路两侧）。

2. 视觉焦点成为某空间的焦点（公共空间）。

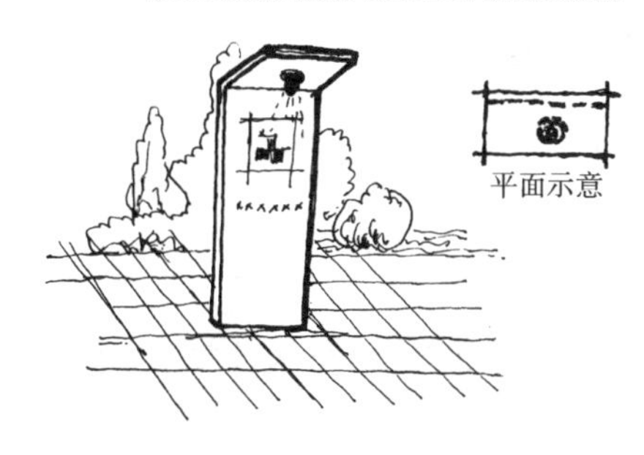

图 3-6-18（1）　标牌（与灯具结合）——规则式

材料：不锈钢或玻璃或木材

3. 注释说明，提醒警示劝告。

4. 自身成景，在某一景观环境系统中，标牌可自成体系。

5. 构成空间元素，如建筑标牌属于建筑一部分。

（四）构成

1. 形态构成：

按构成方式分为规则式（方形、长方形、棱柱、棱台、圆柱等）、自由式、直线式、曲线式、组合式、仿生式、抽象式。按单体形态构成划分有牌身、牌座、基础等几部分（图 3-6-18、图 3-6-19）。

图 3-6-18（2）　标牌（雕塑小品化指示）——组合式

材料：玻璃或木材或金属

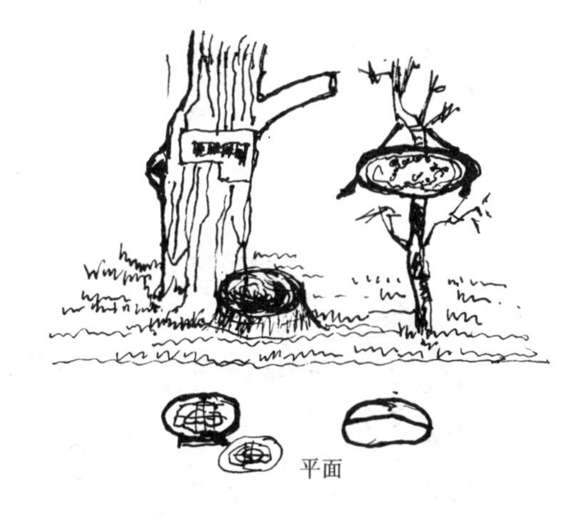

图 3-6-19　标牌（导向指示）——自由式

材料：实木或混凝土仿木

2. 材料构成：

由钢材、不锈钢、彩钢、木材、石材、竹类、铜等单一或组合式材料构成。

3. 结构构成：

牌身支撑与底座固定部分，支撑有框架式和附属式，固定有混凝土基础型、深埋型或底座直接承接牌身无需固定式。

（五）设计要点：

1. 位置选择服从整体环境系统规划，合理布置成系统设置。

2. 注意标识导向目的不同，可以从色彩、质感、体量、造型等几个方面进行设计。

3. 注意标牌与其他系统设施的主从关系。

4. 标牌设计不可盲目标新立异，应结合环境、时代背景、表现目的进行设计，要求经济、美观。

5. 数量确定不是依人流多少而是依空间的性质，有些空间即使偶尔有少数人进入，也要设置警示性标牌。

6. 标牌功能可以多项合一进行设计，既有说明又有指示作用。

7. 标牌的摆放无固定要求而是依空间要求灵活处理。

三、地标设施

（一）地标设施：

主要是指作为某一地域的独立标识，成为该地域场所精神的一种象征性标识（图3-6-20）。

图3-6-20 雕塑小品——地域标识

某广场观景台、功能雕塑艺术化，具地标作用

（二）类型：

1. 文物型：

主要以古代遗留下来的某种设施为主，如塔、庙、钟等（图 3－6－21）。

2. 现代城雕型：

以现代城市雕塑为主，反映时代文脉场所精神的较大型抽象雕塑，成为特定地域标志性设施如开发区大门，雕塑标识等。

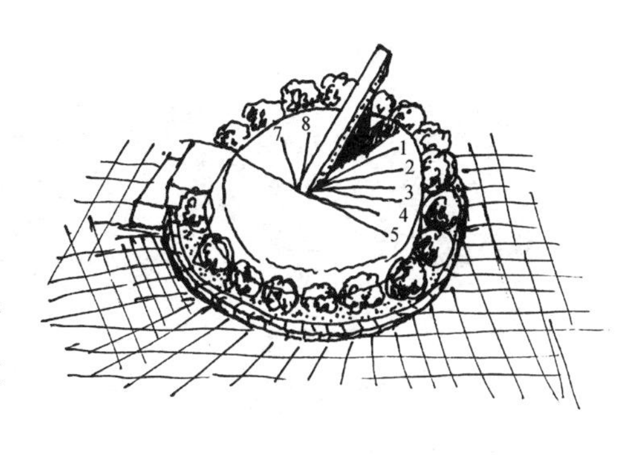

图 3－6－21　雕塑小品（功能性、知识性）——时钟

（三）设计要求：

1. 地标设计选址非常重要，常以地域的出入口、中心区、转折过渡区焦点或有代表性的区域如开发区、步行街等作为选址对象。

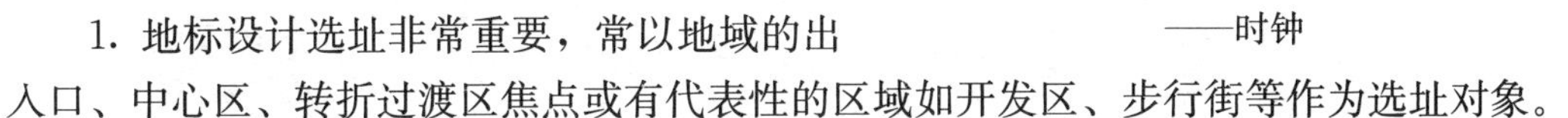

2. 地标设计对体量有特殊要求，要有一定的远视或近观要求，以体现地标特征，所以在体量、高度、色彩及材料方面要以突出强调为主。

3. 地标对周围空间有一定辐射范围，因此其周边环境设计无论从哪个方面都是从属的、次要的，并要服从城市规划要求，避免破坏原有城市地貌及天际轮廓线，而且建成后也不要被后来建设所破坏。

4. 地标设计要有点题之笔，依据不同地域场所特征来控制其文化脉络表征。

5. 地标对某一区域而言常常是惟一的，因此其数量及设置要依据区域范围规模与在城市中的地位来确定，但有主次之分。

四、景观环境雕塑

（一）景观环境雕塑

主要是指在景观环境中的雕塑作品。

（二）类型

1. 景观环境雕塑按雕塑作用分为：可进入型（即结合行为活动的设施，人们可以进入其中的雕塑）、纯赏析型和标识型雕塑。纯赏析型、标识型雕塑不考虑人们的进入（图 3－6－22）。

2. 从雕塑的设置目的区分有趣味型和文脉型。前者以增强人们对环境的趣味为主，文脉特色要求不高，而后者则侧重于特定场所文脉，设计要求高、难度大。

3. 从体量上分可分为巨型雕塑和微型雕塑。

4. 从材料上又可分为：竹雕、木雕、钢雕、混凝土仿、石雕等（图 3－6－23）。

5. 从形式上区分有抽象型、具象型、仿生型（图 3－6－24、图 3－6－25）。

6. 从时间上区分有现代型、古典型（图 3－6－26、图 3－6－27）。

7. 从与环境结合程度区分有环境融入型和相对突出型，前者如攀岩，后者则比较常见。

8. 依雕塑所起作用可分为纪念性景观雕塑、主题景观雕塑（通过主题雕塑在特定环境中揭示某些主题）、装饰景观雕塑（主要起环境装饰作用）、陈列性景观雕塑（以多个雕塑陈列形成群雕）。

图 3-6-22　雕塑小品——赏析型

广场中，以“树的欢畅”为主题，用简化形式表达“树”，并通过“风”来传达动态的雕塑

图 3-6-23　雕塑小品（壁上时钟）

材料：理石、不锈钢

图 3-6-24　雕塑小品（抽象构成型）

图 3-6-25　雕塑小品——具象式

建筑前的雕塑，强调艺术化与喷泉结合

图 3-6-26　雕塑小品——古典型

该小品位于戏院门前，造型简洁、主题明确，以花脸抽象而成，但环境尤其是植物设计应该仔细斟酌

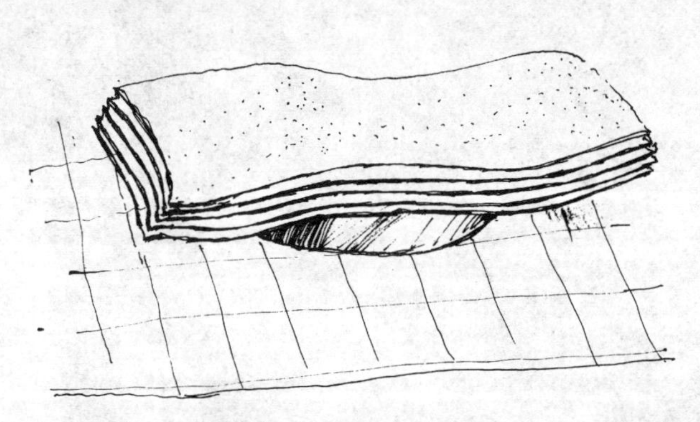

图 3-6-27　雕塑小品（生活中提炼、联想型设计）——现代型

以生活中的现象为题材，生动有趣，又结合功能作用，创意好

9. 依结构体类型可以分为：碑式、座式、台式和平式四种。碑式主要用于纪念性雕塑；座式主要是古典式样比例（一般为雕塑：基座＝1：1），表现比较充分；台式是近人的尺度（一般为雕塑：基座＝1：0.5）；平式主要指没有基座处理，不显露基座的形式，形式比较自由。

（三）景观雕塑功能：

1. 点题功能：通过雕塑升华景观主题和空间，赋予空间场所文脉和精神。

2. 视觉引导：通过其造型、体量，形成视觉走廊和焦点，成为游览路线引导。

3. 景观功能：以自身特征成为景观环境文脉的组成部分。

4. 多重功能：与其他设施相结合，具有多重用途，如与喷泉、瀑布、假山等结合。

5. 传承文化：以雕塑形式对文化典故、内容进行意译，传承文化。

6. 地域标识：成为某一种特定地域的符号，升华地域特征。

（四）构成

1. 形态构成：

一般可分为雕身、基座两部分。

2. 材质构成：

石材、钢、膜、玻璃钢、铁、不锈钢等一切现代工程所用的材料皆可以成为其用材，可以是单一材料，也可以是多种材料组合（图 3－6－28）。

图 3－6－28 雕塑小品（不锈钢坐椅）

现代材料、信手拈来想法很好，简洁实用、诠释“设计”。

3. 结构构成：

雕塑结构构成部分比较复杂，主要指其支撑部分，一般有雕身支撑部分、基础、固定结构、基础安放结构，常用钢架结构、骨架结构、斜拉索膜结构（图 3－6－29）。

（五）设计要点

1. 雕塑选址依据景观环境整体规划，合理选点进行安排。

2. 根据不同场所空间要求进行场址选择。

3. 根据观赏视距和视觉导向系统进行场址选择：

（1）通常将建筑学视线图解法在环境雕塑设计中加以应用，通过 3 个方向来布局雕塑

图 3-6-29　雕塑小品——钢架结构
雕塑坐椅式、趣味性
从大象鼻子抽象而成，适于居住区等公共场所

位置，预设雕塑位置和高低，水平面的布置、基本视点位置，同时依据需要可以从物理学的镜面反射法得到倒影位置图。

(2) 注意设计中视觉变形校正，由于观赏角度不同而产生仰视、俯视等不同而导致物体的变形，会使各部分比例失调，从而影响观赏效果。具体方法可以根据建筑学中透视变形校正方法进行。

4. 雕塑的平面形式：

(1) 规则式：对称式（雕塑处于环境中央，可全方位观察）、中心式。

(2) 自由式：雕塑自身不规则布置于环境中，雕塑环境也可以取不规则式布置。

(3) 丁字式雕塑：雕塑在环境一端，有明显方向性和180°视角。

(4) 通过式：环境雕塑位于人流路线一侧（图 3-6-30）。

(5) 对位式（属于规则式）：雕塑从属于环境空间组合需要，并用环境平面形状的轴线控制景观雕塑的平面布置，多用于纪念性景观中。

(6) 综合式：采用多样平面组合布置方式（图 3-6-31）。

5. 注意夜间效果表现，即做好景观雕塑夜间照明设计。最好采用前侧光，一般大于60°角，避免强俯仰光（正上光、正下光），尤其是强度相等的正上、下强光的使用，否则易形成恐怖感觉，同时也要体现雕塑立体感而避免顺光照射以及正侧光所形成的“阴阳脸”效果。

图 3-6-30　雕塑小品（路边街景）功能与景观结合式

图 3-6-31　雕塑小品——重叠与组合

绿地中小品，重复手法与建筑环境协调突出地方、民族特色

五、大门

（一）大门：

景观环境系统中的大门指对某种空间具有界定作用同时又标志一种空间结束另一种空间开始的过渡设施。其要求有前空间和后空间以集中和分散人流。

（二）类型：

1. 按构成的虚实分为实体式大门（如墙式）和虚透式大门（如廊、架式大门）（图3－6－32）。

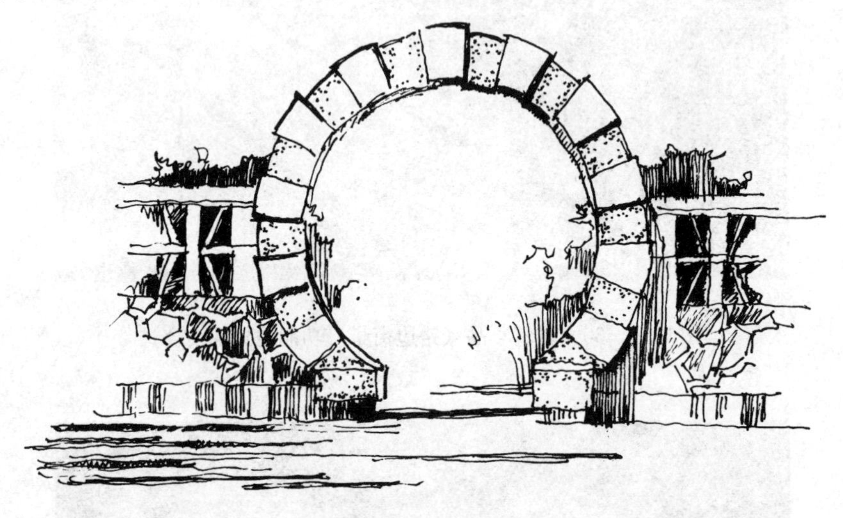

图3－6－32　天津市清源里园门洞——与墙结合

2. 按主要功能有功能性大门（含有售票、管理等功能）、装饰符号象征性大门（仅仅是一种空间象征和装饰，无实质性使用功能）（图3－6－33至图3－6－38）。

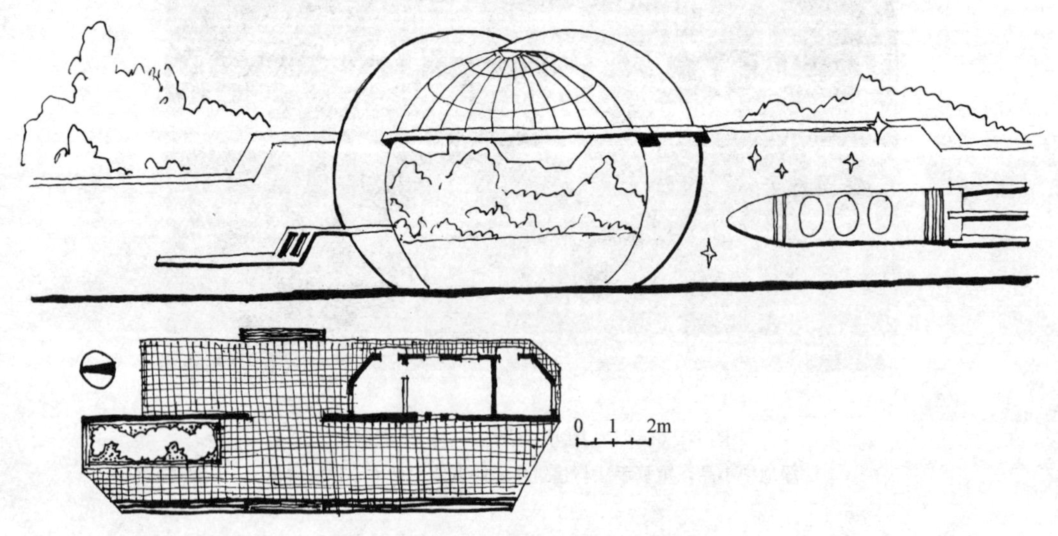

图3－6－33　大门设计（儿童公园大门）

阐述内容，形式表达类设计，以孩童的幻想与期寄为主题，活泼有吸引力

图 3－6－34　苏州拙政园门洞

图 3－6－35　无锡锡惠公园长八角门洞

图 3－6－36　苏州留园八角门洞

图 3－6－37　广州佛山祖庙壶形门洞

图 3－6－38　月亮门——象征性

3. 按表现形式有抽象式（根据特定环境抽象而成，运用现代手法）、功能式、具象式（以具体的某种物体为形象）、仿生式（模拟生物体加以提炼）（图 3－6－39）。

4. 按地域空间不同又有自然风景度假区大门（有功能、出入口、标识性）、小游园大门、公园大门、广场、步行街等公共空间大门，以及专属领域性大门（工厂、园中园、企业单位等）（图 3－6－40）。

5. 按形成元素形式有柱墩式、牌坊式、屋宇门式、门廊式、墙门式、门楼式及其他。

6. 按设计元素方式分：

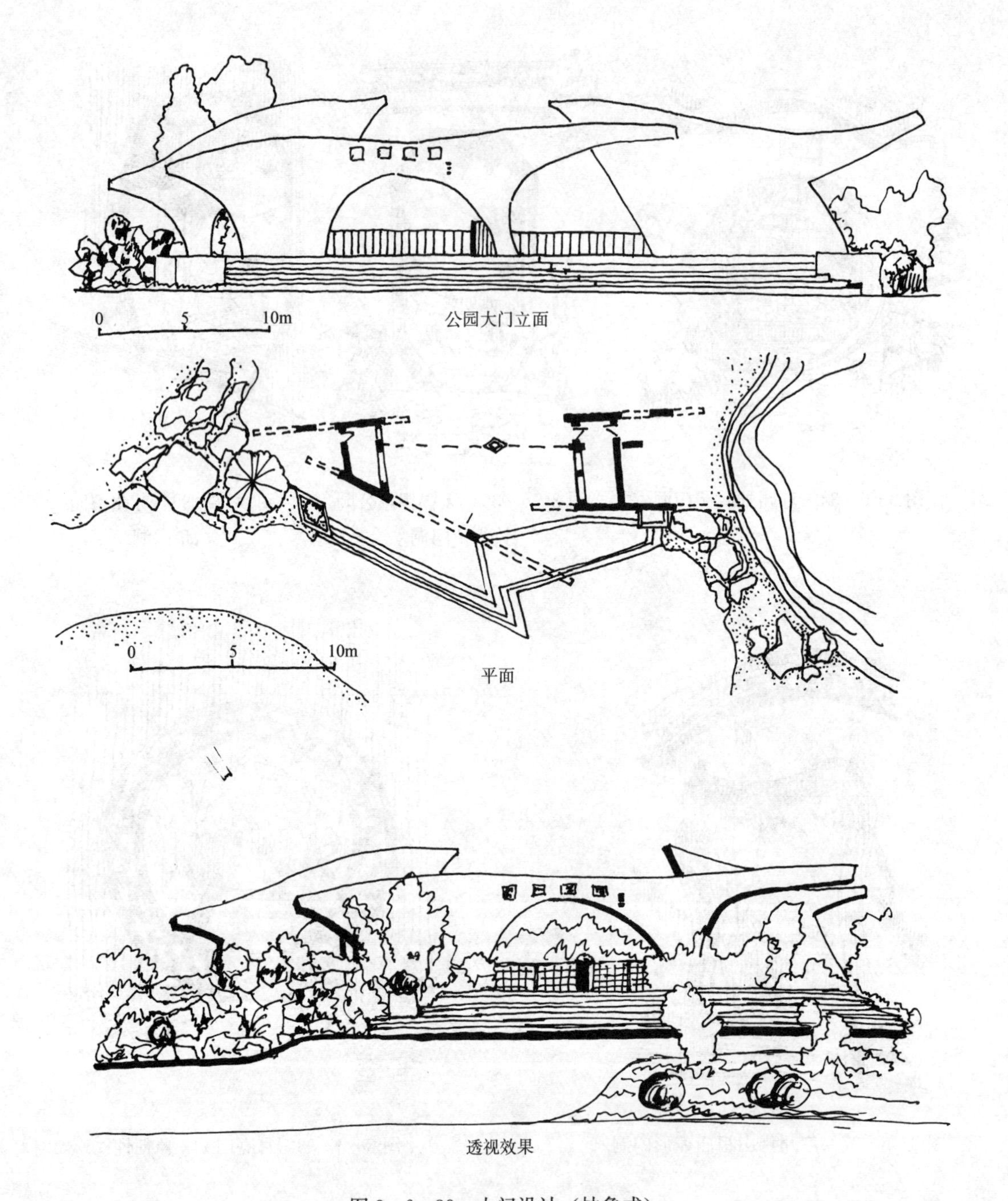

图 3-6-39　大门设计（抽象式）

北戴河碧螺公园大门，大门临海而设，利用现代构成原理将几块板墙进行立体空间构成，具有一定寓意：以海生生物形象为主题，如果周围环境，尤其是门前环境景观仔细设计会更好

(1) 柱墩式大门：

柱墩由古代石阙演化而来，常设 2～4 个柱墩，对称布置，分主次出入口。柱墩外缘连接售票或围墙，至现代演化成柱式大门，象征性较强。柱的排列自由灵活，依设计目的而定，呈阵列式、曲线自由式或高低不同而设置（图 3-6-41）。

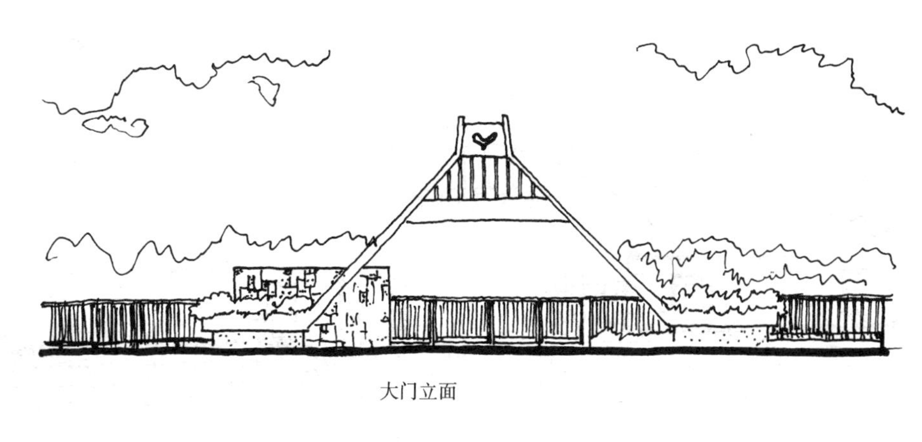

大门立面

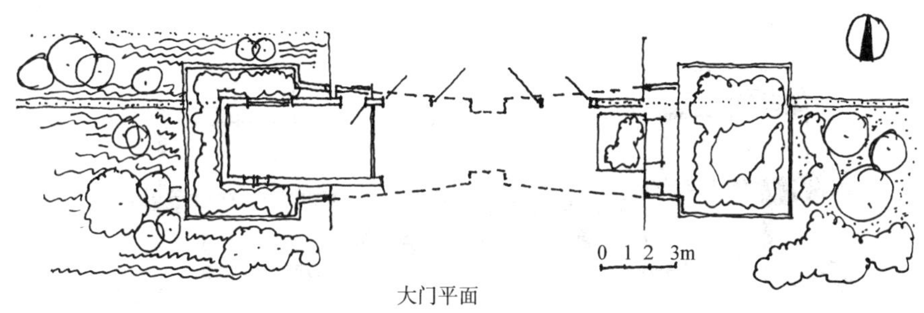

大门平面

透视效果

图 3-6-40　大门设计（民居式）——公共空间大门

该大门是云南热带植物园大门，位于西双版纳罗梭江畔葫芦岛上。采用傣族传统建筑竹楼风格，具有民族与地方特色，唯标识方面较弱

（2）牌坊：

是我国古代建筑上很重要的一种门。牌坊上安门即成为牌坊门，常有两种类型即牌坊与牌楼，牌楼有横梁和檐，牌楼又分冲天牌楼和非冲天牌楼，现代牌坊式大门设计常采用融化式设计或抽象而成。

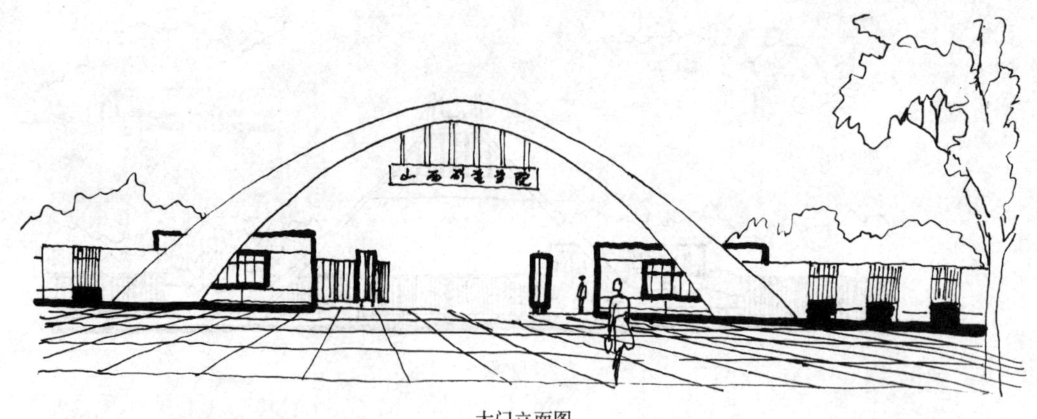

大门立面图

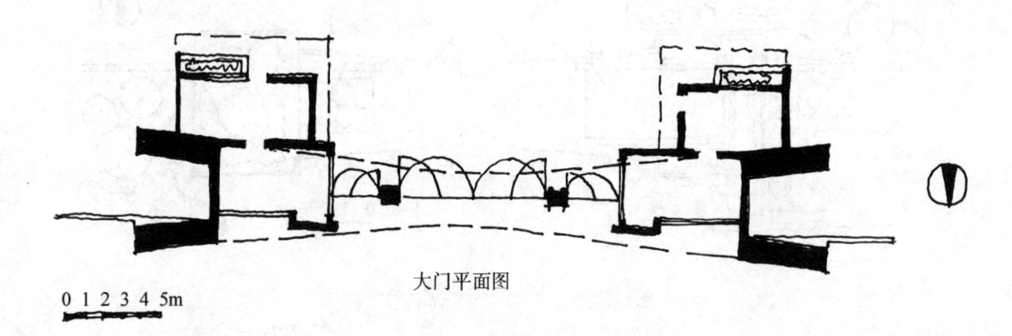
大门平面图

大门西立面

图 3-6-41　大门设计（对称式）——柱墩式

该大门是山西矿业学院的校门设计，整体风格大气流畅、功能合理

（3）屋宇式大门：

是我国传统大门建筑形式之一，有进深、面阔似房屋式布置，通常前檐柱双扇门，后檐柱四扇门。两侧有折门，常用于民院府第、庙宇等。现代大门常用简化式、抽象式，并采用现代材料和布置方式（图 3-6-42）。

（4）门廊式大门：

由屋宇演变而来，由门与廊架相结合，形成廊架式建筑形式，常有平、拱、折板式屋顶，根据大门所处地形可以取对称与不对称布局（图 3-6-43）。

（5）墙门式大门：

在墙中设门的一种设置方式，类似古代的后门和便门，现代设计中常用于次入口或管理性通道等处（图 3-6-44）。

图 3-6-42　大门设计（传统式）——屋宇式

北京柳荫公园大门

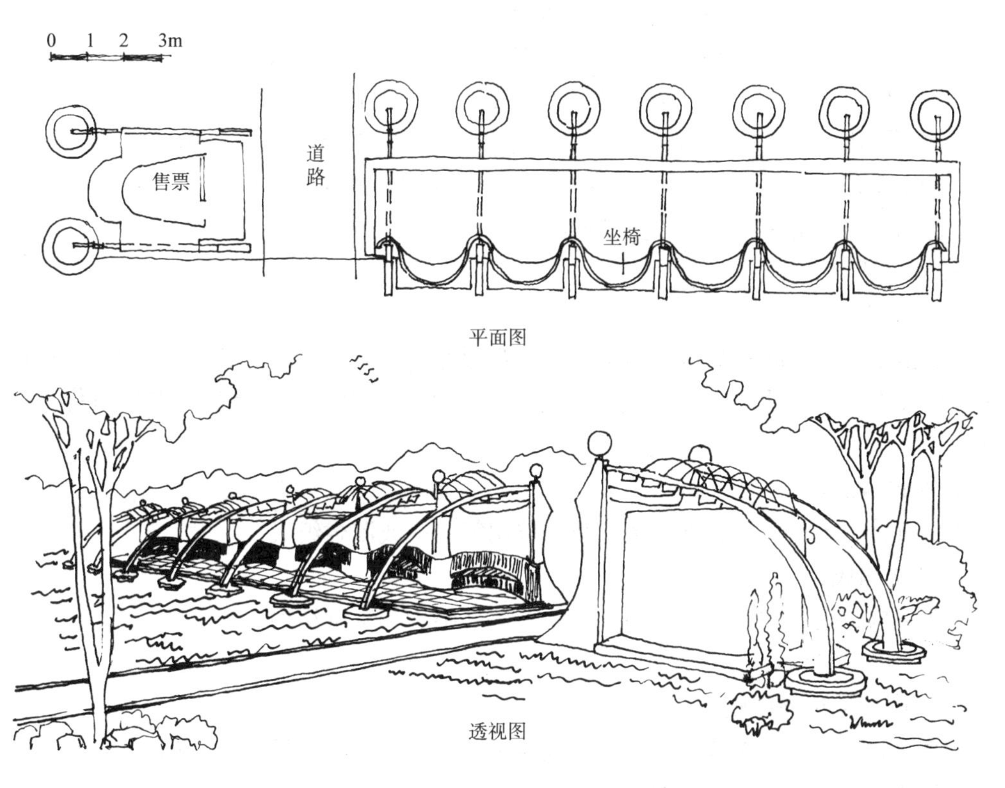

图 3-6-43　大门设计（大门与花架、座椅结合式）

该门是郑州人民公园植物园入口，将大门功能以花架廊的形式体现，强调大门通道的作用，用系统的设计论阐释了大门设计，具有“设计”理解味道

（6）门楼式大门：

采用多层屋宇门的设计。

（7）其他：雕塑式、具象式（动物、生物等）以及与花盆架等相结合布置的形式。

图 3-6-44 天津市河东区某园门洞——墙门式

(三) 功能:

1. 集散交通:组织引导出入口人流及交通集散。

2. 管理功能:门卫、管理、售票、收票、服务(如小卖、摄影、寄存)等。

3. 组织环境空间:空间上起过渡、引导、暗示、对比等作用。

4. 景观功能:大门的造型及色彩等成为一种景观并具有景观焦点作用,导引视觉。

5. 装饰标识性:仅仅作为一种装饰,起到地域场所精神提炼作用。

上述功能可以有一项也可以多项同时俱在。

(四) 构成

1. 形态构成:

主要由出入口空间和造型空间构成,外观形态有抽象式(功能式)、规则式、自由式。按平面构成形式有直线式、曲线式、规则式(规则不对称、中心对称式等)、自由式、错落式。

2. 材料构成:

砖、石材、木材、不锈钢、张拉膜、玻璃等单一或混合组成。

3. 结构构成:

框架结构、钢结构、砖混结构,通常有上部结构和基础结构。

(五) 场址选择

1. 大门场址选择原则:

交通便利、面向主要城市干道、面向主要人流通过的地方,同时地形起伏不宜太大,以利于多种附属功能的实现(如停车场)等。

2. 大门场地选择:

同时考虑城市总体规划和景观环境规划,尤其是各环境中各景点的主次关系、景区的布局及活动安排。

(六) 设计要点

1. 大门的主次设计:

依不同目的要求,有主要大门、次要大门、管理专用门的设计。

（1）主要大门作为游人主要入口。面积要足够大，是主要游览路线，景点设施齐全。

（2）次要入口是景观环境中为管理需要专设的门，如运输货物及垃圾排放等。

（3）大门位置选择应该考虑周围环境影响，如附近是否有大量居民及街道位置，附近学校、机关、公共活动场所布局情况等都对大门的选址有影响。

（4）大门位置选择应该考虑货物运输、供应、废物排出与城市及环境的关系。

2. 大门表征：

要求明显，空间开敞，有一定规模，造型简洁、明快、特色突出。

3. 大门出入口空间设计：

（1）大门出入口人流设计：

应考虑平时与节假日高峰期而设有大小出入口，并考虑人车分流需要。出入口宽度为：通常单股人流需要 600～650mm，双股人流宽度 1200～1300mm，三股人流宽度 1800～1900mm，自行车推行宽度 1200mm 左右，小推车推行宽度 1200mm 左右，大出入口车流 7～8m。

（2）功能：

出入口广场要满足人流停留（等待售票、进入准备、留影）、缓冲及交通集散（车辆手续）以及人们对景观环境序列起点的观赏需要。

（3）组成：

外广场需有停车场及候车空间（公交站点或免费接送车站点）、小型购物处（摄影、及游泳、喇叭、攀登用具等）、导向系统（标牌式、全景图、电子式、音响式）。

（4）空间设计方法：

利用出入口广场形成庭院式、开敞、半开放以及实墙围合、植物的利用，山石水体的布置形成空间层次。空间序列设置形成对比（常用于小型）景观环境的出入口如小型园子。

4. 大门管理空间设计：

（1）构成：

管理空间常由售票、收票、杂物、接待、警卫（秩序与安全）、讲解、告示牌（大型、探险等风景区）等组成。

（2）布局：

现代社会人们环境意识及回归自然向往日益提高，加上国家黄金周的出台使各景观环境区游人猛增，小型园林景观环境中常用的售票处紧挨入口方式已不能满足需要，既延长等待时间，又影响情绪和秩序。因而管理常与出入口分开设置，从而大大提高通行率。同时售票也开始 电子化、系列化，因而更无必要同设一处。售票要设不同类型窗口如团体、散客等提高效率。另外要做好特殊情况（如下雨、雪、暴晒等）下的应急措施，以保证秩序和游人身体安全和健康。

（3）管理空间：

应作为建筑的一部分做好通风，遮阳、隔热、保温设计。

5. 大门构成元素与流程设计如图 3-6-45。

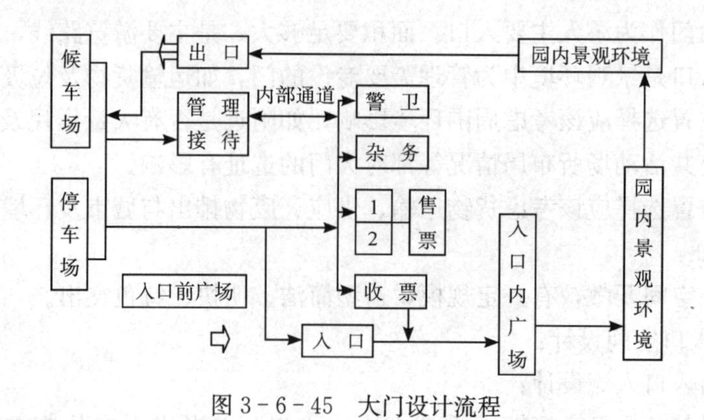

图 3-6-45　大门设计流程

（七）案例：

见（图 3-6-46）。

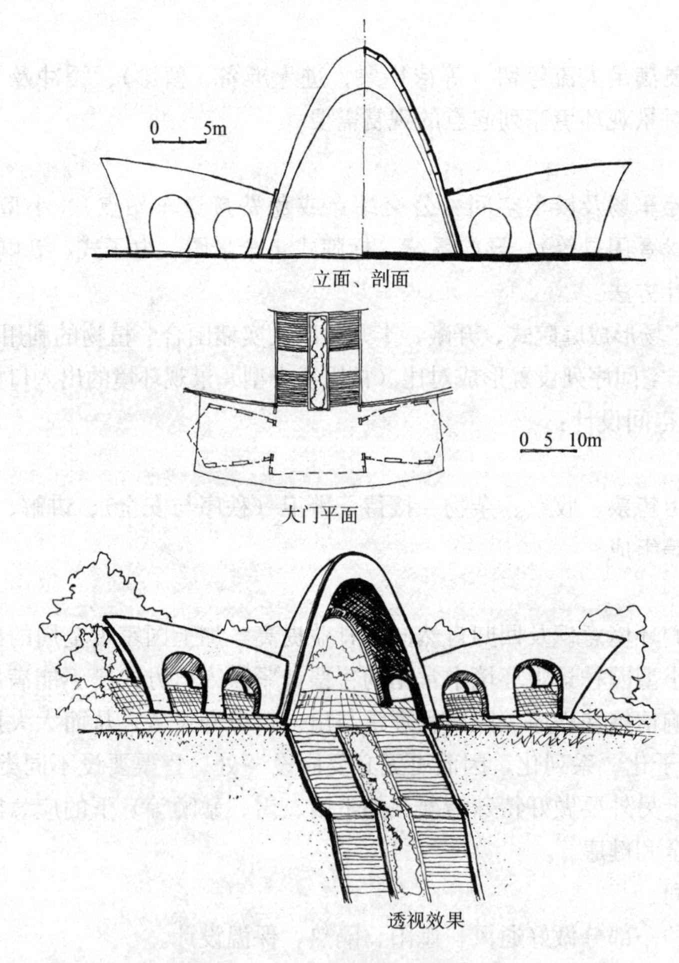

图 3-6-46　大门设计（抽象式）

该大门是广东韶关体育中心以体现运动的流畅与动感为主题构成简洁，遗憾的是没有考虑无障碍设计、标识也欠缺

第七节　照 明 设 施

一、景观环境照明设施

（一）照明设施：

景观环境系统中的照明设施主要是指用于夜间观景照明及突出景观环境夜间景观的照明设施。

（二）主要分类：

1. 按用途分：

景观点照明如草坪灯、地灯等，观赏照明如夜间游览照明，如火把、灯笼、手电筒、路灯、探照灯等（图 3－7－1、图 3－7－2）。

图 3－7－1　照明灯（1）
道路、广场

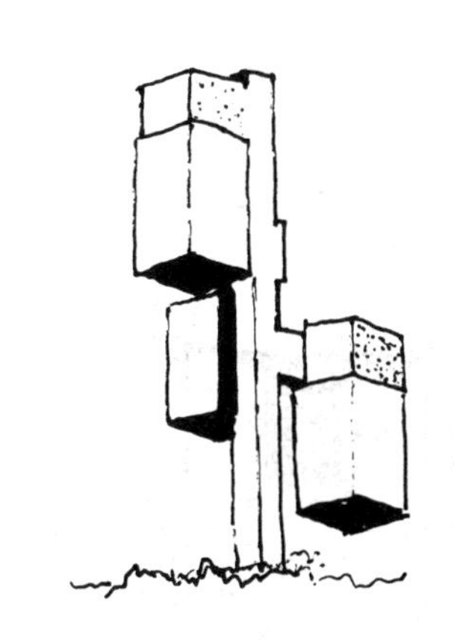

图 3－7－2　景观照明灯（1）
草坪

2. 按使用方式分：

有固定式，如路灯、广场灯；移动式，如火把、灯笼等。

3. 按照明布置形式分：

灯柱式（体式：巨型发光体）、点式（局部景点：单体建筑）、线式（路灯布置）、面式（成片、成面重点布置突出景区）。

4. 按照明对象分为：

（1）杆式道路灯、柱式庭园灯、短柱式草坪灯或路灯、庭院灯、草坪灯。路灯一般采用镀锌钢管，底部直径 ϕ160～180mm，高（H）为 5～8m，伸臂长度（B）为 1～2m，灯具仰角（α）为 0°、5°、10°几种，但要≤15°，主要用于景观环境主干道，满足照明需要（图 3－7－3、图 3－7－4）。

（2）庭园灯主要用于庭园广场、游览步道、绿化带及装饰性照明，其高度通常为 2m 左右，草坪灯主用于草坪，植物或小型广场、单体、地面部分照明，灯高 0.7～1m，也可以采用地灯，贴于地面上，但要注意安全、防护（图 3－7－5）。

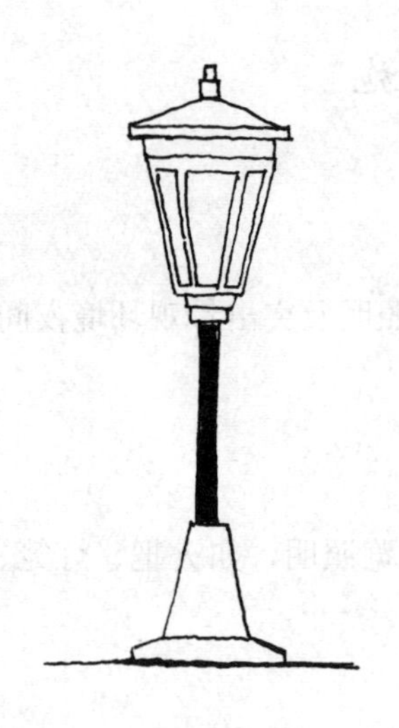

图 3-7-3　照明灯（2）

庭院

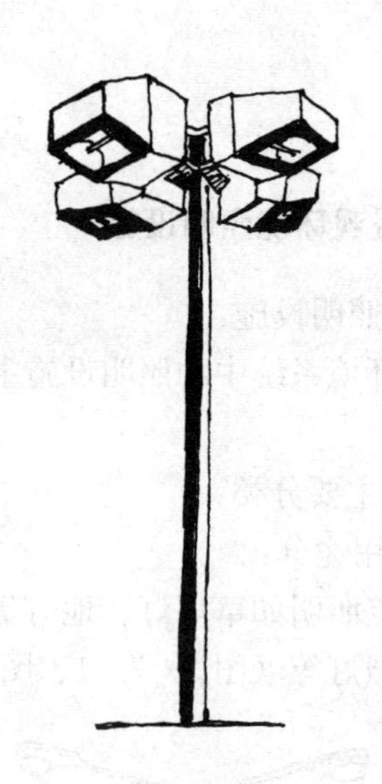

图 3-7-4　照明灯（3）

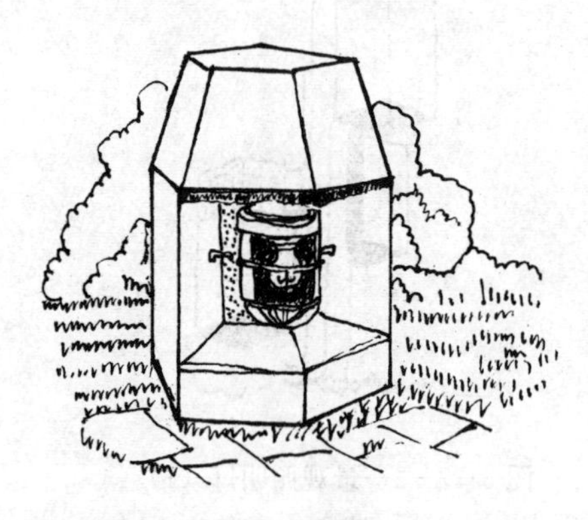

图 3-7-5　景观照明灯（2）

庭院、草坪

5. 按灯具结构类型可分为：

开启型、闭合型、密封型及部分防爆型灯具。按光通量在空间上下半球的分布情况又有直射型灯具、半直射型灯具、漫射型灯具、半反射型灯具、反射型灯具等。直射型又分为广照型、均匀配光型、配照型、深照型、特深照型等几种。

（三）功能：

1. 创造明亮适度的园林环境，提供方便、安全的夜间景观环境活动空间。

2. 满足夜间游览及节日庆祝活动等要求。

3. 满足安全防护保卫要求。与景观点相结合，创造新型景色，如溶洞浏览、大型冰灯、灯光音乐喷泉、展览等。

（四）景观环境照明设计基础：

1. 光源特性与照明设计：

（1）色温：

光源发出某种颜色的光会散热而达到一定温度，这点与景观环境尤其相关。冬季、夏季气候不同可能对照明设施造成损害，如冬季的寒冷夏季的炎热。色温是指光源的发光颜色与某一温度下的完全辐射体（黑体）所发出的颜色相同时的温度称为该光源的颜色温度，简称为色温，用绝对温度 K 值表示。

（2）显色性

当某点的光源的光照射到物体上时，所显现的色彩不完全一样，有一定失真度，这种同一颜色的物体在不同的光谱功率的光源照射下，显现出的不同颜色特性，就叫光源的显色性。常用显色指数 Ra 表示，常见光源显色指数如表 3-5 所示。

光源显色指数表 **表 3-5**

光源	显色指数（Ra）	光源	显色指数
白色荧光灯	65	荧光水银灯	44
日光色荧光灯	77	金属卤化物灯	65
暖白色荧光灯	59	高显色金属卤化物灯	92
高显色荧光灯	92	高压钠灯	29
水银灯	23	氙灯	94

在景观环境中，光源这种特性对环境表现影响很大，是景观照明设计必须考虑的因素。

2. 照明方式及特点：

根据照明需要有 3 种方式：一般照明、局部照明、混合照明。

（1）一般照明

一般照明是指考虑整个照明场所空间而不顾及局部场所特殊需要的照明。照明特点是一次性投资少，照度均匀。

（2）局部照明

为突出某一景点或景区或某一单体景观建筑时所采用的照明，这种照明对局部照度、光源色彩及照度方向都有要求，但通常在照明统一规划时已有统一安排考虑，而从整体而言不可以只有局部而无一般照明。

（3）混合照明

由一般照明和局部照明共同组成的照明方式，对照度各方面都有特殊要求，场所宜采用混合照明，一般照明照度常不低于混合照明总照度的 5%～10%，选取且最低不低于 10lx（照度单位勒克斯）

3. 照明效果构成因素：

（1）合理的照度

照度是指光的光亮程度，是影响物体亮度重要因素。一定范围内照度增加，视觉效果也相应提高。

一般设施参考照度如表 3-6 所示。

设施照度表 **表 3-6**

照明空间场所	参考照度（lx）	照明空间场所	参考照度（lx）
国际比赛足球场	1000～1500	更衣室、浴池	15～30
综合性体育（正式）比赛大厅	750～1500	库房	10～20
足球、游泳池、冰球场、羽毛球、乒乓球、台球场	200～500	厕所、温室、热水间、楼梯间等	5～20
排球场、网球场	150～300	广场	5～15
展览厅、报告厅、会议室	75～150	庭院道路	2～5
餐厅、茶室	50～100	住宅小区道路	0.2～1

（2）照明均匀度

景观环境中视觉是从一个场所到另一个场所时人眼适应的过程，如反复变化就会产生视觉疲劳影响观瞻效果，因此，在满足景色需要基础上，应调节不同环境中亮度的均匀程度。

（3）眩光影响

眩光是指由于亮度分布不当或亮度变化幅度太大，或由于时间上相继出现的亮度相差过大所造成的观看物体时感觉不通透或视力减低的光照，其是影响光照效果的主要原因。通常防止眩光的措施有：正确设计照明灯具的最低悬挂高度；调整光源方向到最佳；选择灯具最好用发光面大、亮度低的种类。

（五）景观环境照明设计：

1. 照明配电线路设计：

（1）照明配电线路常常是属于低压配电系统。其线路一般遵从从变电所引出的路灯专用线至路灯配电箱（控制箱），再从配电箱引出多路路灯支线至各条园路线路上，如图 3-7-6 所示：

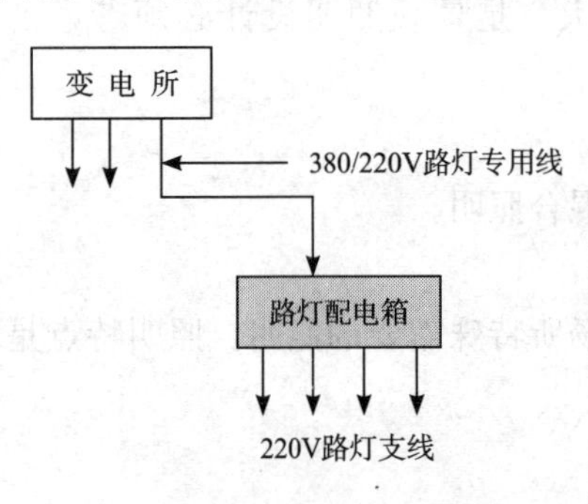

图 3-7-6　照明配电线路设计

（2）路灯线路长度控制在 1km 内，以减小路灯线路末端电压损失。当大于 1km 时，可在路灯配电箱引出支线上再设分配电箱。

（3）景观环境照明线路常采用电缆线在场地埋设的方式，以保证景观效果，线路布设应符合相关专业供电要求（可查阅相关供电资料）。

2. 照明设计基础资料：

（1）景观环境（公园、绿地、广场等）的平面总体规划及地形地貌图、景观效果图以及相关主要建筑物的平面图、立面图和剖面图。

（2）该景观环境的电气要求（或任务书，尤其是专用性景观环境如运动公园、植物园、动物园等）。

（3）应明确提出具体参数，如照明质量、灯具选择原则及布置安装要求。

（4）了解电源供电情况及进线具体方位等。

3. 照明供电光源的特点与选择：

景观环境照明常用光源及特点与应用可参考表 3-7。

4. 照明设计原则与要求：

（1）服从统一规划设计，充分强调规划的主景区、景点和干道。

（2）不宜泛泛设置照明，而应利用不同照明方式设计出光的构图，结合景观地特征，以充分显示环境景观的艺术效果，如轮廓、体量、尺度和形象，这是布置照明设计的原则。

（3）灯光方向和颜色：选择上应采用照明的位置能便于通电，可看清环境景观的材料、质地和细部。在远处看清形象的同时能增强所照射物体的效果。例如针叶树木只在强光下才反映良好，一般只宜采取暗影处理法，而阔叶树种如白桦、垂柳、枫树等对泛光灯有良好的效果，白炽灯、卤钨灯则可增加红、黄色花卉的色彩，小型投光器会使局部花卉色彩绚丽夺目，而汞灯使树下和草坪的绿色鲜明夺目等等。

常用光源特点与应用 **表 3-7**

光源名称及特点	普通照明灯泡/白炽灯	卤钨灯	荧光灯	荧光高压汞灯	高压钠灯	金属卤化物灯	管形氙灯
额定功率范围（W）	10～1000	500～2000	6～125	50～1000	250～400	400～1000	1500～100000
光效（lm/W）	6.5～19	19.5～21	25～67	30～50	90～100	60～80	20～37
平均寿命（h）	1000	1500	2000～3000	2500～5000	3000	2000	500～1000
一般显色指数（Ra）	95～99	95～99	70～80	30～40	20～25	65～85	90～94
色温（K）	2700～2900	2900～3000					
功率 $\cos\phi$	1	1	0.33～0.7	0.44～0.67	0.44	0.4～0.01	0.4～0.9
表面亮度	大	大	小	较大	较大	大	大
频闪效应	不明显	不明显	明显	明显	明显	明显	明显
耐振性能	较差	差	较好	好	较好	好	好
所需附件	无	无	镇流器、起辉器	镇流器	镇流器	镇流器 触发器	镇流器 触发器
应用范围及特点	彩色灯泡、建筑物、商店橱窗、展览厅、园林建筑、孤立树、树林、喷泉、瀑布等装饰照明及用于水下灯泡、喷泉、瀑布水景照明。聚光灯用于舞台、广场等公共场所	广场、体育场、建筑物等	室内照明	普遍用于广场道路、运动场所等大空间室外照明	广泛应用于园路、绿地广场等公共场所	主要用于广场、游乐场、体育场、高速路、摄影等照明	有小太阳之称，尤其适合于大范围公共场所，工作稳定、点燃方便

（4）在水景照明处理方面，根据所要求的效果来设计。如为反衬周边环境则以反衬投射水面，虽然对水面本身作用不大，但可反映其周围环境，如被灯光照亮的小桥、树木或景观建筑，使其呈现一种梦幻般的意境。而对瀑布和喷泉等动水照明则需要灯光透过流水，并置于平面之下以造成水柱的晶莹剔透、闪闪发光的感觉。

水下设灯具照明时应注意其隐藏，以免影响视觉效果。一般以水下 30～100 mm 为好，水下色灯常用红、黄、蓝三原色，其次用绿色。

根据观察效果视距适当设置前照灯或潜水灯，对瀑布会造成不同景观效果。

(5) 对景观道路的照明，宜采用低功率的 3～5m 高灯柱式灯具，柱距 20～40m 或依实际需要设两盏灯，有时一灯，有时两灯同亮。同时应考虑周边树木花卉对道路照明的影响，为避免道路周边植物影响照明，通常可以适当减少灯间距，加大光源功率，或者依据树木类型不同采用较长灯柱悬臂或改变灯具的悬挂方式。另外在总体规划时应该统一考虑照明设计。

(6) 对绿化中的照明主要为了烘托室外草坪、花木等植物的夜间效果。可以用路灯，灯柱用 150W 灯泡并密封来反衬被照对象以取得效果，也可以设地灯进行照明，若需采用设灯杆装设灯具时，高度应小于 2m。

(7) 注意灯具自身对景观效果的影响，因此不管白天或夜晚都应避免照明设备干扰，要进行隐藏或装饰，尤其是对电线及供电箱等设备的处理。

(8) 彩色灯光的使用要注意和自然景观的协调，在特殊需要时可有限度地使用如节假日气氛的烘托等。

(六) 照明设计程序：

1. 看懂整体规划意图，明确照明对象的功能和照明要求。

2. 选择照明方式：依据设计任务书中景观环境对电器的要求，在不同场合和地点选择不同照明方式。

3. 光源与灯具选择：根据景观特征要求、景观环境的亮度功能要求及周围环境的影响程度进行选择。

4. 灯具的布局：根据光线方向、照度以及经济、安全、方便维护等因素合理布局。

5. 根据照明要求计算照度。

6. 审查、验证照明设计，看是否体现景观意图且简便易行。

(七) 照明方法：

即对各种空间及物体进行突出强调的照射方法。

1. 主要取决于受照对象的质地、形象、体量、尺度、色彩及整个景观环境所要求的效果及与周围环境关系等因素。

2. 照明手法通常包括：隐现、抑扬、明暗、韵律、融合、流动与色彩的配合等。其中泛光灯的数量、位置及投射角是影响照明效果的关键。夜晚，环境景观细部的可见度则主要取决于亮度，因而泛光灯可根据需要，进行距离调整。对整个物体而言，其上部平均亮度为下部的 2～4 倍时可使观赏者产生上下部亮度相等的感觉。

(八) 灯具选用原则

灯具选用应依照使用环境条件、环境用途、光强分布、限制眩光等要求选用效率高、维护方便的类型。

1. 正常情况下宜选用开启式灯具，方便省电。

2. 潮湿或特潮湿的场合可选用密闭型防水灯或带防水防尘密封式灯具。

3. 可按光强分布特性选择灯具：如灯具安装高度小于 6m 时可采用深照型灯具，在

6～15m 时，可用直射型灯具，灯具上方有观察对象时需用漫射型灯，对于大范围照射则采用投光灯等高光强灯具。

二、草坪灯

（一）草坪灯：

主用于绿地中体现草坪、花卉、树木的夜间效果的照明灯具。

（二）类型：

按高度区分有稍高型（柱式）和地面式（地灯）。稍高型灯比杆式照明灯要矮得多，通常在 0.7～1m（图 3-7-7、图 3-7-8、图 3-7-9、图 3-7-10）。

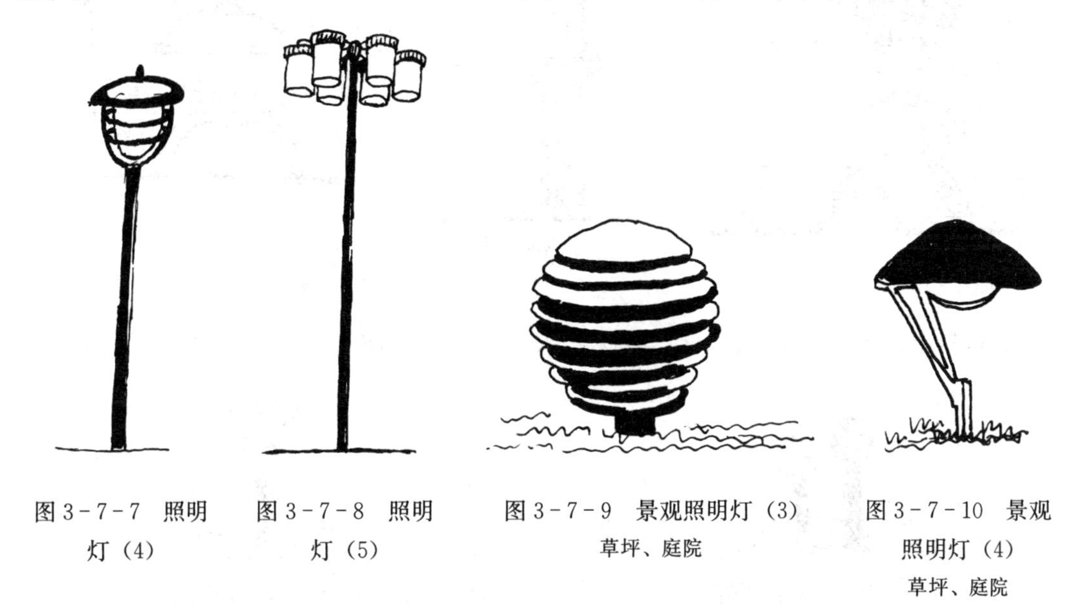

图 3-7-7　照明灯（4）　　图 3-7-8　照明灯（5）　　图 3-7-9　景观照明灯（3）草坪、庭院　　图 3-7-10　景观照明灯（4）草坪、庭院

按景观照明要求区分，有单体式和群体式（多个大灯或小灯相连）（图 3-7-11、图 3-7-12）。

图 3-7-11　景观照明灯（5）
草坪、绿地、庭院、广场

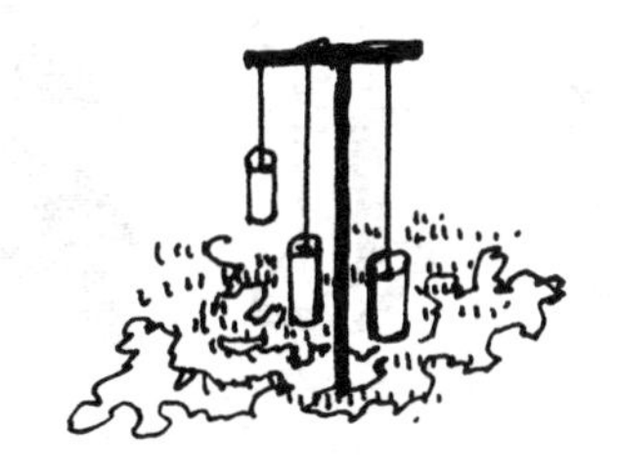

图 3-7-12　景观照明灯（6）（构成式）
绿地、草坪

（三）构成：

1. 形态上：草坪灯一般有光源部分、光源装置部分及支撑部分（图 3-7-13）；

2. 结构上：光源部分和地面固定部分（常有墩式固定、笼式固定、普通放置固定）（图 3-7-14）；

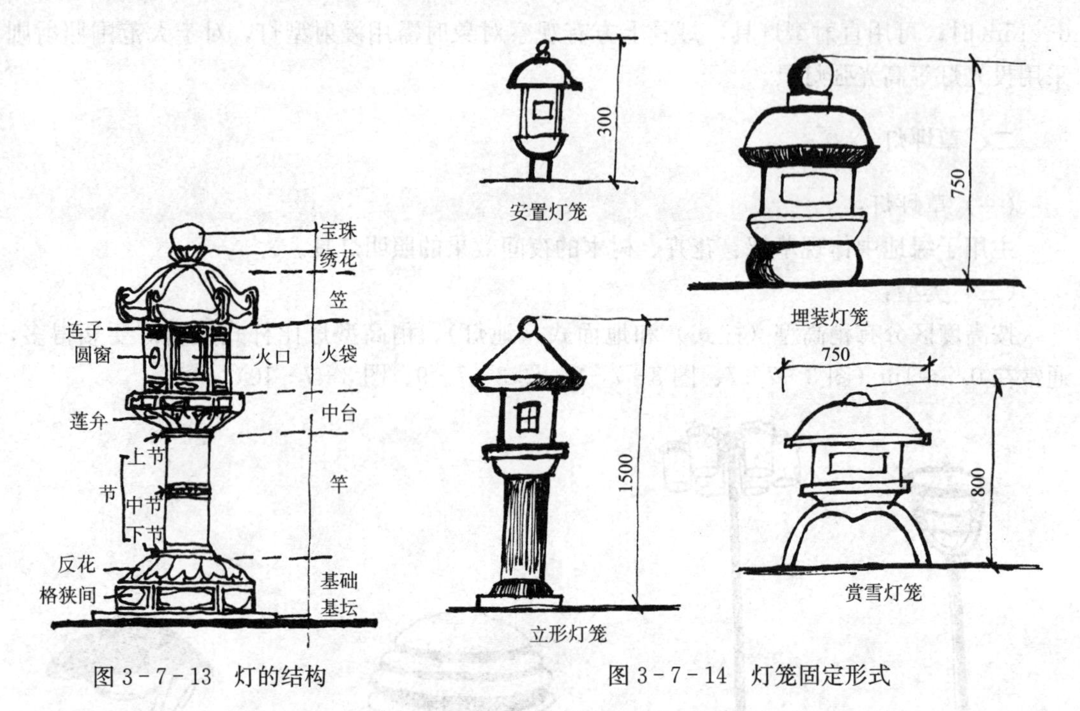

图 3-7-13　灯的结构　　　　图 3-7-14　灯笼固定形式

3. 材料上：玻璃、钢、铁、砖等材料（图 3-7-15、图 3-7-16、图 3-7-17）。

图 3-7-15　景观照明灯（7）

草坪、绿地（玻璃、铁）

图 3-7-16　景观照明灯（8）

草坪、绿地、广场（钢、铁）

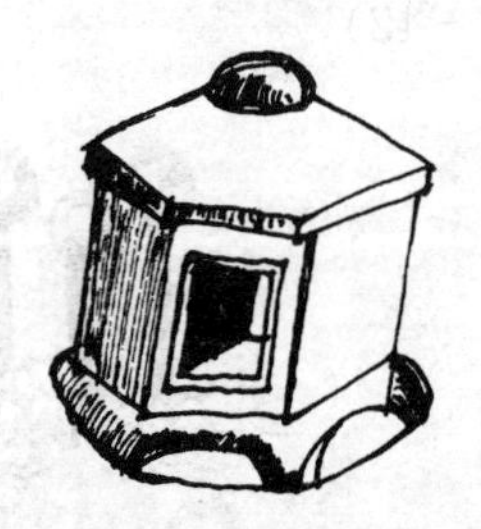

图 3-7-17　石灯（石材）

（四）设计要点：

1. 服从景观环境整体照明及夜间效果规划；
2. 与周围环境结合；
3. 在满足效果要求基础上隐藏光源避免干扰；
4. 体量宜小不宜大；
5. 一般使用白炽灯或紧凑型节能荧光灯，既节能又有足够亮度且柔和（图3-7-18）；

图 3-7-18 景观照明灯（9）
绿地、草坪

图 3-7-19 景观照明灯（10）
草坪、绿地

图 3-7-20 景观照明灯（11）（小品式）
广场、硬质空间、绿地

6. 草坪灯布置可依据植物景观设计及广场空间整体灵活布置，并保持总体协调（图 3-7-19、图 3-7-20）。

（五）案例：

见图 3-7-21、图 3-7-22、图 3-7-23、图 3-7-24、图 3-7-25。

图3-7-21 景观照明灯（12）
草坪、绿地

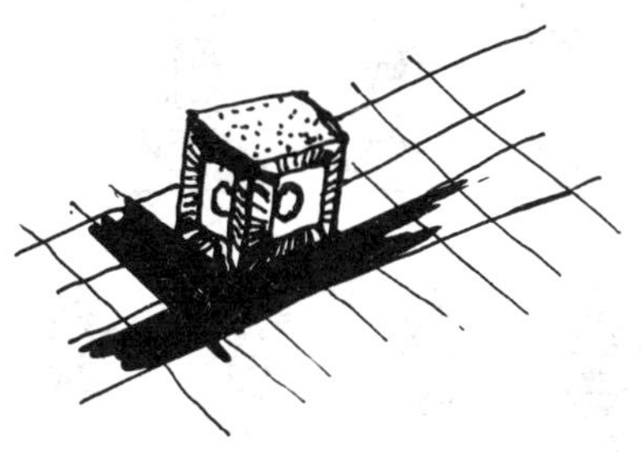

图 3-7-22 景观照明灯（13）
广场、硬质空间

图 3-7-23 景观照明灯（14）
绿地、草坪

图 3-7-24 石灯笼（1）（依场所选择）

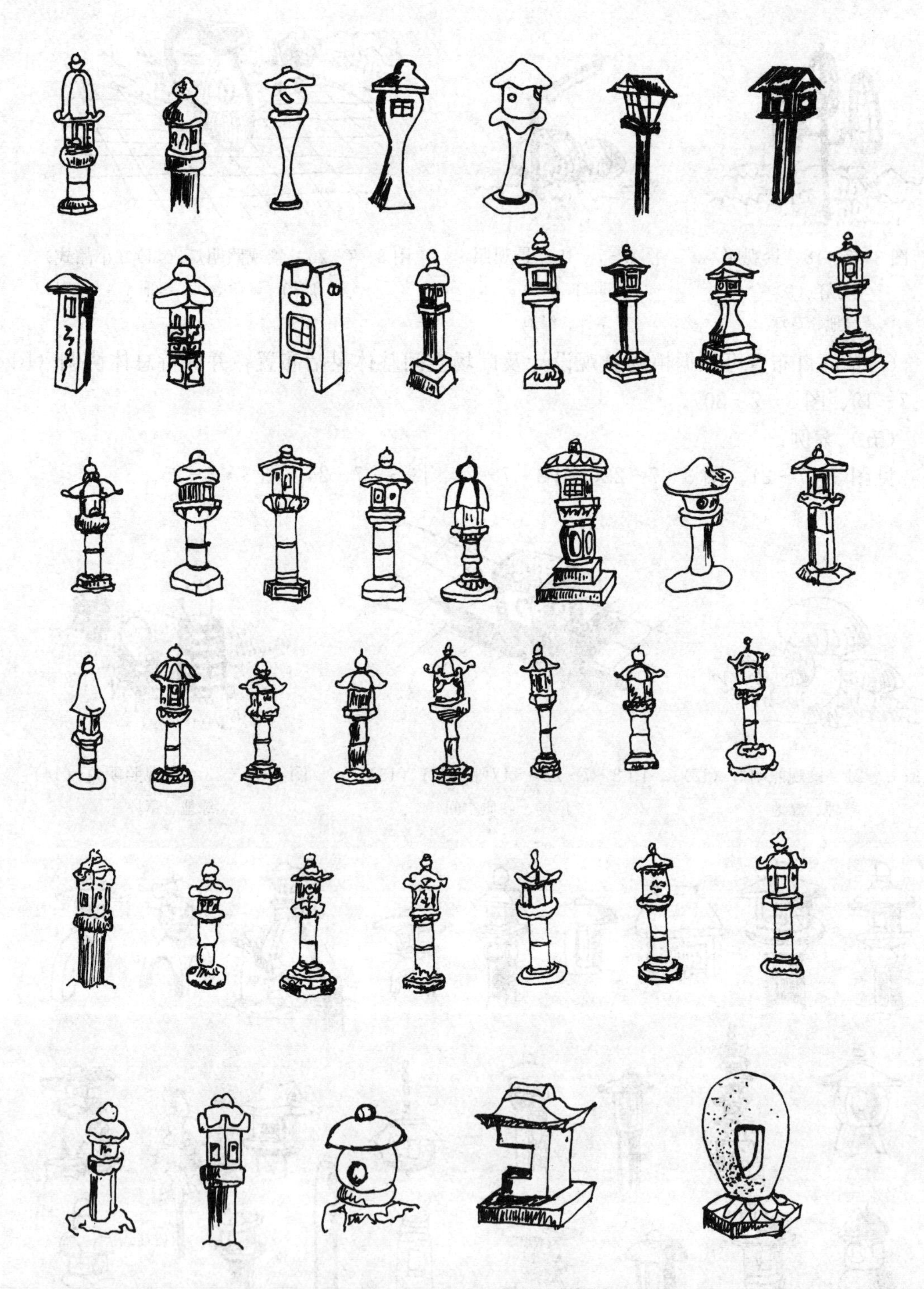

图 3-7-25　石灯笼（2）（依环境风格选择）

三、照明灯

（一）照明灯：

用于各种活动场所、流动场所、游览的功能性照明灯具。

（二）类型：

1. 按所照对象又分为道路照明（如与外界连接干道、游园步道）和公共空间照明（如广场、小游园、舞台等）（图 3-7-26、图 3-7-27、图 3-7-28）。

图 3-7-26　景观照明灯（5）
草坪、绿地

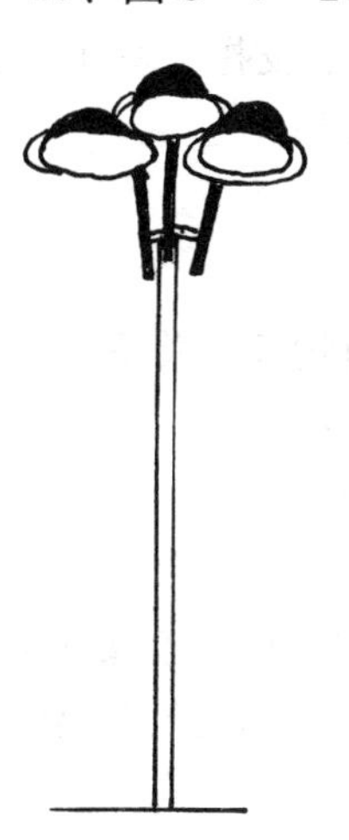

图 3-7-27　照明灯（6）
庭院、广场、道路

图 3-7-28　照明灯（7）
庭院、道路

2. 按灯具悬挂方式分为杆式悬臂式和柱式灯具。柱式又有通体柱式（如庭院灯）和聚伞花序柱式，花穗柱式（如槐花式灯，广场上菊花式的聚光灯）（图 3-7-29、图 3-7-30、图 3-7-31）。

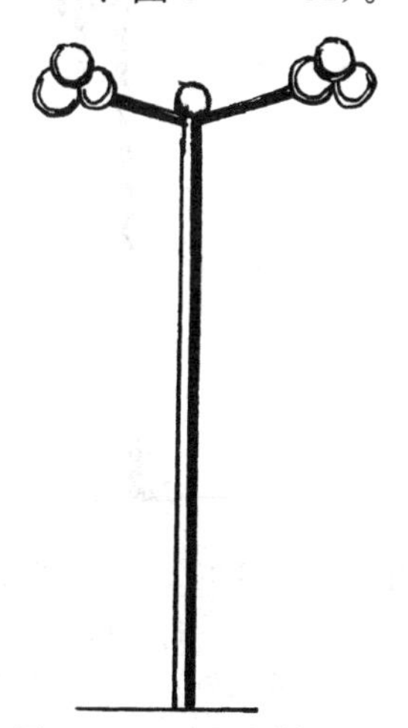

图 3-7-29　照明灯（8）
——聚伞花序式
广场、庭院、道路

图 3-7-30　照明灯（9）
——通体柱式

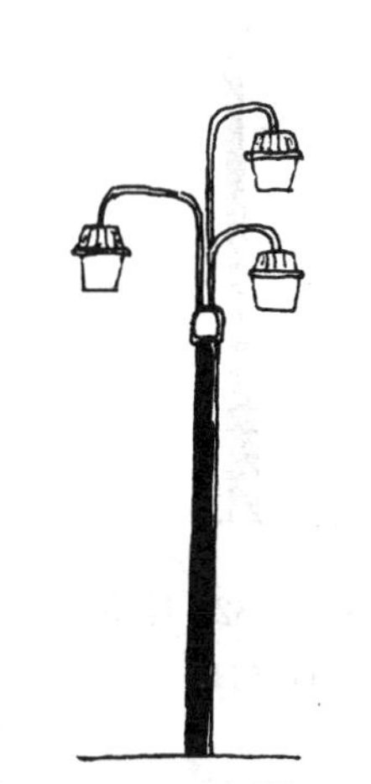

图 3-7-31　照明灯（10）

（三）光源选择：

1. 照明式道路光源要求功率大，灯型也较大，多采用高压钠灯或高压汞灯，因其光效高、寿命长、效果好，一般不用白炽灯。

2. 庭院式灯光源接近日光，多用白炽灯或金属卤化物灯。白炽灯光效低，可满足某种朦胧意境，但使用期限短，金属卤化物灯光效高、使用期长但造价高。

（四）构成：

1. 形态构成：有灯头、杆（或臂）、柱及基座。

2. 结构构成：灯头、灯头装置、支撑、基座功能照明部分和固定部分。

3. 材料构成：有铁、钢、玻璃等。

（五）设计要点：

1. 服从整体统一照明规划；

2. 考虑与周围环境（景点、植物等）关系；

3. 考虑所表达照明效果来设计；

4. 以经济、简洁、高效为原则；

5. 避免自身造型影响景观效果；

6. 道路弯道地段应布置于弯道外侧；交叉节点地段应布置于转角附近；对于直道部分可依路幅宽度大小在双边布置或单边布置或交错布置，当路宽小于7m时可单边布设。

（六）案例：

见图3-7-32、图3-7-33、图3-7-34、图3-7-35。

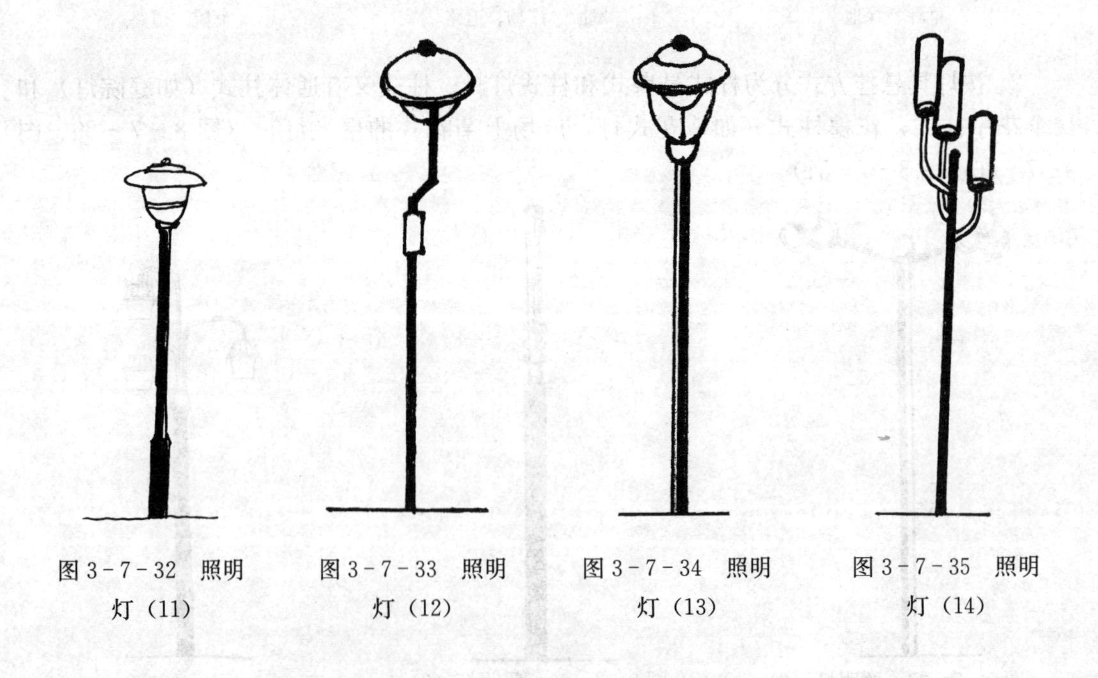

图3-7-32 照明灯（11）　图3-7-33 照明灯（12）　图3-7-34 照明灯（13）　图3-7-35 照明灯（14）

第八节　水景设施

一、水景观

（一）水景观：

利用水或具有象征意义的“水”作为元素塑造而成的景观称为水景观。

（二）水景观的形式类型：

1. 按水体使用功能可分为观赏型和开展水上活动型两类。观赏的水体可以较小，构景之用水及活动的水面要求水深适当且水质要好。

2. 按水的平面规模可分为：大河、小溪、湖泊、海洋等（图3-8-1至图3-8-5）。

图3-8-1　自然式跌水（1）

图3-8-2　自然式跌水（2）

图3-8-3　瀑布（1）

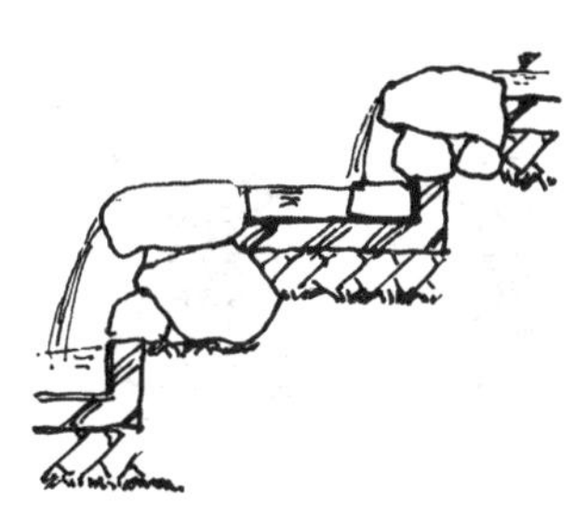

图3-8-4　瀑布（2）—三迭

图3-8-5　溪瀑（1）

3. 按水景观形成因素可分为人工水景观和自然水景观（图3-8-6、图3-8-7、图3-8-8）。

4. 按水流的状态又可分为动水与静水，动态水又分为喷泉、涌泉、溢泉、跌泉、瀑布、河流、小溪或明喷、旱喷，静水有湖泊、养鱼池、荷花池等（图3-8-9、图3-8-10）。

5. 按水的表现有：流水（急缓、深浅、流量、流速）、落水（线落、布落、挂落、条

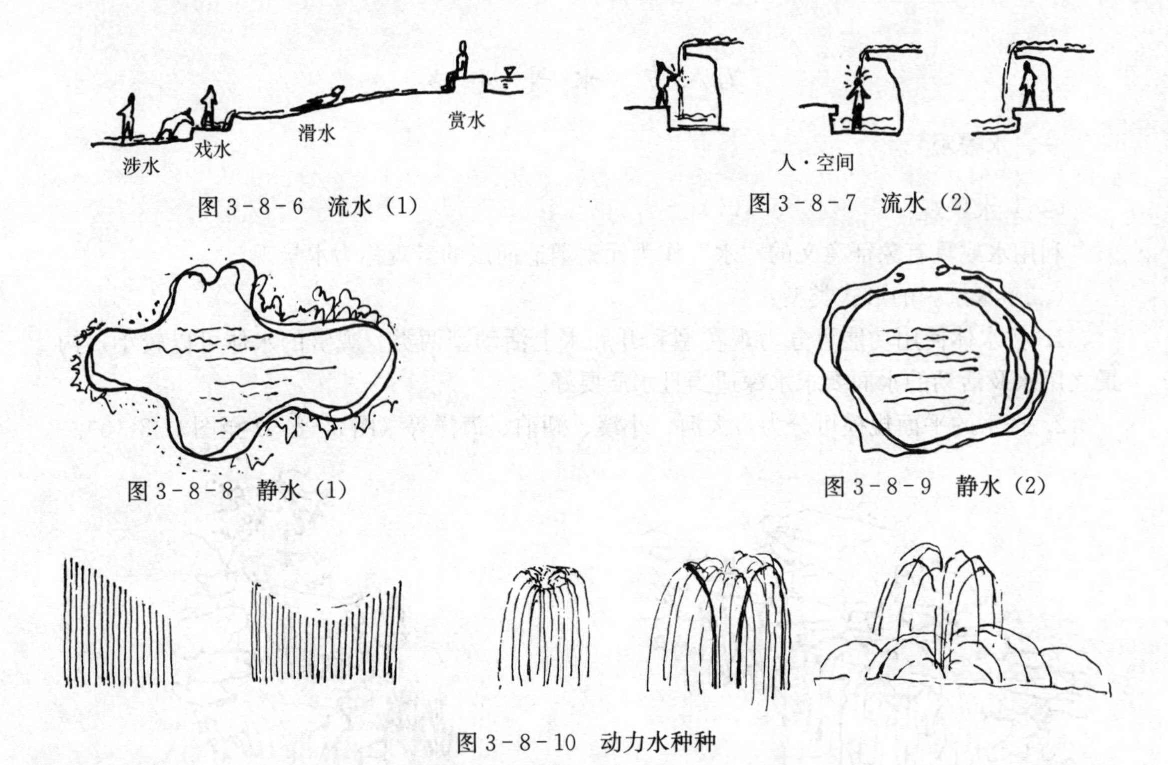

图 3-8-6　流水（1）

图 3-8-7　流水（2）

图 3-8-8　静水（1）

图 3-8-9　静水（2）

图 3-8-10　动力水种种

落、多级跌落、层落、片落、云雨雾落、壁落）、静水（平静如镜面）、动力水（喷、涌、溢、旋转水）等（图 3-8-11）。

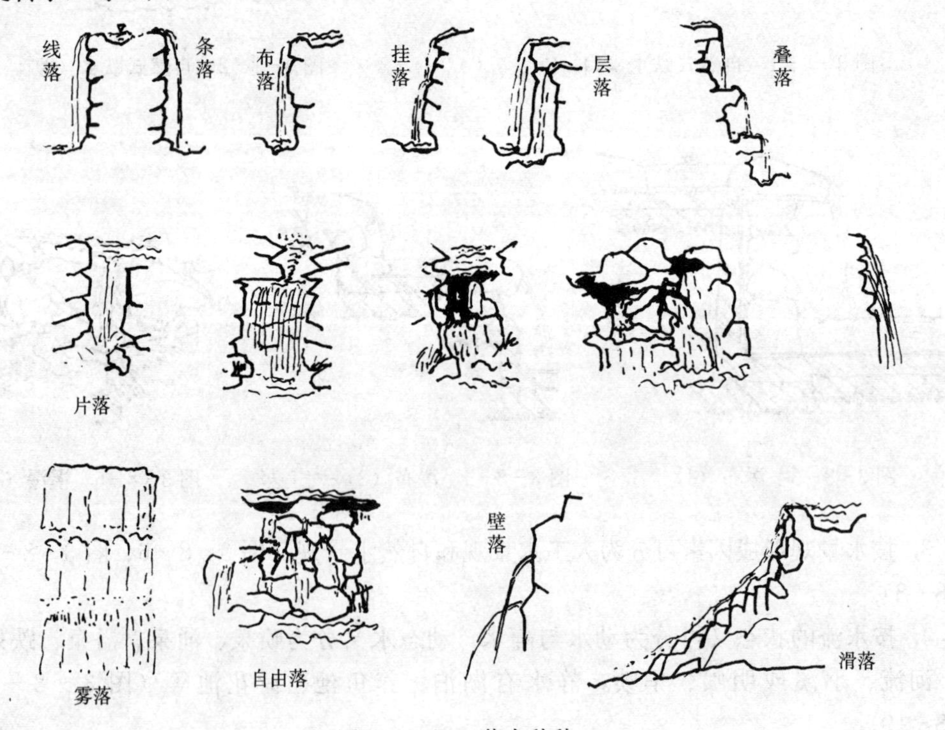

图 3-8-11　落水种种

6. 按水的形态区分有几何规则式和天然自由式水景观或混合式水景观（图 3－8－12、图 3－8－13、图 3－8－14、图 3－8－15、图 3－8－16）。

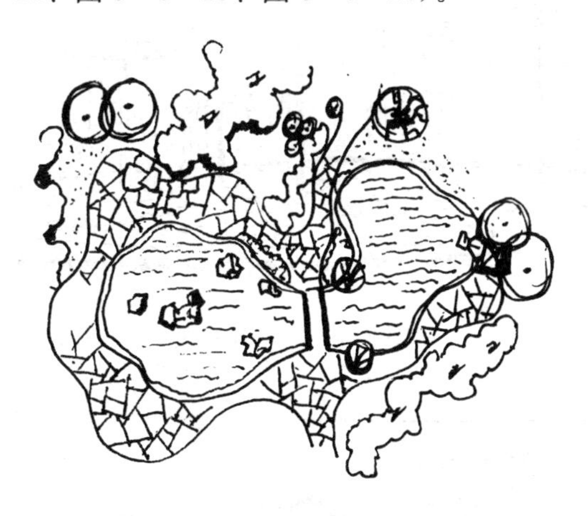

图 3－8－12　自然式水池与环境

图 3－8－13　自然式

图 3－8－14　几何式

图 3－8－15　多边形组合

图 3－8－16　圆形组合

7. 按水的深浅分有浅水池、深水池景观（图 3－8－17、图 3－8－18）。

8. 按水的实质可分为真实水和象征水景观（枯山水）（图 3－8－19、图 3－8－20）。

9. 按水池结构区分有刚性（钢筋混凝土、砖石）和柔性结构两类。

（三）水景观功能：

1. 利用其自身形、声、影、光等特点，丰富景观层次。

2. 形成中国景观骨架“山水”精神，“山因水活，水因山转。”

3. 调节景观环境舒适度，如提高湿度，降低温度等，提供另一种环境动态循环。

4. 提供水上活动空间。

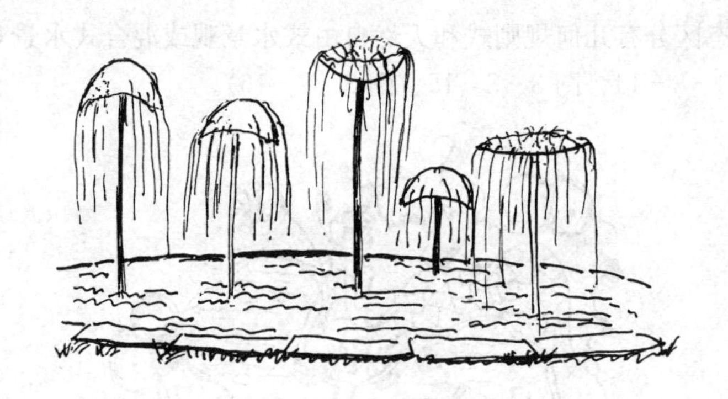

图 3-8-17　浅水式

错落式（1）

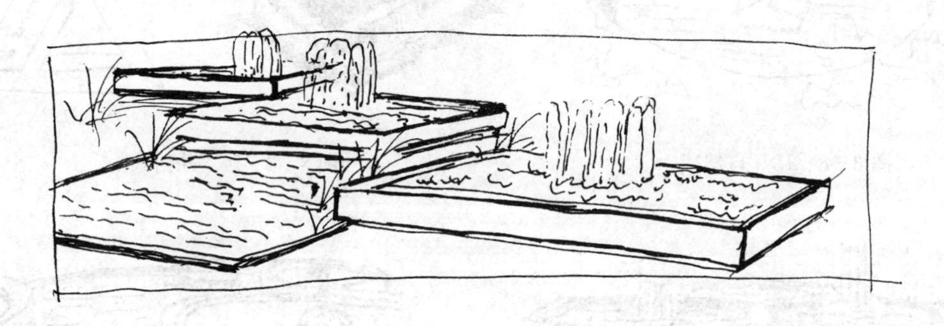

图 3-8-18　错落式（2）

图 3-8-19　复合式（水池＋花坛＋座凳）
——真水

图 3-8-20　雕塑小品式——意象水

5. 提供观赏景观空间。

6. 引发游人丰富联想，创造多种文化及自然回归手法。以驳岸（枯山水）等与水有关的因子创作出的空间既可进入，又可引人遐想。

（四）水景观构成：

1. 形态构成：

直线式（几何规则式），曲线式，自由式（混合式），“水本无形，其器形也”，随盛水器物形态而呈现形态（图 3－8－21、图 3－8－22、图 3－8－23）。

图 3－8－21　池中池——有高差

图 3－8－22　池中池——微差

图 3－8－23　多种要素组合式

水景观呈现手法有收、集、散、隐、绕、串、通、隔、开合等构成形式。

2. 结构功能构成：

驳岸（容器边界如桥、岛、半岛、矶等）、基础、管道系统（进水管、出水管、补充水管、泄水管、进水口、溢水口等）、动力系统（输入输出）、管线（电线电缆）、照明系统等（图 3－8－24、图 3－8－25）。

图 3-8-24　岛式

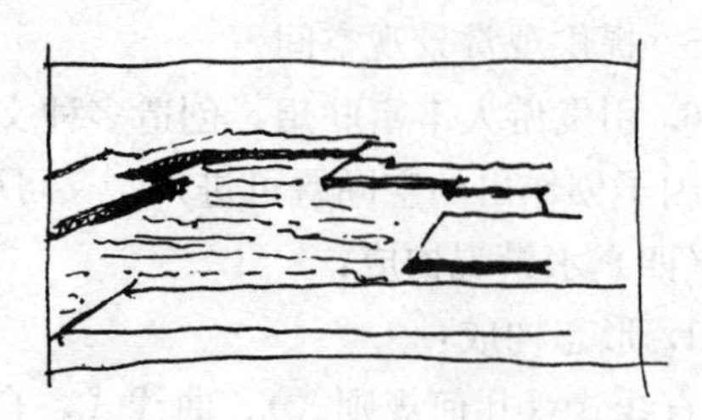
图 3-8-25　半岛式

3. 材料构成：

石材、木材、混凝土、混凝土仿木、钢架、塑料、铁等单一材料或混合砖、玻璃而成。通常小型可移动式常用较单一的材料如钢等与塑料做成的临时性水池，省工省料，而大型设施则大都采用混合材料制成（图 3-8-26、图 3-8-27、图 3-8-28）。

图 3-8-26　河、湖瀑

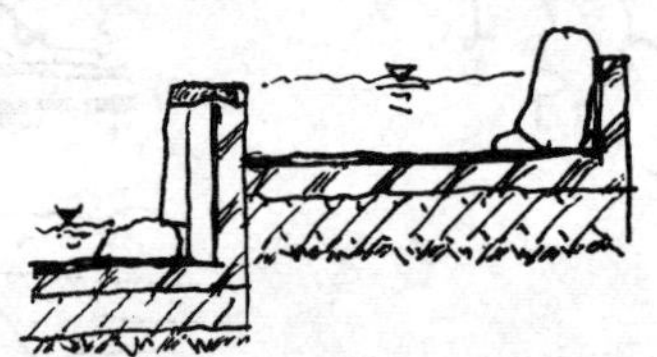
图 3-8-27　河、湖瀑剖面
（石材、混凝土）

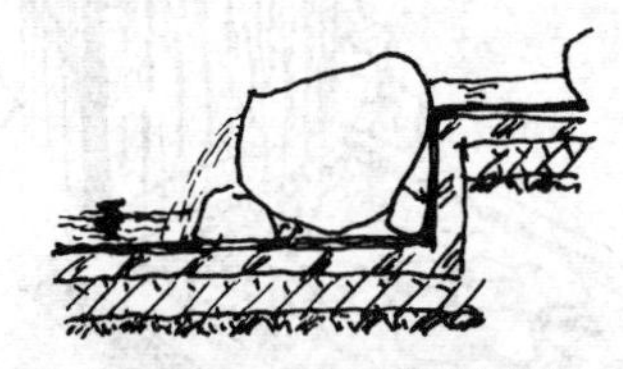
图 3-8-28　溪瀑剖面
（石材、钢筋混凝土）

4. 水的特征构成：

声响（雨水声、瀑布飞泻声、泉水叮咚声）、倒影（扩展空间如镜面）、形态可塑并随外部光线而发生变化。

二、水景设施

（一）水景设施：

是用来塑造水景观或为在水中进行活动而使用的设施称为水景设施。

（二）类型：

1. 按服务位置分为：

岸边设施（游船码头，水池驳岸）和水中设施。

2. 按水景塑造分为：

娱乐性（人们可以参与）和观赏性（以观赏为主）以及二者兼顾型（码头）。

3. 按形成手段分为：天然设施（如水池，湖岸）、人工设施（码头，喷泉等）。

（三）水景设施功能：

1. 构成水景观元素，活跃空间氛围。

2. 提供水上活动服务功能。

3. 自身具备景观特性。

三、喷泉

（一）动力水景设施：

利用人工动力形成动态水景观的设施。

（二）类型：

1. 按喷水储水面的藏露分为旱喷和明喷。

旱喷是喷头及储水池全部隐藏于地面之下，地面同时可供活动场地的一种喷泉。明喷是指喷头和储水池全部暴露的喷泉，只能用于喷水而且就在不喷水时管道可能影响景观效果。

2. 按喷水方向区分有喷泉（水流向上喷射）、涌泉（水流汩汩涌流而出）、溢泉（水流扑溢而形成）、跌泉（水流自上而下跌落）。跌泉又可分为瀑布，多级跌落等（图 3-8-29 至图 3-8-40）。

图 3-8-29　匹落

图 3-8-30　湍濑

图 3-8-31　纯落

图 3-8-32　盈（水满而静）

图 3-8-33　淋

图 3-8-34　泻

图 3-8-35　雾

图 3-8-36　漫

图 3-8-37　流

图 3-8-38　滴

图 3-8-39　注

图 3-8-40　涌滩

3. 按喷泉形态及构成要素可分为：

(1) 自然仿生基本型：模拟花束、水盘、蜡烛、莲蓬、气瀑、牵牛花等自然形态的类型。

(2) 人工水能造景型：如瀑布、水幕、连续跌落水、跌式等（图 3-8-41 至图 3-8-45）。

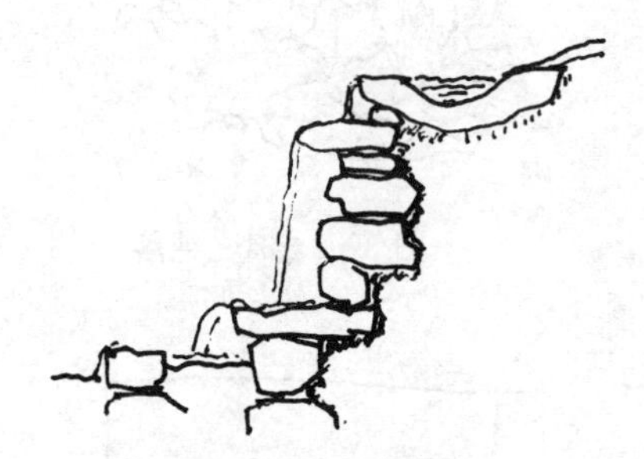

图 3-8-41　迭泉、瀑布结构 (1)

图 3-8-42　迭泉、瀑布结构 (2)（垂挂式）

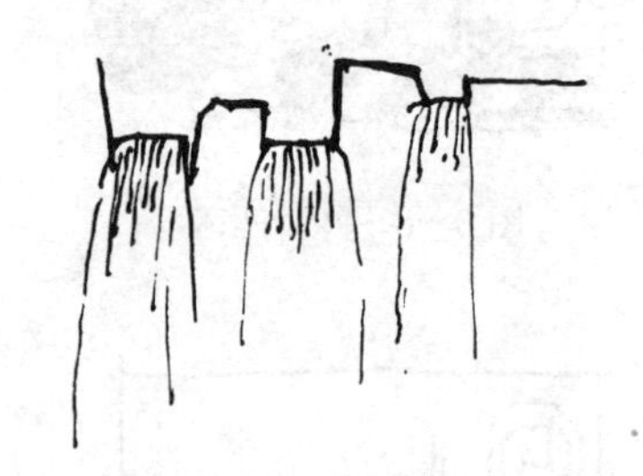

图 3-8-43　迭泉、瀑布结构 (3)

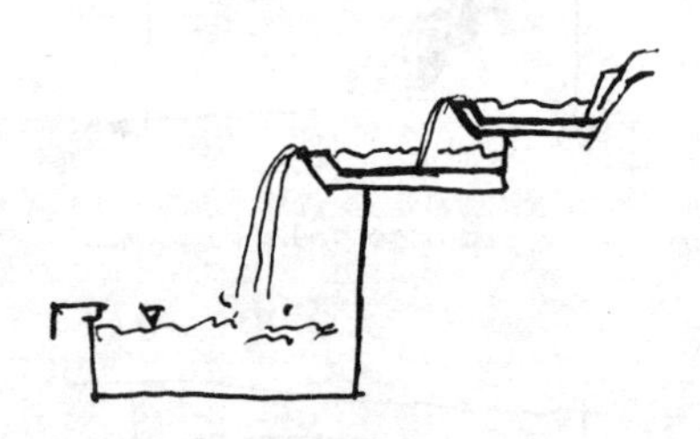

图 3-8-44　挑、悬瀑

图 3-8-45　多迭做法

(3) 雕塑装饰型：与雕塑、纪念小品相结合的喷泉类型（图 3-8-46）。

(4) 音乐（光）程控喷泉：与音乐（光）相结合并有音乐控制协调的喷泉等。

4. 按喷水附属物区分可分为壁泉（水流从墙壁喷流而出）、假山或置石瀑布（水流从假山中模拟自然喷薄而出）、喷泉水池（水流自人工水池中喷出）、管道喷泉（水流借助明露设计的管道喷射而出，常与水池结合）。

图 3-8-46　喷

5. 按喷泉水景效果形成因素区分：

（1）有射流喷泉（采用直流喷头喷得高而远，角度可任意调节，适于要求水流成组变化快的程控喷泉）；

（2）膜状喷泉：利用水膜喷头形成薄膜效果，活泼小巧、玲珑剔透、噪声低、充氧能力强，但易受风力干扰，适于室内和避风的室外场所；

（3）气水混合喷泉：利用加气喷头使水压通过喷头形成高速水流，带动吸入大量空气泡形成负压气泡漫反射作用，使水流呈雪白色，大大提高照明着色效果。同时使空气加湿和使水充氧加强，产生了冷却和与除尘作用。可以较少量的水达到较大的外观体量。气水混合形态的喷泉造型壮观、深厚，然而能耗大，噪声也较大，可用于室外；

（4）水雾喷泉：利用特制的喷雾喷头喷出雾状般水流，能以少量水喷洒到大范围，造成气雾濛濛的环境，在有灯光或日光照射时可呈现彩虹景象（图 3-8-47、图3-8-48）。

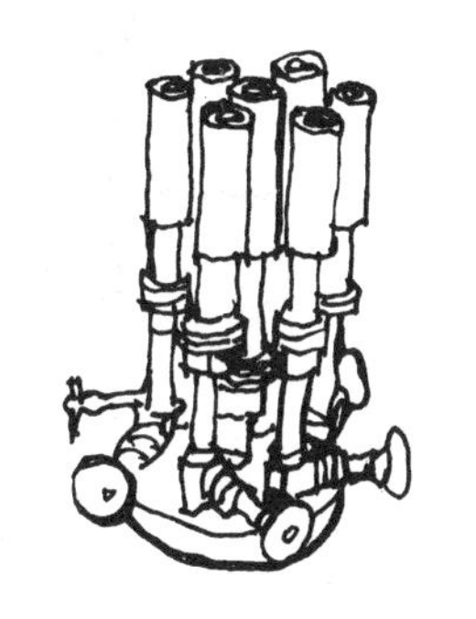

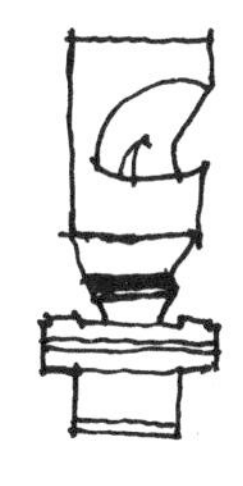

图 3-8-47　喷头及喷水形态

（三）喷泉功能：

1. 形成动态景观，丰富景观层次；

2. 调节景观环境、空气温度和湿度；

3. 视觉引导游览；

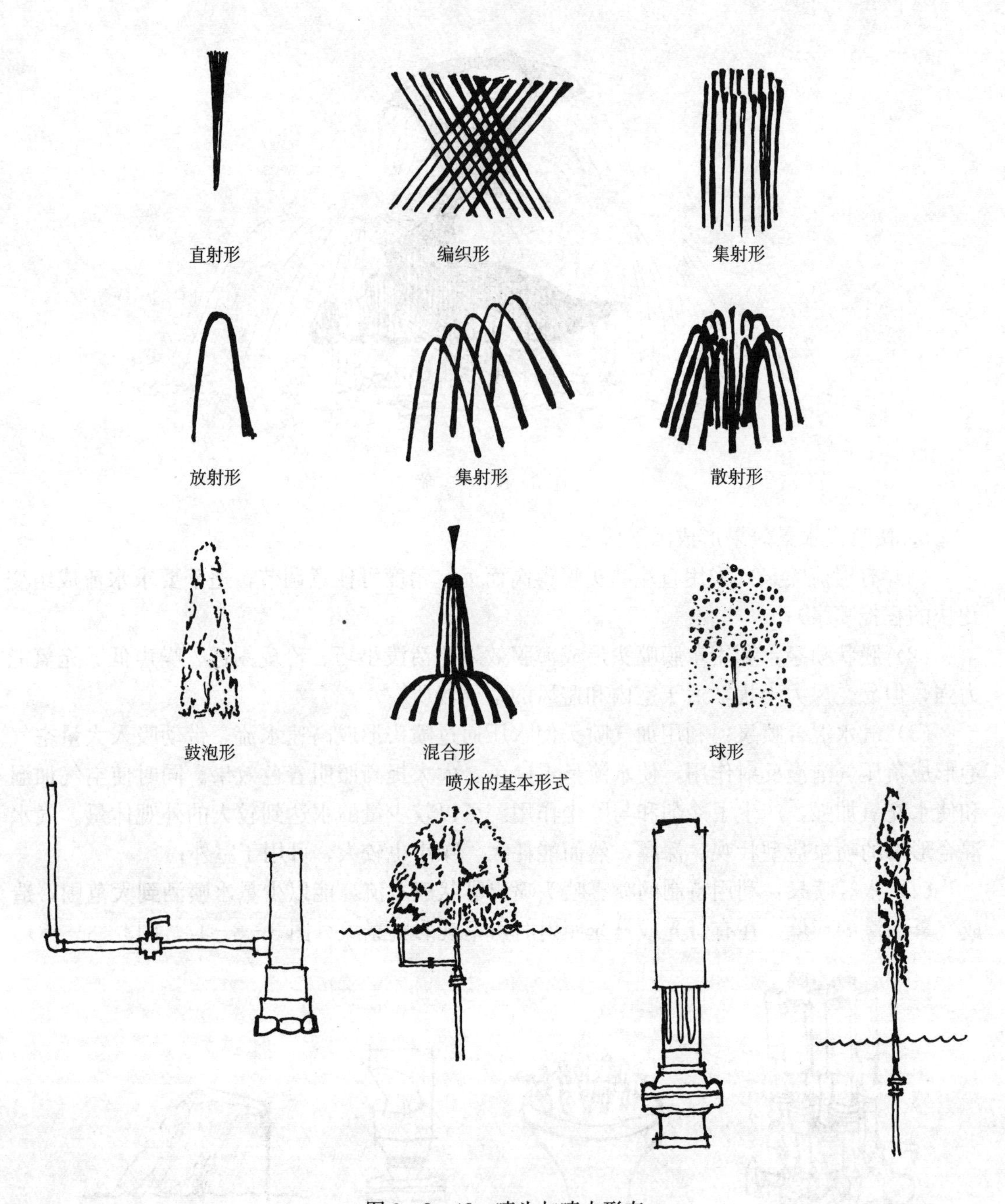

图 3-8-48　喷头与喷水形态

4. 具有一定的景观主体参与性，如人可进入水帘等。

(四) 喷泉构成：

1. 形态构成：

通常由喷出水流、喷头、水池几部分构成。

2. 结构构成：

水源（如自来水、井水等）、进水管、出水管、进水口、泄水口、补充进水管、溢水口（将超过设计水位的水溢出或将过多水排出）、电缆、控制箱、水灯（照明）、水池（池壁、池底、池顶）等。

3. 流程组成：参见图 3－8－49。

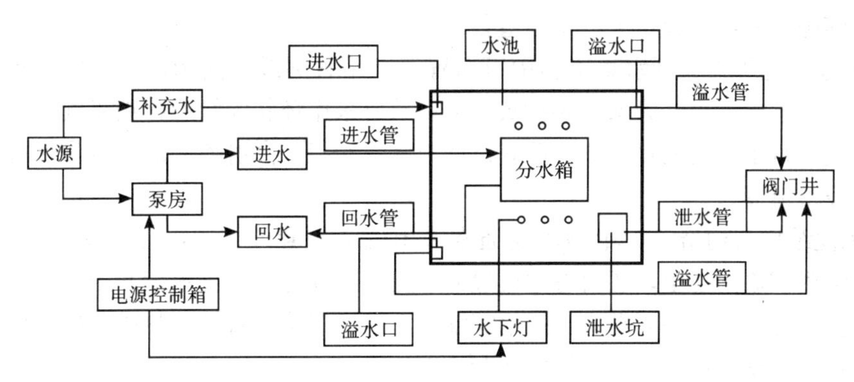

图 3－8－49　喷泉管道流程组成

4. 材料构成：

铜、塑料、铁、钢筋混凝土、混凝土、砖、石等单一或混合材料，通常以混合居多。

（五）设计要点

1. 服从整体景观环境规划，结合具体环境和地形及设计与要求具体设计。

2. 设计程序：参见图 3－8－50。

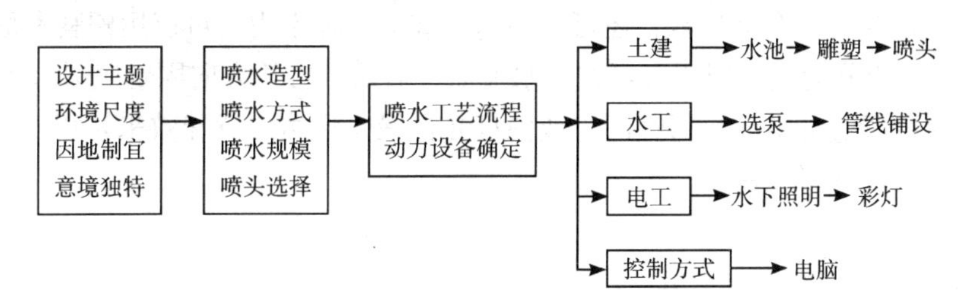

图 3－8－50　喷泉设计程序

3. 水池设计深度以 500～1000mm 为宜（水池尺寸因考虑水池所处位置的风向、风力、气候湿度，喷出的水柱基本要回收在水池内，故要考虑水池容积需预留）。

4. 水池壁面尺寸除应满足喷头、管道、水泵进水口、泄水口、溢水口、吸水坑等布置外，还应防止水飞溅，设计风速应保证水滴不被大量吹失外泄，回落水流也要防止大量溅到池外，因而水池平面尺寸一般比计算要求的尺寸每边要加大 0.5～1m。

5. 水池深度一般按管道设备布置及选材而定。设有潜水泵时应保证吸水口的淹没深度不小于 0.5m。设有水泵吸水口时应保证泄水口淹没深度大于 0.5m。为减少水池水深可以有几种方法，一是将潜水泵放在水坑内，但会增加结构和施工麻烦，坑内容易积污，维护管理麻烦；二是用小型潜水泵可直接横卧于池底；三是采用卧式潜水泵或下吸水潜水泵。

6. 池底都应有不小于 1％的坡度，地面泄水口或集水坑泄水口上应设格栅或格网以防污物堵塞，栅条间隙或格网直径应不大于管道直径的1/4。

7. 溢水口用于维持一定的水位和表面排污物，保持水面清洁。溢水口通常在干舷即水池里水位线以上的部分的高度以下，干舷高度至少200～300mm。溢水口设有格网或格栅，格栅间隙或格网直径不大于管道直径的1/4 。

8. 水池内配管在大型水景工程中可布置于专用管网或共同沟内；一般水景工程，管道可直接斜放于水池内。为保持多喷头压力一致宜采用环状配管或称喷泉配管，并尽量减少水头损失，每个喷头或每组喷头前宜设调节水位阀门，高射喷头前应尽量保持较长的直线管段或设整流器。

9. 水池结构与构造。大中型水池通常采用现浇混凝土结构，为防漏水应做防水层，为防裂缝常用钢筋混凝土，还要考虑设置伸缩缝和沉降缝，设止水带并用柔性防漏材料填塞。水池壁最好与池底一体砌成，用钢筋混凝土也可用花岗石等石材或砖砌，用防水砂浆抹实。管道穿池壁、池底时，常设防水套管以防渗漏。

10. 水泵房多用地下或半地下式，应考虑地面排水，采用至少5‰坡度坡向集水坑。同时设通风装置。为解决水泵房的造型与环境景观特性相符，通常可将水泵房设在建筑物附近地下室。水泵及进出口装饰成花坛、雕塑或其他小品形式。水泵房设置成景观小品建筑形态或与其结合成一体设计。

11. 喷泉是集娱乐、科技、智力、健身于一体的动态水景观，它能使游人参与进去，是一项综合科技工程，具有竞争性。如雕塑滑道，同样是滑梯加上流动的水则效果大不一样。

12. 喷头应优先选用钢质材料，表面应光洁、匀称，外形美、噪声小，如水位形态理想也可以用不锈钢或铝合金材料，还可用陶瓷、玻璃，在室内也可以用塑料和尼龙材料。

13. 喷泉照明分为固定照明（可在喷水池前、后及上方等方向固定照射）、向光调整照明（由几种彩色照明灯组成，通过闪光或使灯光缓慢变化达到特殊效果）以及水上、水下照明，后两者往往两者并用。

（六）案例

见图3-8-51、图3-8-52、图3-8-53。

四、游船码头

（一）游船码头：

是水陆交通枢纽，主要提供乘船、游览的服务。

（二）类型：

1. 从游船码头与水面位置关系可分为：

岸式（结合岸壁所建码头）、伸入式（在水面及水体较大的风景区、其停船深度大，直接伸入便于停靠，又可减少岸边湖底处理）、浮船式（常用于水位变化大的景观环境，如海边水体利用其漂浮特点，不用时将其全置于水中，可减少管理工作量）（图3-8-54、图3-8-55）。

2. 依设施使用时间可分为：

永久性和临时性。临时性系因人流过多故一下子不能满足，在节假日高峰临时搭建或由于所建原码头为临时设置等，为避免日后随码头拆除而临时设置。

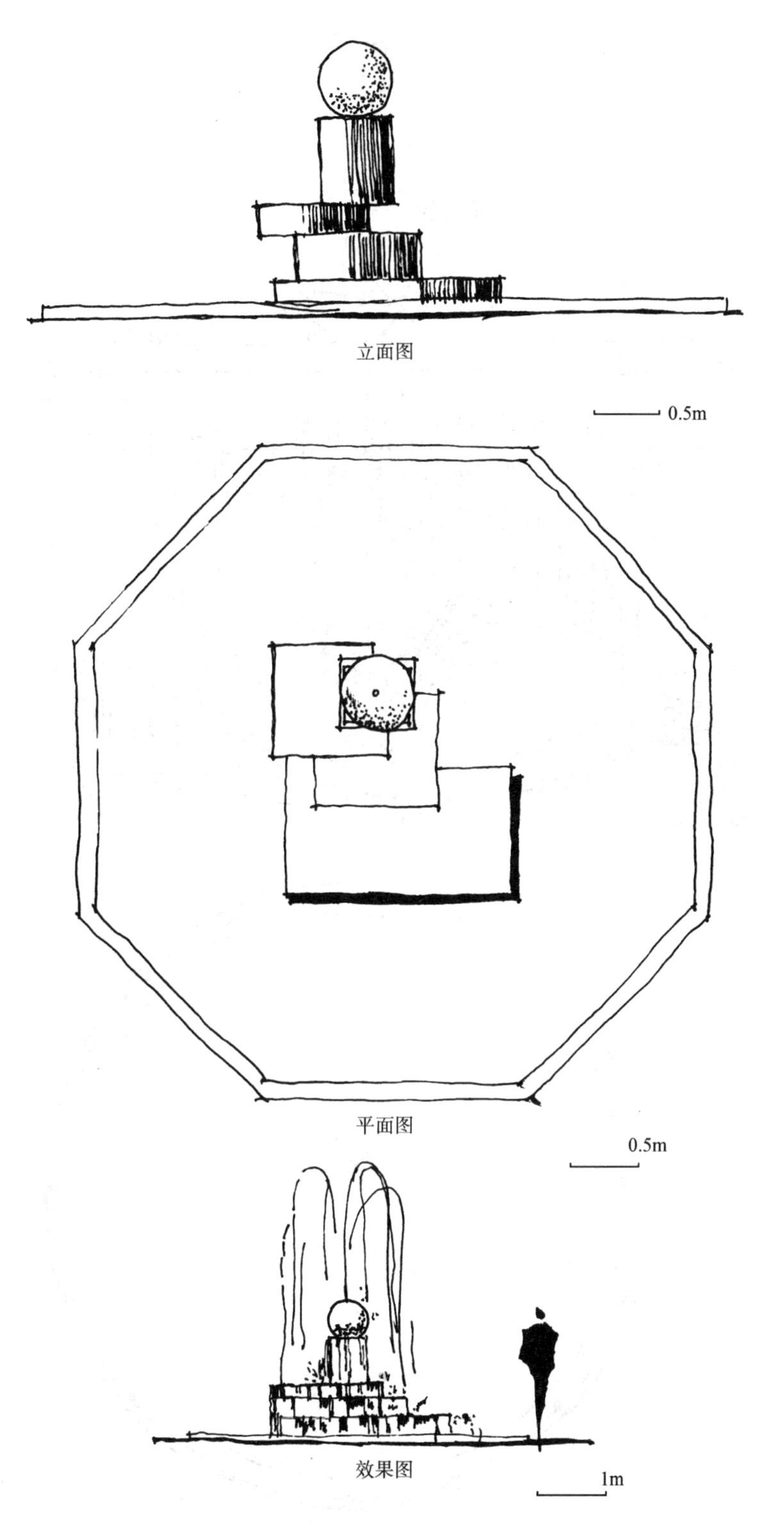

图 3-8-51　喷泉设计案例 1（喷水池）

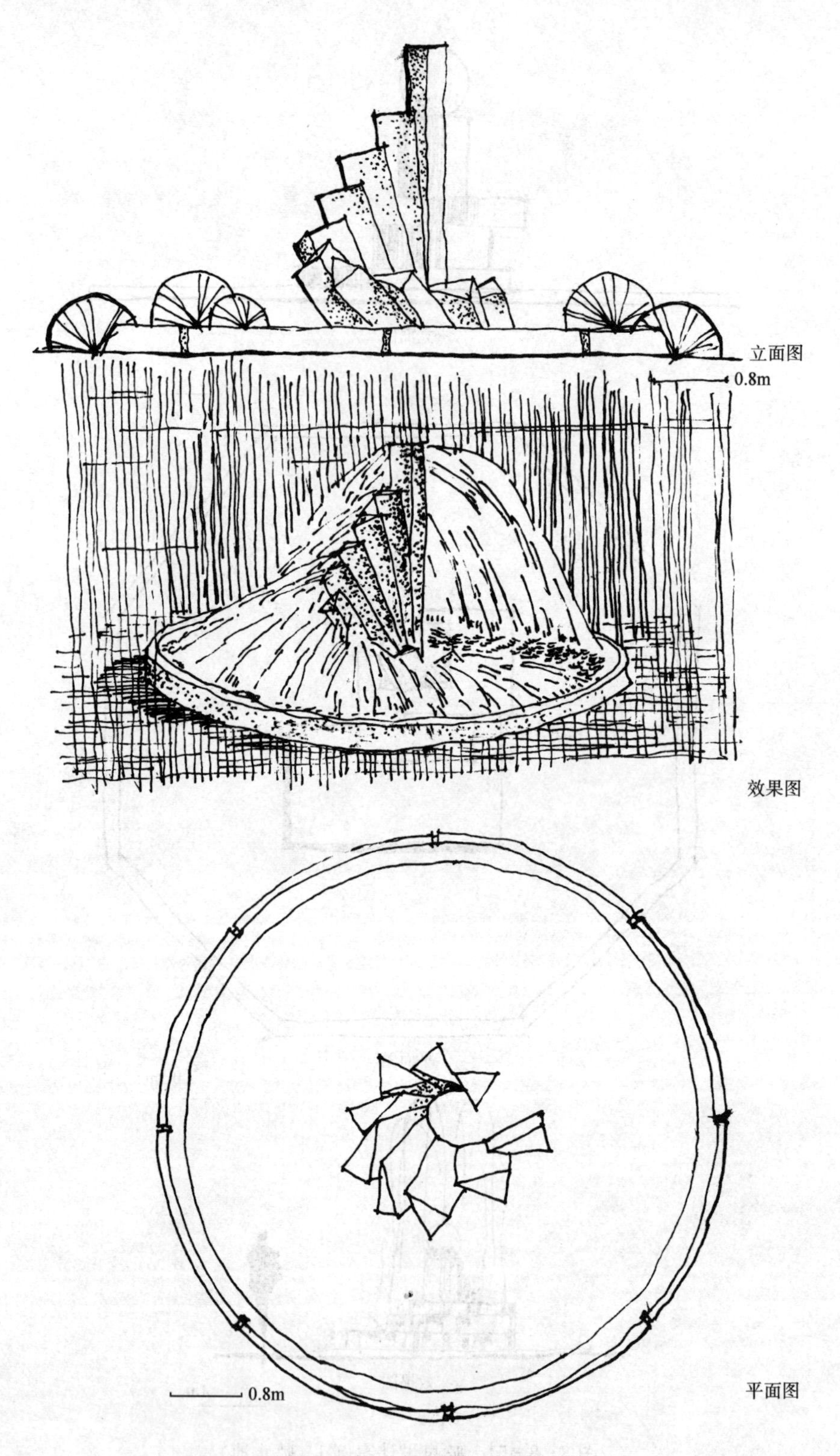

图 3-8-52　喷泉设计案例 2

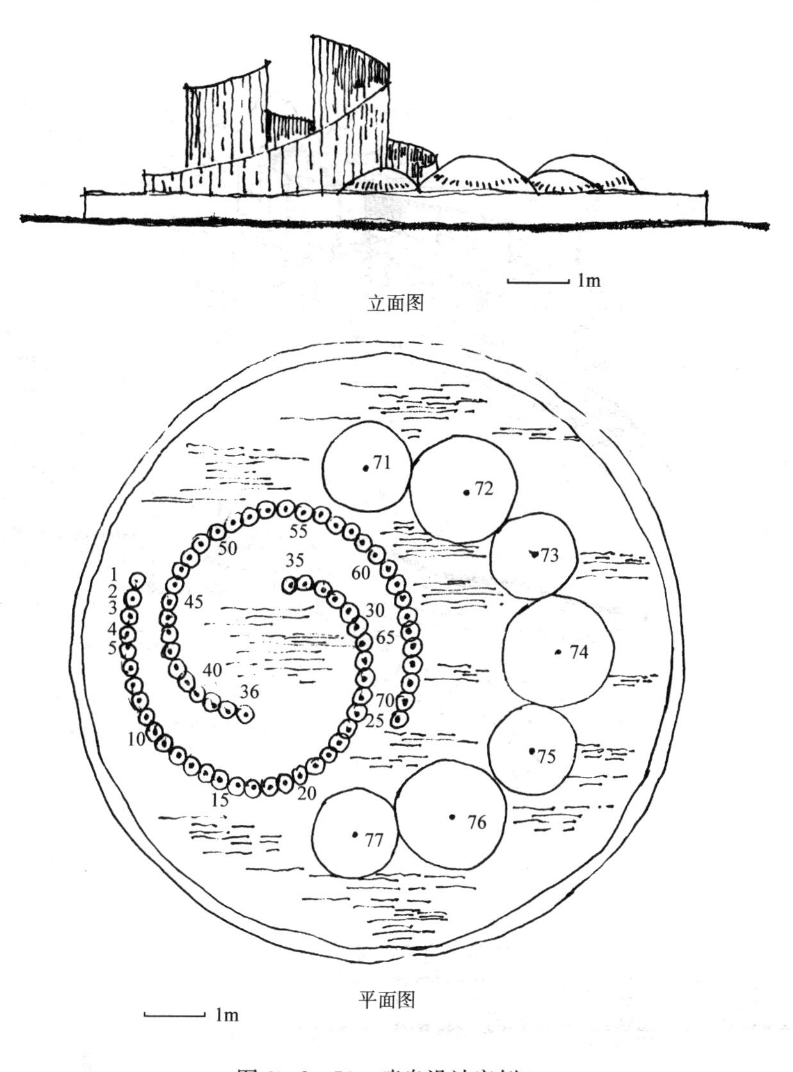

图 3-8-53　喷泉设计案例 3

3. 按码头造型又有：

仿生型（如船形、帆形）、抽象型等。

4. 从平面布局上又可分为规则式、自由式（图 3-8-56）。

（三）功能：

1. 满足游览交通要求。

2. 满足赏景要求。

3. 自身具有景观特性，具备视觉吸引和导引功能。

（四）构成

1. 形态构成上：

由水上部分和水下部分构成，通常有抽象形态和具象形态。

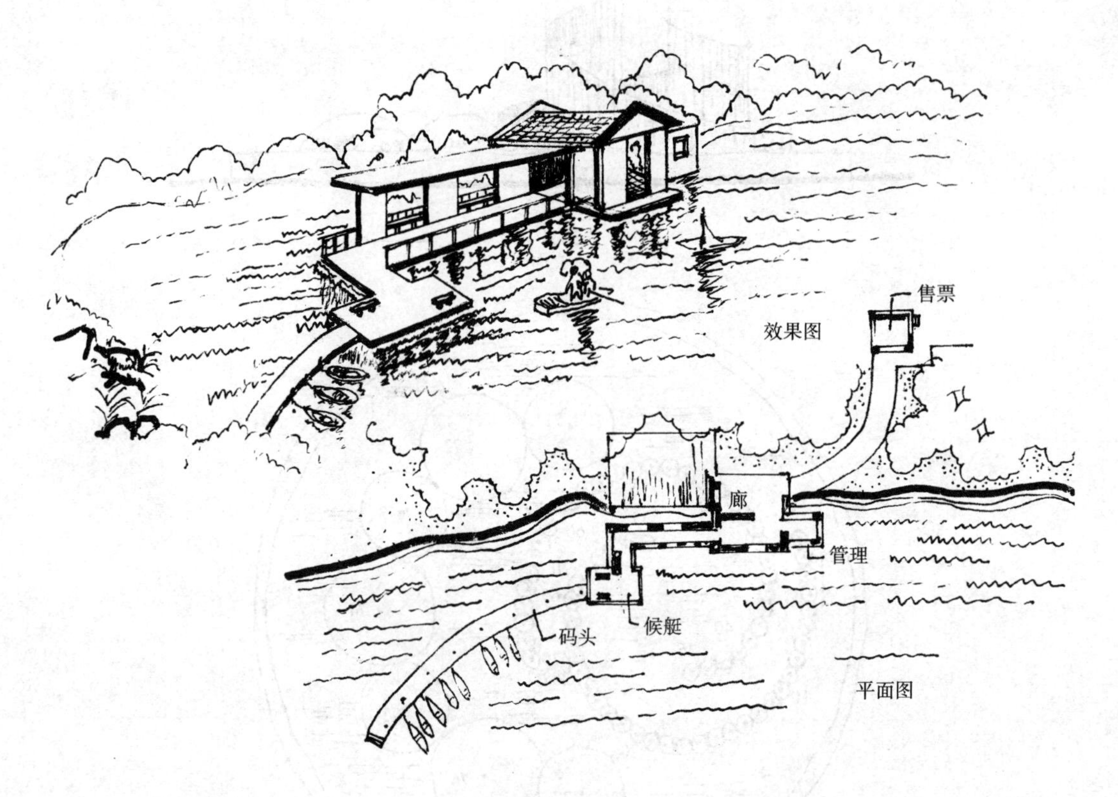

图 3-8-54　码头设计伸入式

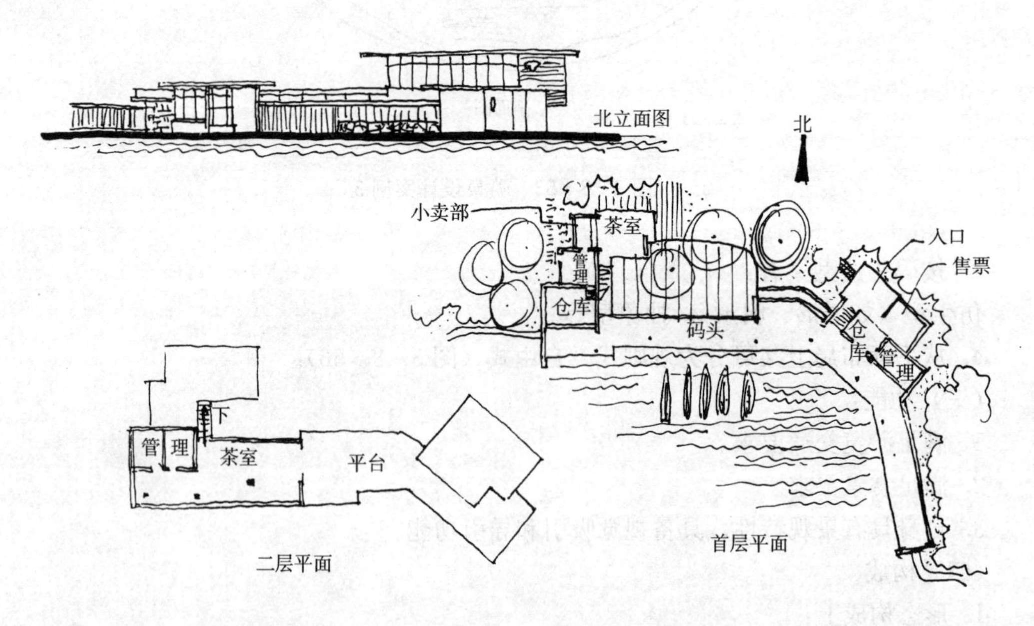

图 3-8-55　码头设计（岸边式）
多层与茶室小卖部结合

图 3-8-56　码头设计——规则式

2. 结构与功能构成上：

包括水上平台、台阶、蹬道、小卖、售票、检票室、管理室、医务室、救护平台工作间、游人休息及观赏空间、候船空间、船场等。

水上平台：为上船、登岸服务用。长宽依据船只的大小、多少而定。台面标高应高出水面以不为风浪淹没为准，同时依据最高水位而设。具有观景功能平台应设相关安全措施如栏杆、座凳等。

蹬道台阶：为平台与不同标高的陆路联系而设。台阶踏步宽≥30cm，踢步小于 13cm，每 7～10 级设休息平台，以安全和便于远眺。台阶布置视湖岸宽度、坡度、水面大小安排，可以取垂直或平行岸边等多种方式。

售票、检票是人流多时用以维护秩序，同时便于收退押金。随科技发展及人们对娱乐项目的兴趣，售票已经开始电子化，窗口也进行分类设计。

管理主要用于播音、工作人员休息或接待及联系用。

医务室：小型医务室可为游客临时简单处理疾病或抢救。

救护队：为保证安全水上活动还应具有救护队，在流程设计上应为其辟出专用救护通道。

靠平台工作间：为平台上下船工作人员管理船只及休息用 。

游人休息、候船空间：常与亭、廊、花架等景观建筑结合，既可作为候船用也可为游客提供赏景空间。

集船柱桩或简易船坞：供晚间或游船不用时收集船只或保管船只的设施，其应与游船水面有所隔离。

维修队：负责船只的维护工作。

3. 材料构成。如钢、石、铁、玻璃、膜、木、竹、混凝土、钢筋混凝土、砖等组合构成。

（五）设计要点：

1. 游船码头的场址选择，要遵从景观环境规划，注意交通方便，通常是靠近一个出入口以避免游人走回头路。

2. 游船码头是一种动态活动空间，应避免与其他静态空间相邻以免造成活动冲突。

3. 码头位置设计宜明显，但应考虑停放船只数量较多时对景观的影响。

4. 考虑气候对码头功能影响及季节影响，避免停靠不便。

5. 日照条件方面，应避免西晒、夏季高温及低入射角的光线照射，加上水面反射，造成在炎热季节游船使用的不利。

6. 游船码头设计，应根据水体大小、水流、水位考虑。根据水体、水位变化，正常水位高、低来设计码头标高，以防淹没而不能正常使用。在水面宽阔处设计应考虑风浪影响，最好设于避开风浪冲击的湾内，便于停靠。水体小时应注意防止游船出入阻塞，宜在宽阔处设码头。水流速度大的水体应避开水流正面冲刷的位置以保证船只停靠安全。

7. 对景观效果的考虑，当水面宽阔时要有对景，以形成层次，而码头本身又是其他景象的对景，水体小的水面要取小中见大的效果，争取较大的景深与视野层次。

8. 安全设计要考虑，在水位、水陆高差等方面，设计要考虑游人安全，必要时设栏杆、灯具、桥等。

9. 岸壁同时具有与其他岸边联系和挡土墙的作用，因而可结合挡土墙和景观效果设计如浮雕、壁画、抽象形式图案（如河流冲层、洪水漫涨等）形式。

10. 注意码头流程设计，出入口分开（图 3-8-57）。

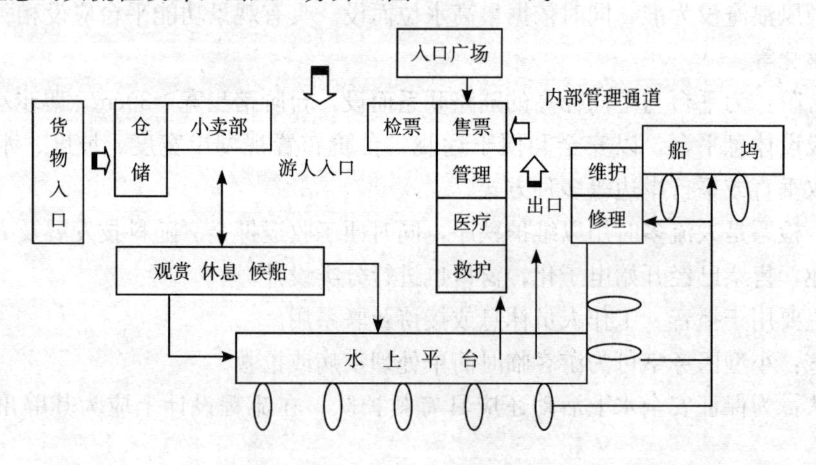

图 3-8-57 游船码头设计流程图

11. 码头设计应充分考虑游人的容纳量，避免超过容量造成安全事故。靠船平台长度应大于两只船长度，还应考虑上下人流及工作人员活动范围，通常进深不小于 2～3m。

12. 注意码头岸线处理，以主要划船季节风向为依据，设计湖岸线，避免其对风吹漂浮物及码头船只影响。

13. 码头自身设计应注意遮荫防晒以及空间通透，宜以植物设计来防止夏季酷暑。

（六）案例：

见图 3－8－58、图 3－8－59、图 3－8－60、图 3－8－61、图 3－8－62。

效果图

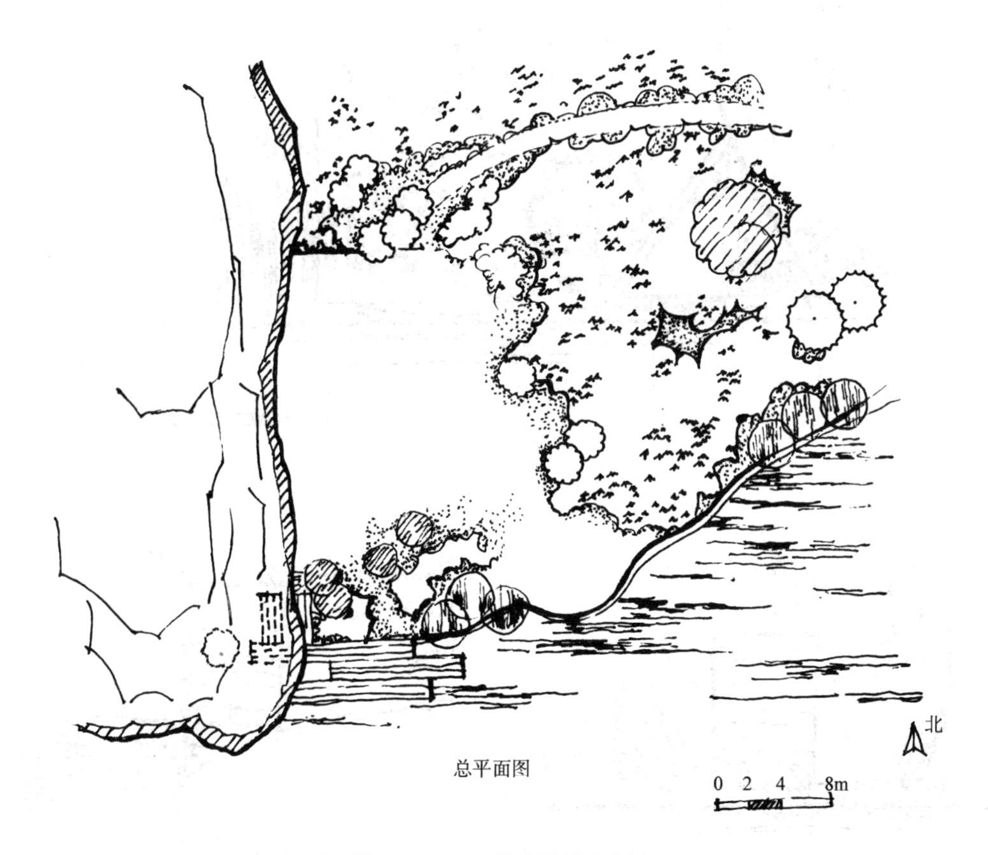

总平面图

图 3－8－58　码头设计案例 1

图 3-8-59　码头设计案例 2

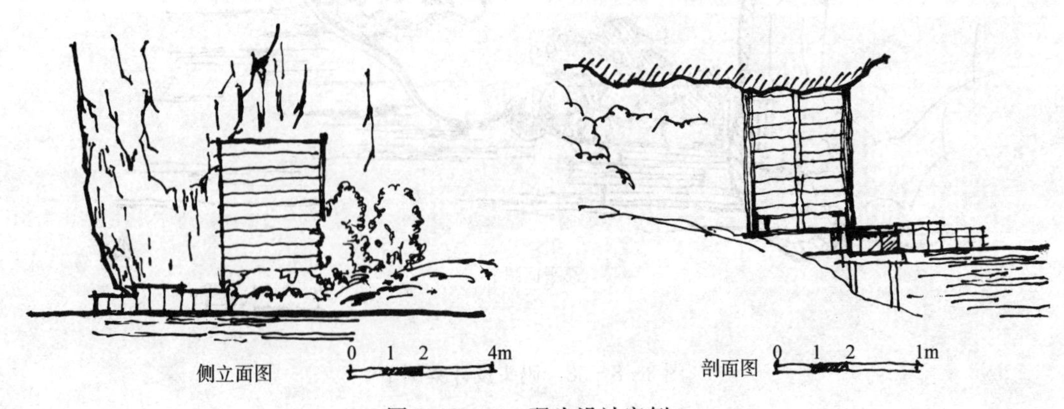

图 3-8-60　码头设计案例 3

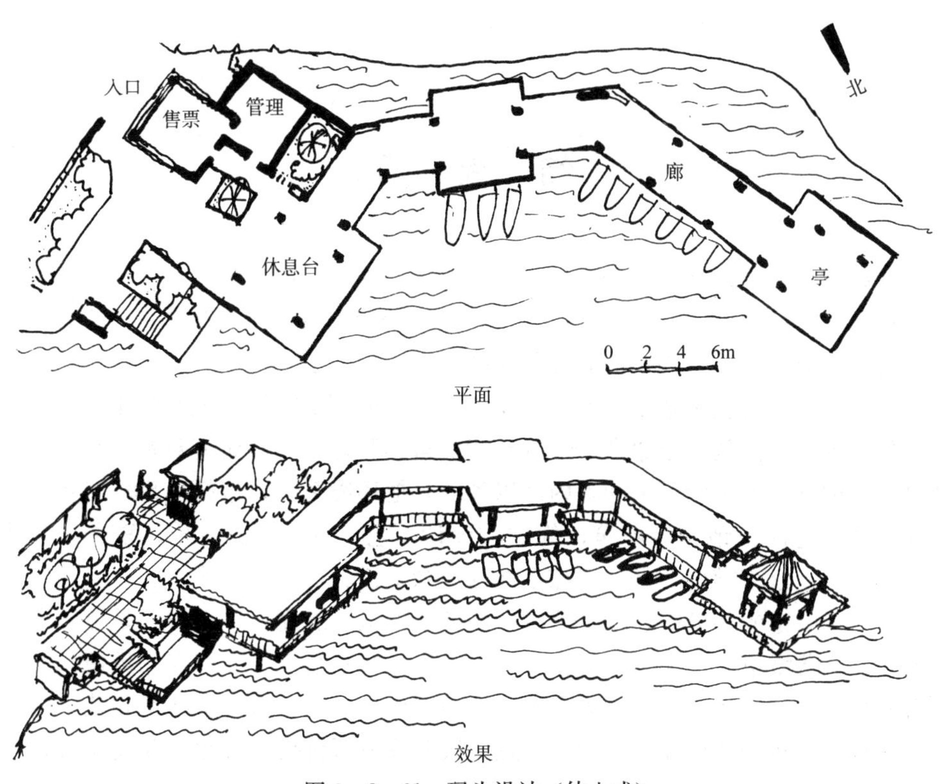

图 3-8-61　码头设计（伸入式）

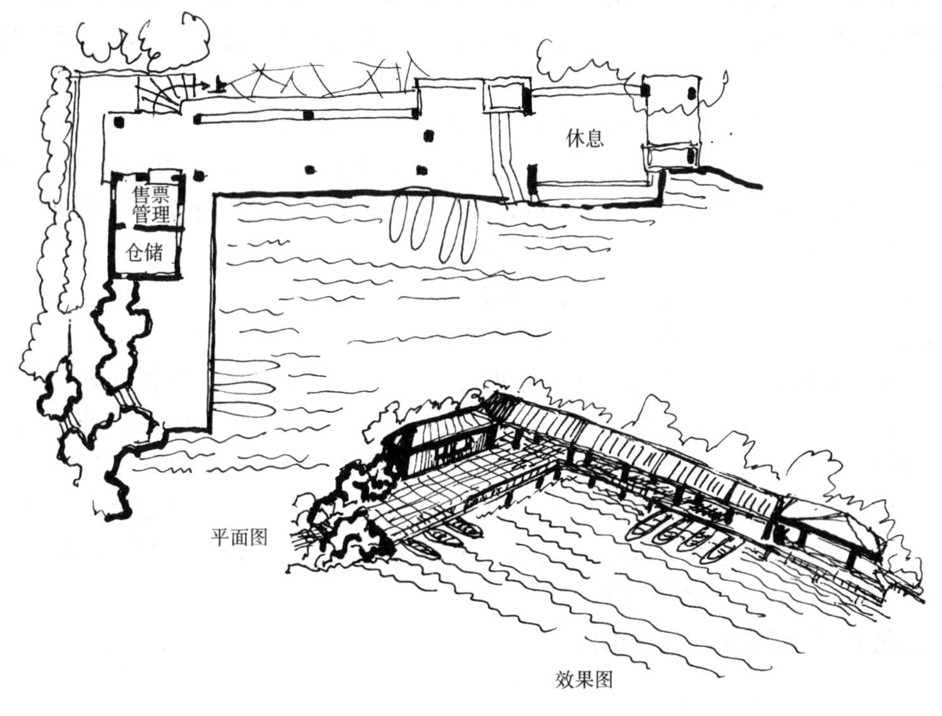

图 3-8-62　码头设计（岸边式）

结　束　语

环境是指研究对象以外且围绕主体占据一定的空间，构成主体生存条件的各种外界物质实体或社会因素的总和，是生命有机体及人类生产和生活活动的载体。人类赖以生存的环境就是与人类有关的一切因子的总和即包括宇宙在内的系统。

环境景观设计是建立于艺术与设计基础上，研究如何安排处理人类的生存环境系统空间以为人创造安全、高效、健康和舒适的环境的科学和艺术，其研究对象是环境系统。环境系统又分为内部居住生活环境和除内部以外的其他环境系统，包括外部环境系统和内外环境过渡系统。它涉及地理、建筑、规划、设计、艺术、心理、音乐、审美、文化、社会、历史、宗教等众多学科，是一门综合性的边缘学科。

人类生活在一定的环境中，就要求相应的环境设施。因此，环境设施是伴随着人类文明诞生的，追逐着城市文化和机制的要求而发展变化并遍布于人类存在的环境，参与城市景观舞台的构成，目标是满足居民的需求，提高城市功效。作为一套技术和艺术的综合系统工程，与越来越多的学科和专业相互交融，汲取着最新科技与文化，并撞击着人类的思维时时更新。

景观环境与设施是不可分割的两个共生体，景观环境是设施赖以存在的载体，任何设施都存在于一定的环境中，没有环境也就没有设施。设施是为一定的空间环境服务的，景观环境的特征与个性及界定是通过环境设施来表达的。没有设施景观环境的功用无法实现。景观环境空间决定了设施的性质及环境功用心理，而设施自身的特质不仅仅为景观环境空间的塑造提供保障而且具有同样的塑造环境空间功能。景观环境设施的内涵与外延是以环境景观设计为基础的多学科、多领域、多层次上的融合、渗透与合作。其以整体环境系统为背景，进行统一规划与设计，是系统性的。

因而，关于环境系统与设施的系统性的教材对学科的发展是十分必要和迫切的。虽然在学科发展过程中也有一些局部或是零碎的有关环境设施的教材，但都还不够系统，而且基本上是从某个侧面尤其是从图片的角度加以阐释较多，尚不足以满足教与学之需。在这种情况下，编者结合自己的教学与实践经验，从环境系统角度出发，以人在环境中的活动需求为依据，充分考虑人的差异性（如男女老幼），正常与障碍者的特质，不仅仅注意满足环境功能的需求，还注重过程、剖析设施的历史发展与演变，探讨设施设计的方法、类型、目的与材料色彩的选择与运用等，并以实际案例说明设施与环境的有机结合。这样既符合教材的特点，又便于学生掌握。

仅以此书与同行交流，教学相长。

主要参考文献

1. 杜汝俭等主编.《园林建筑设计》. 中国建筑工业出版社，1995
2. 唐学山等编著.《园林设计》. 中国林业出版社，1998
3. 吴为廉编著.《景园建筑工程规划与设计》(上下册). 同济大学出版社，1996
4. 刘管平，宛索春.《建筑小品实录 3》. 中国建筑工业出版社，1997
5. 白德懋.《居住区规划与环境设计》. 中国建筑工业出版社，1995
6. 孟兆祯等编著.《园林工程》. 中国林业出版社，1996
7. 卢仁，金承藻主编.《园林建筑设计》. 中国林业出版社，1995
8. 郑宏编著.《环境景观设计》. 中国建筑工业出版社，1999
9. 刘滨谊著.《现代景观规划设计》. 东南大学出版社，2001
10. 王祥荣.《生态与环境——城市可持续发展与生态环境调控新论》. 东南大学出版社，2001
11. 于正伦.《城市环境创造——景观与环境设施设计》. 天津大学出版社，2002
12. 胡长龙主编.《园林规划设计》. 中国农业出版社，1995
13. [明] 计成著. 陈植注释.《园冶注释》. 中国建筑工业出版社，1981
14. [美] 约翰. O. 西蒙兹著. 俞孔坚等译.《景观设计学——场地规划与设计手册》. 第三版，2000
15. 彭一刚.《中国古典园林分析》. 中国建筑工业出版社，1986
16. 林玉莲，胡正凡编著.《环境心理学》. 中国建筑工业出版社，2000
17. 周武忠著.《园林美学》. 中国农业出版社，1996
18. Scoit Atkinson.《Walks Walls&Patio Floors》. Sunset Books Inc. Menlo Park，CA 94025
19. 刘茂松，张明娟编著.《景观生态学——原理与方法》. 化学工业出版社，2004
20. 王志伟等编绘.《园林环境艺术与小品表现图》. 天津大学出版社，1994
21. 周维权.《中国古典园林史》. 清华大学出版社，1990
22. 于正伦.《城市环境艺术》. 天津科学技术出版社，1990
23. 刘文军. 韩寂编著.《建筑小环境设计》. 同济大学出版社，1999